图 1　梅花形建筑与南广场水景(倒影池)自然过渡

图 2　梅花形建筑与绿化景观和谐融合

图 3　视野开阔的北广场

图 4　“水上梅园”意境的北入口大厅

图 5 “落英缤纷”意境的中庭索穹顶

图 6 “水波涟漪”意境的中庭地下室

图 7 “红梅吐艳”意境的小型剧场

图 8 “梅花颂春”意境的建筑泛光夜景

图 9　梅花形建筑启用典礼

图 10　业主与参建单位负责人合影

图 11　项目管理团队合影

图 12　项目管理公司领导现场指导

图 13　项目开工前的施工现场会议

图 14　项目管理工程例会

图 15　钢结构拼装质量检查与控制

图 16　施工现场机电安装质量控制

图 17　东南大学郭正兴教授团队承建索穹顶结构(专家论证会)

图 18　索穹顶张拉成形,实现“力到形到”效果

图 19 现场确认会议室样板房装饰效果

图 20 职能部门领导察看创意厅装饰效果

图 21　工程创优研讨会

图 22　工程质量创优小组巡检活动

图 23　重庆大学张希黔教授团队合作支撑梅花形建筑科技开发课题研究

图 24　蒋凤昌博士主持工程技术开发课题研究(现场试验)

图 25　梅花形建筑的科技成果鉴定会(省住建厅组织)

图 26　梅花形建筑的科技成果鉴定会(课题组汇报)

图 27　蒋凤昌博士向江苏省优质工程“扬子杯”评审专家介绍梅花形建筑(现场)

图 28　蒋凤昌博士向“鲁班奖”预评审专家介绍梅花形建筑

图 29　清华大学国际项目管理研究生班来梅花形建筑学习(现场交流)

图 30　清华大学国际项目管理研究生班来梅花形建筑学习(会议室授课交流)

图 31　梅花形建筑建设过程为土建专业大学生提供良好的实践机会

图 32　梅花形建筑竣工后吸引了土建专业大学生的认识实习

公建项目建设管理书系

# 梅花形建筑的建造关键技术

蒋凤昌　著

同濟大學出版社
TONGJI UNIVERSITY PRESS

## 内 容 简 介

造型独特的异形建筑通常需要解决诸多建造难题，才能达到建筑效果优美、使用功能圆满、技术先进和造价合理等预期目标。本书以一典型的梅花形建筑为例，介绍其关键技术的开发和创新应用，为类似工程提供借鉴。

全书共六章，依次为梅花形建筑的项目管理技术、周边高层建筑对梅花形屋盖的气动干扰分析技术、基于 BIM 的梅花形钢屋盖精确成形控制技术、曲面玻璃幕墙工程建造关键技术、地下室长墙施工期裂缝防治综合技术、梅花形建筑机电专业创新建造技术。本书可供土木工程技术与管理人员，高等院校相关专业的研究生、本科生及专科生阅读。

**图书在版编目(CIP)数据**

梅花形建筑的建造关键技术 / 蒋凤昌著. —上海：同济大学出版社，2020. 6

(公建项目建设管理书系 / 蒋凤昌主编)

ISBN 978-7-5608-9270-2

Ⅰ. ①梅… Ⅱ. ①蒋… Ⅲ. ①建筑施工—技术—研究 Ⅳ. ①TU74

中国版本图书馆 CIP 数据核字(2020)第 100312 号

**梅花形建筑的建造关键技术**

蒋凤昌 著

**责任编辑** 姚烨铭 **责任校对** 徐春莲 **封面设计** 潘向蓁

出版发行 同济大学出版社 www.tongjipress.com.cn

(地址：上海市四平路 1239 号 邮编：200092 电话：021-65985622)

经 销 全国各地新华书店

排 版 南京文脉图文设计制作有限公司

印 刷 当纳利(上海)信息技术有限公司

开 本 787 mm×1092 mm 1/16

印 张 13

字 数 325 000

版 次 2020 年 6 月第 1 版 2020 年 6 月第 1 次印刷

书 号 ISBN 978-7-5608-9270-2

定 价 68.00 元

# 前　言

建筑是凝固的音乐、立体的雕塑、美丽的诗篇。尤其是造型独特的地标建筑，经得起时间的考验，始终能给公众以美的享受、艺术的遐想。作为地标特征的梅花形建筑——无锡新区科技交流中心的建设者、项目管理负责人，作者亲历了该建筑"从无到有、从骨感到丰美"的 1 000 多个日日夜夜，一直有种分享的冲动和愿望：欲将异形建筑的建造关键技术梳理成文，成为建筑业项链中的一粒小珍珠，发出独特的光，当类似工程的建设者迷茫时，能助其跨前一步。

该梅花形建筑的策划始于 2006 年，设计和施工始于 2008 年，竣工启用于 2011 年。虽然时隔十年之久，当时的许多建造关键技术，应用到当今的工程建设中，仍然是可圈可点的。设计施工全过程工程咨询、建筑信息模型(BIM)的探索应用、异形钢结构建造技术创新开发应用等，都体现了工程建设团队超前的技术水平和管理能力。这也从另一个侧面说明：异形地标建筑对建造技术的需求引领了建筑业的技术创新之路。

本书所述内容主要源于工程实践过程中的技术开发和课题研究，包括作者主持的江苏省住建厅课题研究成果"无锡新区科技交流中心工程基于可视化和数值分析的建造关键技术"和泰州市科技发展计划项目"异形大跨度公共建筑的建造关键技术研究"成果。本书获得江苏省高校"青蓝工程"优秀教学团队项目（项目编号：JSQLGC2017-TD60)、泰州职业技术学院创新团队项目（项目编号：TZYTD-16-3 和 TZYTD-16-5)、同济大学复杂工程项目管理研究基金等项目资助。在此对资助单位一并表示感谢。

在本书所述关键技术开发研究与工程实践过程中，获得同济大学、东南大学、重庆大学、泰州职业技术学院、无锡市新区城市投资发展有限公司、中国江苏国际经济技术合作公司、上海科瑞真诚建设项目管理有限公司、中国建筑设计研究院、浙江精工钢结构有限公司、沈阳远大幕墙工程有限公司、武汉杰博达建筑工程顾问有限公司、江苏永泰建造工程有限公司等单位的领导、专家和管理技术人员的支持及帮助。在此对支持单位及个人一并表示感谢。

由于大型公建项目的建造技术处于快速发展阶段，同时限于作者水平，书中难免存在一些缺陷甚至错误，恳请专家和读者批评指正。

**蒋凤昌**

2020 年 3 月

# 目　　录

# 第1章　梅花形建筑的项目管理技术

随着国民经济的飞速发展，人们对大跨度标志性建筑的需求增多，诸如体育场馆设施、会议展览中心、科技文化中心等大型公共建筑。我国许多城市都已建成此类地标建筑，例如，北京的奥体中心（鸟巢）和国家大剧院，上海的体育中心和上海国际汽车会展中心，杭州的市民中心和国际会议中心等。

这些地标性、大跨度、造型独特的建筑，具有建筑规模大、使用功能复杂、投资巨大和建设周期长的特点。这就要求主建单位和各参建单位在管理与技术上认真研究，从而做到技术上先进，投资合理，确保安全可靠，最大限度地实现功能需求，达到良好的经济效益和社会效益。同时，建设这些功能复杂、造型独特的公共建筑，有利于建造技术创新和提高我国建筑业的整体水平。

## 1.1　项目概况

无锡新区科技交流中心是包含园区业绩展示厅、规划展示厅、艺术作品展示厅、市民服务中心、影剧院及多功能会议厅等大空间的公共建筑。它位于无锡市新区和风路以南，震泽路以北，静慧东道以西，静慧西道以东的中心地块上。该建筑地下一层，地上三层，局部地上四层，总建筑面积约3.6万平方米，其中地上建筑面积约1.8万平方米。总投资估算4.8亿元。建筑外观设计为梅花形（图1-1），造型独特而新颖，象征无锡市花，是一座富有时代感和科技特色的地标性建筑。建筑主体为钢筋混凝土框架结构，周边裹以晶莹剔透的点支式玻璃幕墙；屋盖为单层网壳钢结构，屋面由平滑连续起伏的铝合金表面材料构成。该项目为争创"鲁班奖"的工程，业主是无锡市新区经济发展集团总公司，上海科瑞真诚建设项目管理有限公司实行项目管理，加拿大FK（梵飞）设计公司进行方案设计，中国建筑设计研究院（上海分院）进行施工图设计，中国江苏国际经济技术合作公司施工总承包，北京双圆工程监理公司实行工程施工监理。项目管理的服务期间自2008年5月，2011年5月工程竣工并启用（图1-2），2013年6月工程结算完成。工程结算造价为4.23亿元。

图 1-1 建筑效果图

图 1-2 工程启用典礼

## 1.2 工程项目管理的服务范围

(1) 为项目制定项目实施总进度计划、项目管理程序与制度;实施项目全过程的质量、进度和投资控制。

(2) 协助项目业主办理和项目有关的各类配套手续、工程设计和施工审批手续、验收手续及备案手续;帮助协调有关政府管理部门和设计、监理、施工、供货、审价及招标代理等单位之间的工作关系。

(3) 进行设计管理,包括协调方案设计、扩初设计、施工图设计和细部(深化)设计之间的关系,设计挖潜,协助业主及时组织重大问题的专项论证会。

(4) 协助项目业主进行设计竞赛、设计单位的委托、施工招投标、设备和材料采购的招投标以及有关合同的谈判。

(5) 协调项目建设的后期配套工作;协助项目业主组织工程竣工验收,竣工资料的收集和编制,办理交付使用有关手续。

(6) 项目建设过程中需要项目管理单位办理或项目业主委托办理的其他事项。

## 1.3 项目管理的重点与难点分析

无锡新区科技交流中心项目管理的重点与难点表现为以下五个主要方面:

(1) 合同管理方面。该项目直接与业主所签订的服务合同有近 40 项,施工总承包单位和主要的分包单位还与 30 多家专业分包单位签订了合同,如何督促 70 多家单位保质、保量、按期履行合约,是一大挑战。

(2) 技术管理方面。该建筑的造型为空间双曲面,在设计与施工方面都具有相当的难度。梅花形钢屋盖如何安全吊装并精确定位？弧形玻璃幕墙如何支撑？凹凸起伏的金属屋面如何保证防水和排水性能？装饰面如何保证平滑过渡？这些都是本项目技术管理的关键。

(3) 质量管理方面。因为是争创“鲁班奖”的工程，工程质量应达到国内一流水平，应该是优中之优的精品工程，与之相应，质量管理方面，如何精心策划，从而确保工程安全、适用、美观，达到整体精品，绝非易事。

(4) 投资控制方面。该工程为异形建筑，构件多为弧形，在二维设计图纸上很难精确表达多数构件的尺寸和相对位置，容易引发深化设计阶段的工程量增加、施工阶段的设计变更和索赔。异形建筑的固有特点使得其投资控制难度陡然增加。

(5) 安全控制方面。该工程梅花造型高低起伏，外表光滑，并且多专业同时施工。同时由于地下室面积很大，致使许多重载构件需在地下室顶板上水平运输，因此存在高空坠落、地下室顶板压塌、起重设备碰撞等多种施工安全隐患。

## 1.4　项目管理组织结构

依据该工程项目的特点和项目管理服务内容，上海科瑞真诚建设项目管理有限公司编制“项目管理大纲”，精心选派了驻场专业工程师团队，同时安排了点式支持和阶段性支持的公司层面专家团队，然后与业主、城投管理部共同架设了项目管理组织结构(图 1-3)。通过该组织结构的运行，协助业主理顺项目实施组织关系，为项目建设建立高效的组织保障。实质上包含三个层次的组织：①项目实施的总体框架与部署，以理顺业主内部单位之间的关系；②项目管理实施的组织架构，以理顺外部关系——合同结构；③项目管理工作的组织结构，以理顺人员配备与分工。

## 1.5　合同管理

合同管理是工程项目管理的核心。工程的一切均在成本、工期和质量这三要素的指导下，通过承包合同这个纽带，来完成合同规定的责任。它是法律、工程管理、成本控制、质量标准的综合体现。

### 1.5.1　服务合同的划分与约定

针对无锡新区科技交流中心项目的特点，在合同管理方面，首先对各承包商的服务范围划分进行多方案对比分析，重点关注对服务界面的划分，确保不留真空地带，同时也避免重复委托。本项目直接与业主所签订的服务合同如表 1-1 所示。

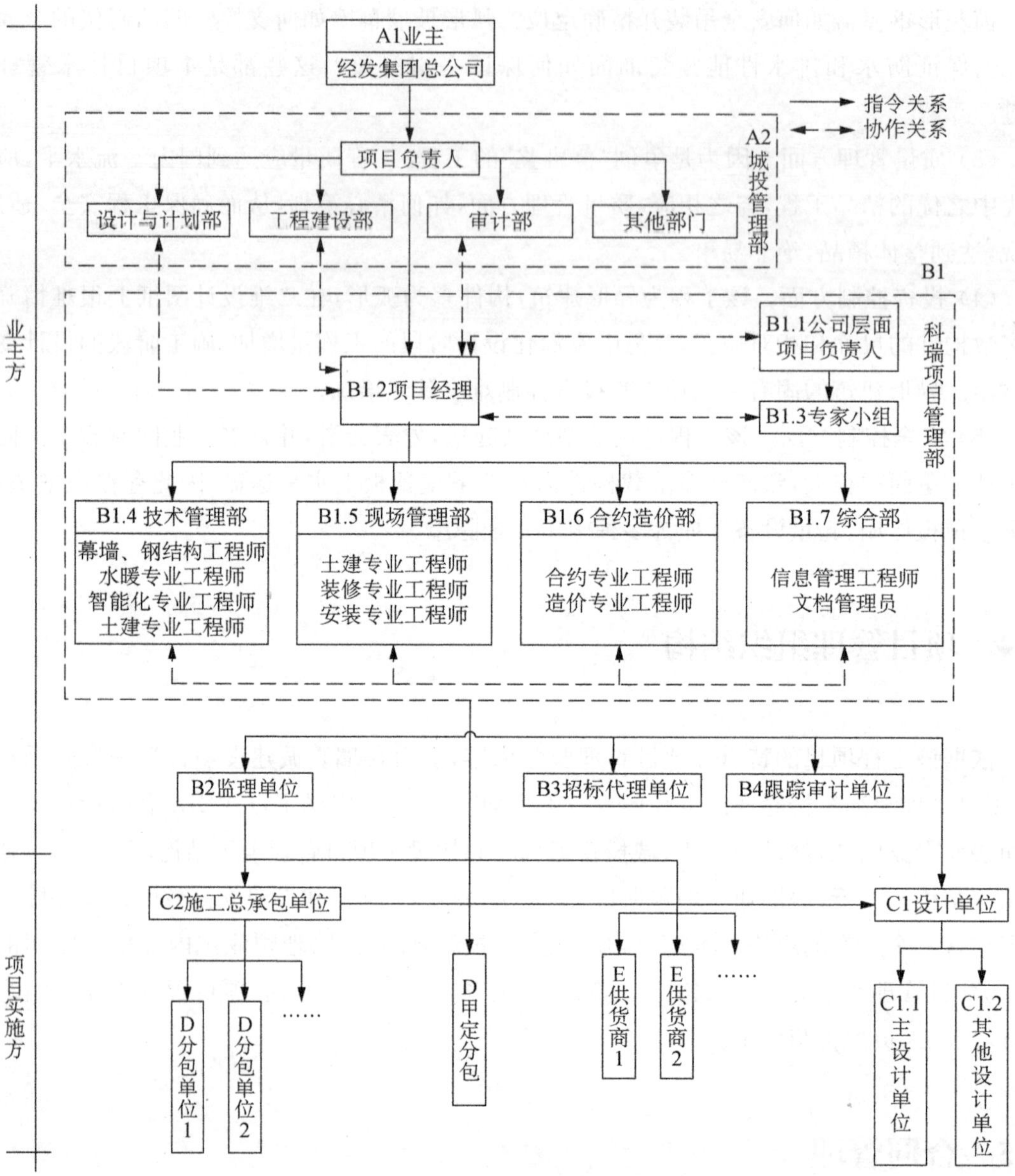


**图 1-3　项目管理组织结构**

**表 1-1　直接与业主所签订的设计与施工服务合同汇总**

| 序号 | 工程项目承包单位 | 服务内容 |
|---|---|---|
| 1 | 无锡市新区城市投资发展有限公司 | 项目代建(手续) |
| 2 | 上海科瑞真诚建设项目管理有限公司 | 项目管理 |
| 3 | 加拿大 FK(梵飞)设计公司 | 建筑方案设计 |
| 4 | 中国建筑设计研究院(上海院) | 扩初、施工图设计 |
| 5 | 浙江精工钢结构有限公司 | 钢结构设计 |

（续表）

| 序号 | 工程项目承包单位 | 服务内容 |
|---|---|---|
| 6 | 中国建筑设计研究院(北京院) | 室内精装修设计 |
| 7 | 加拿大 FK(梵飞)设计公司 | 景观设计 |
| 8 | 浙江大学声学所 | 建筑声学设计 |
| 9 | 苏州和氏设计营造工程公司 | 导示系统设计 |
| 10 | 湖南大学 | 模型测压风洞试验 |
| 11 | 智汇工程造价事务所 | 招标代理 |
| 12 | 中天造价事务所 | 跟踪审计 |
| 13 | 广州仰光文化传播公司 | 照明咨询服务 |
| 14 | 无锡市建苑工程检测公司 | 桩基检测 |
| 15 | 无锡市锡能实业有限公司 | 临时变电外线，施工用电设施 |
| 17 | 江苏地质基桩工程公司 | 工程试桩 |
| 18 | 北京双圆工程监理公司 | 工程监理 |
| 19 | 中国江苏国际经济技术合作公司 | 施工总承包 |
| 20 | 中国江苏国际经济技术合作公司 | 室内装饰 |
| 21 | 中国江苏国际经济技术合作公司 | 室外市政 |
| 22 | 沈阳远大铝业工程有限公司 | 金属屋面和幕墙设计与施工 |
| 23 | 紫光软件无锡集团有限公司 | 智能化工程 |
| 24 | 上海广茂达光艺科技股份公司 | 泛光照明 |
| 25 | 浙江大丰实业有限公司 | 舞台音视频工程 |
| 26 | 无锡市园林工程有限责任公司 | 景观施工 |
| 27 | 华润燃气有限公司 | 燃气工程 |
| 28 | 无锡市隆兴电梯有限公司 | 电梯：天津奥的斯 |
| 29 | 无锡市保兴厨房成套设备公司 | 厨房设备及安装 |
| 30 | 宁波力美椅业有限公司 | 剧场椅子及安装 |
| 31 | 厦门养之源水环保科技公司 | 净水系统设备 |
| 32 | 无锡市锡能实业有限公司 | 电力建设总承包 |
| 33 | 无锡恒隆电力自动化设备公司 | |
| 34 | 江苏华鹏变压器有限公司 | |
| 35 | 香港精达　福州京碧家具有限公司 | 家具采购与安装 |
| 36 | 浙江兴红标识有限公司 | 导示施工 |
| 37 | 上海沃泰莱水处理技术发展有限公司 | 水处理设备 |
| 38 | 江苏省建筑工程质量检测中心有限公司 | 钢结构焊缝检测(第三方检测) |

对施工总承包单位和分包单位的专业分包，合同约定“必须获得业主与项目管理公司的认可”，重点考察其承包能力和类似工程的业绩情况。

该项目在合同约定方面最大的特点，是所有施工合同在约定质量要求时，都以“鲁班奖”为要求，签订了质量奖惩专用条款：“若竣工验收综合评定工程质量一次验收达不到要求，则承包人应承担违约责任，无条件返修好并扣承包人中标价的5%作为违约金；若承包人未评上‘扬子杯’扣承包人中标价的4%作为违约金；若承包人未评上‘鲁班奖’扣承包人中标价的3%作为违约金。”

与之相应，在合同执行过程中，依据合同支付月进度款时，需满足附加条件“质量已获得‘鲁班奖’质量管理委员会认可，或者，已按‘鲁班奖’质量管理委员会的要求整改结束”。以争创“鲁班奖”作为本项目的共同目标，将所有参建单位绑在一起，“一荣俱荣，一损俱损”，这是本项目合同管理的闪光点。

### 1.5.2 与技术要求相关的专用条款约定

该项目造型复杂，不仅其主体混凝土结构、钢屋盖、幕墙的加工制作复杂，而且其管道安装、强弱电、灯光、精装修等工程的施工也复杂。因此，在拟定招投标文件和签订合同的过程中，项目管理方对待各项技术要求都非常慎重。

**1) 考察研究类似工程以提出恰当的技术要求**

所有的技术要求撰写，一方面基于项目管理公司专业工程师的丰富工程经验和扎实的专业素养，另一方面还借鉴类似工程的考察研究，项目管理过程秉承“别人的经验和教训，都是我们的财富”。在充分调查研究类似工程的基础上，提出恰当的技术要求，尤其是对双曲面、异形结构的特殊设计与施工工艺，做出了较详细的技术要求描述。针对各专项工程问题，考察的类似工程如表1-2所示。

**表1-2 考察的类似工程**

| 序号 | 类似工程名称 | 主要考察内容 |
|---|---|---|
| 1 | 北京国家大剧院（“鲁班奖”工程） | 金属屋面、剧场、内装 |
| 2 | 国家游泳中心（“鲁班奖”工程） | 建筑泛光 |
| 3 | 上海世博会工程世博轴 | 建筑泛光 |
| 4 | 上海汽车展览中心（“白玉兰奖”工程） | 金属屋面 |
| 5 | 上海航海博物馆 | 金属屋面 |
| 6 | 苏州科技文化艺术中心 | 剧场、建筑泛光 |
| 7 | 常州奥体中心体育场和体育馆 | 金属屋面、钢结构 |
| 8 | 南京奥体中心体育馆（“鲁班奖”工程） | 金属屋面 |

（续表）

| 序号 | 类似工程名称 | 主要考察内容 |
| --- | --- | --- |
| 9 | 南京会展中心 | 金属屋面 |
| 10 | 杭州市民中心 | 金属屋面、玻璃幕墙 |
| 11 | 杭州国际会议中心 | 金属屋面、玻璃幕墙 |
| 12 | 广东东莞玉兰大剧院（“鲁班奖”工程） | 剧场、内装、设备安装 |
| 13 | 广东中山文化艺术中心大剧院（“鲁班奖”工程） | 剧场、内装、设备安装 |
| 14 | 重庆大学图书馆（“鲁班奖”工程） | 设备安装 |
| 15 | 武汉大学图书馆（“鲁班奖”工程） | 设备安装 |

项目管理部深入调研国内已完工和在建的异形建筑，如图 1-4 所示，北京国家大剧院（椭球形）、上海航海博物馆（海螺形）、上海汽车展览中心（扁平弧形）、上海东方艺术中心（广

图 1-4　考察调研的部分异形建筑

玉兰花瓣形)、杭州国际会议中心(太阳球形)、常州奥体中心(玉兰花形)等。通过与各种异形建筑参建人员的座谈研讨,吸收异形建筑工程在设计、施工和项目管理等方面的经验与教训。分析研究异形建筑的结构、幕墙、金属屋面、室内装饰和设备安装等专业如何避免设计缺陷、开发应用创新施工技术,从而达到异形建筑设计效果,并且控制工程造价。调研成果直接融入各专业的招标文件和合同文件,详尽阐述材料、构造、设备等技术性能要求,有效减少后期的设计变更、工作量增补和索赔,成功控制异形建筑的招标采购管理工作。

**2) 重视定量描述与定性描述相结合以列出详尽的技术要求**

以“无锡新区科技交流中心金属屋面和幕墙工程(施工图设计及施工)招标文件”为例,为了确保外围护结构的性能,在招标文件和合同中制订了非常详细的技术要求条款。

(1) 定性描述技术要求的部分条款

- 该工程整个屋面系统在防水、防漏、隔热、防腐及防雷等方面应具有优良物理性能,满足国家标准及验收规范。
- 投标人对各层构造、平面布置、搭接方式、节点构造等要做出详细的深化设计。双曲面蜂窝板分格设计应采用四边形,在局部部位可少量采用三角形分格(三角形分格比例不宜超过招标所提供的分格图纸)。
- 投标人须考虑温差和地震引起变位时,支座与锁边板之间的位移和滑动,并有详细的计算或说明;直立锁边面板在横向应采用自防水技术,不得使用钉接压,与天沟、排烟窗、铝板等的结合部应有妥善的技术处理措施,确保屋面的防水性能。屋面应考虑上人孔、人工清洁用悬挂点等修理用维修措施。
- 屋面及封檐系统的钢支撑、钢连接件采用热浸锌表面处理。
- 屋面保温、排水系统应进行计算(并提供计算书),有相应的防雷措施和构造做法。屋面排水系统与屋面的大小、坡度方向等相匹配,天沟、水斗的宽度、深度等须与屋面系统一致,并具备相应的抗结构、温度等变形的能力。
- 金属屋面主要构件应支承在主体结构上,连接方式应简洁、可靠,并应考虑各效应组合中的最不利荷载和作用效应。
- 金属屋面系统应避免不同电位金属的直接接触,在不可避免的情况下,用绝缘膜或垫片有效地分隔不同电位的金属。
- 金属屋面系统应有可靠的防雷接地,并与主体结构防雷网可靠连接。
- 屋面檐口的处理,必须有相应的技术处理措施,确保檐口处的连接有足够的强度与刚度,以抵抗檐口局部负风压。
- 屋面山墙处的处理,必须有相应的技术处理措施确保屋面板与山墙的连接部位能伸缩变形,使得屋面板和山墙各自独立地因热胀冷缩而平滑地滑移,并且保持与整体屋面板的变形一致。
- 屋面系统所供应的屋脊盖板、泛水收边以及边缘收边板等材料均应采用与屋面系统相同的材质。

• 直立锁边屋面板必须采用扇弯板技术，以保证屋面特殊造型安装后的光滑平顺，确保防水可靠。

(2) 定量描述技术要求的部分内容(表 1-3)

**表 1-3　招标文件中的技术要求示例(定量描述)**

| 序号 | 项目名称 | 性能描述 |
|---|---|---|
| 1 | 双曲面金属屋面围护系统(包括内径 24 m、宽 6 m 的圆环形玻璃采光顶) | 3 层板：<br>(1) 外装饰层为 15 mm 厚蜂窝板(外层板 1 mm 厚，美铝或加铝，国外三涂三烤；内层板 0.8 mm，西南铝原厂生产)<br>限定品牌：上海庆华；常州长青<br>(2) 直立锁边防水层<br>限定品牌：霍高文系统<br>含虹吸排水系统<br>(3) 隔热保温层，镀铝锌穿孔钢板，保温棉 100 mm 厚，吸音棉 50 mm 厚，主次檩条为 Q345B 热浸锌矩形管 |
| 2 | 点支式玻璃幕墙(包括弧形玻璃幕墙、平直玻璃幕墙、玻璃雨篷、玻璃门、局部铝板幕墙) | 建筑性能：<br>(1) 可见透光率>45%；<br>(2) 传热系数 $K$ 值(或 $U$ 值)<1.8 W/($m^2$ · K)；<br>(3) 遮阳：满足 $SC$<0.40<br>结构组成：<br>(1) 弧形弯钢化 12+12A+12Low-E 中空玻璃，限定品牌：上海耀皮、深圳南玻；<br>弧形玻璃与平直玻璃的比例确定，以幕墙平滑过渡、不影响“梅花”的造型为宜；<br>(2) 钢管桁架支撑结构；Q345 镀锌钢管；<br>(3) 不锈钢连接件，限定品牌：香港坚朗、沈阳恒安、宁波东天；<br>密封胶，限定品牌：广州白云，杭州之江，郑州中原 |

在项目实施过程，施工单位尽量想采用“以折代曲”方法，少用弧形钢化玻璃，以降低工程造价。但是，管理公司依据招标文件的项目特征描述，有效控制了弧形玻璃幕墙的弧形钢化玻璃所占比例(高达 51%)，如图 1-5 所示，阴影部分(花瓣端头)为弧形钢化玻璃，其他部

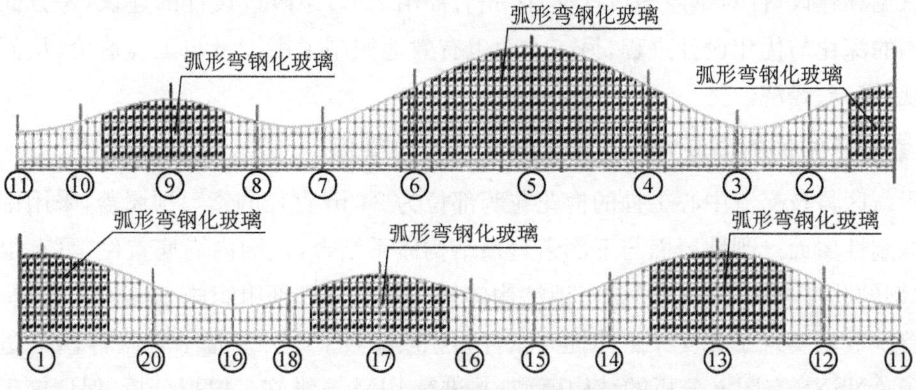


图 1-5　弧形玻璃幕墙展开图

位(花瓣根部)为平直钢化玻璃,从而控制了建筑外立面的美观效果,使得建筑外立面具有最佳的性价比。

### 1.5.3 合同管理的综合效果

在各类合同中不仅约定了详细的技术要求,而且通过调研,限定了主要材料的品牌,从而确保专项工程的各项性能,并且有效控制了工程造价。原投资估算工程总造价为4.8亿元,通过采用公开招标与邀请招标相结合的竞标方式、详细研究制订性价比合理分配的合同条款等管理手段,合同签订总额为4.03亿元,工程设计变更和签证发生的费用为0.2亿元,工程结算总造价为4.23亿元,非常成功地控制了工程性能与造价。

## 1.6 技术管理

### 1.6.1 梅花形大跨度钢屋盖的设计管理与吊装施工风险管理

#### 1) 钢屋盖的设计管理

梅花形大跨度钢屋盖是该建筑的亮点和难点。在项目管理过程中,针对异形建筑的工程特点,需要应用建筑信息模型(BIM)确定三维造型,先后组织协调方案设计单位和钢结构深化设计单位应用AutoCAD构建了三维模型,模型外轮廓获得加拿大FK(梵飞)设计公司方案设计师的认可,然后进行屋盖钢结构的深化设计,施工图设计单位和深化设计单位进行了反复多次的技术研究讨论,确定梅花形钢屋盖的结构层由花蕊和花瓣两部分组成:花蕊部分为盖格体系的索穹顶结构,5个花瓣部分为双曲桁架与单层网壳组成钢结构,钢屋盖的花瓣区域和花蕊区域各自成一稳定结构体系。花瓣区域由沿径向布置16榀径向桁架、桁架之间的单层网壳以及连接径向桁架内外端部的边桁架三部分组成。

项目管理单位专家参与双曲面钢屋盖从结构到构件、再到节点的深化设计,不断反馈图纸审阅意见和建议,针对钢屋盖设计文件,先后提出20多条改进设计的建议,一方面促进了复杂结构的深化与优化设计进程,另一方面也有效地控制了用钢量与工程造价,从而确保了结构美观、安全、经济。

#### 2) 索穹顶结构的预应力张拉施工技术开发与管理

无锡新区科技交流中心工程的梅花花蕊部位为24 m直径的索穹顶屋盖,采用铝板和玻璃结合的刚性屋面。刚性屋面与下部索穹顶结构体系结合,在国内尚属首例,具有很强创新性,是典型的肋环型(Geiger型)索穹顶结构体系。项目管理部组织施工单位进行技术攻关,在国内首次成功实现了无支架整体提升索杆累积安装(图1-6)。基于屋盖的BIM进一步深化构建了ANSYS有限元分析的结构模型,并进行BIM三维施工模拟分析,保证施工全过程处于“力到形到”的工作状态。利用自行开发设计的新型脊索夹具,通过夹具抗滑力试验,测试出抗滑移摩阻系数，对张拉全过程进行了数值模拟分析，完善了索穹顶屋盖的施工技术，以此为基础，成功开发了“索穹顶‘ω’形整体提升安装张拉成型施工工法”，此工法获得住建部颁发的国家级工法证书，如图 1-7 所示。

图 1-6　索穹顶安装

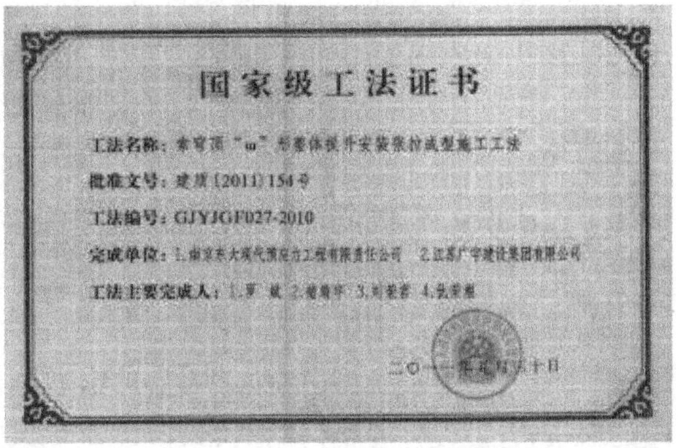


图 1-7　国家级工法证书

**3) 钢屋盖的吊装施工风险管理**

该项目以集成控制基本理论为指导，形成涵盖目标维、过程维和措施维的工程项目施工期 HSE 风险管理的三维模型(图 1-8)，进行集成控制，规避风险。在梅花形大跨度钢屋盖的吊装施工过程中，基于 BIM 虚拟施工模拟分析，控制钢屋盖的各控制点的空间三维坐标，实行风险管理，进行了风险、利益和胆识的较量。主要进行结构特点分析、风险识别、风险估计、风险评价和风险决策等相关工作。

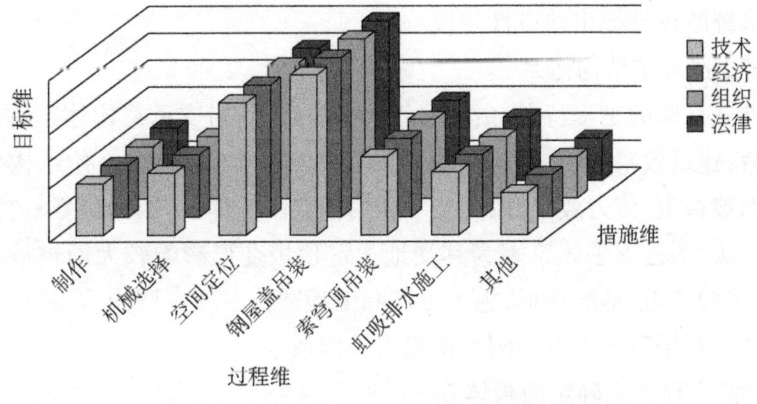


图 1-8　工程项目施工期风险管理三维结构

项目管理单位深入施工单位的钢屋盖吊装方案设计相关工作，对吊装特点进行分析，主要考虑以下四个方面的风险因素：

(1) 网壳结构为空间呈不规则曲面，各分区网壳都不相同，节点处的各杆件方向也不同，杆件的空间定位、吊装难度大。

(2) 钢桁架为空间曲线结构，安装位置高，跨度大、结构重，吊装难度大。钢桁架最大跨度达到 45.8 m，最大重量达到 27 t。吊装过程中容易与周边构件发生碰撞，吊点设置以及桁架的变形控制也是吊装的重点和难点。

(3) SC1500 全油压式履带起重机吊装，起重机唯一停放地点就是地下室顶板，起重机吊装设置 9 个站点，超出钢筋混凝土地下室顶板承载力极限，吊装施工安全风险大。

(4) 部分桁架需要分段吊装，大跨重型桁架吊装就位时测量控制难度大。SC1500 全油压式履带起重机在地下室顶板上行走一周为 360 m，大型起重机械在行走路线和吊装站位的地下室顶板支撑加固处理十分重要，容易出现不确定因素，安全隐患多，吊装施工安全风险大，也是本工程施工过程控制的重点和难点。

随后，项目管理部组织施工单位，召集专家对"吊装"和"脚手架"专项施工方案进行论证，采用专家调查法辨识风险，对项目可能遇到的风险分类排列，然后根据具体情况采取相应的对策，合理设计履带吊站点布置，以避免风险可能造成的损失。从而规避风险，以最少的成本，保证安全、可靠地实现项目的总目标。

### 1.6.2 弧形玻璃幕墙的设计与施工管理

#### 1) 弧形玻璃幕墙的设计管理

弧形玻璃幕墙的设计为本工程的特色和难点。建筑的周边裹以晶莹剔透的梅花形体点支式玻璃幕墙，其展开面积近 10 000 $m^2$，在 9 m 标高的景观走廊处将弧形玻璃幕墙分成上下两段：9 m 标高以上的幕墙部分挑出主体结构 5 m 左右；9 m 标高以下的幕墙部分向内缩进 2～3 m。对于结构复杂的弧形幕墙，项目管理单位的专业工程师深入其设计过程，对结构体系和面板系统的设计提出建设性建议。

(1) 多方案比选确定结构体系

针对弧形玻璃幕墙的工程特点，由项目管理单位组织，对支承结构体系进行了 4 个传力体系方案的比较：建筑效果通透、轻巧的拉索吊挂体系，因为其预应力使结构变形较大且危及屋顶钢网壳而被否定；传力效果好、安装方便的桁架吊挂体系，因为斜撑杆件多而凌乱、立面效果差而被淘汰；钢柱支承体系因为其受地下室顶板变形影响较大而被放弃。综合对比分析建筑效果、结构传力、幕墙变形、施工难度和工程造价 5 项主要内容，最终幕墙支承结构体系设计选择建筑效果简洁大方的刚性挑梁支承体系。

(2) 基于价值工程理论确定面板体系

依据价值工程理论，项目管理公司在编制设计与施工招标文件时，就限定了弧形玻璃幕墙的关键部位构造做法，梅花形玻璃幕墙的面板体系设计的主要考虑因素和相应的限制包括以下主要内容：依据建筑效果的通透性，选择无框的点支式玻璃面板体系和玻璃基本分格尺寸；考虑建筑节能，选择中空 Low-E 玻璃及其厚度；考虑节材性和加工性，选择夹板式玻璃的固定形式；考虑"梅花"造型逼真与造价相结合，设计采用弧形弯钢化中空玻璃与平直玻璃相结合的原则，非常有效地达到幕墙性能与经济性相协调的管理目标。

**2）弧形幕墙的施工技术管理**

（1）采用“施加预应力法”安装幕墙支承体系

由于幕墙支承结构体系设计选择了刚性挑梁支承体系，属于超静定结构，要求施工过程中确保钢结构支承体系与混凝土主体结构的梁柱、地下室顶部的梁板协同工作。因此，对幕墙支承结构的安装必须采取特殊的安装方法。针对这一情况，项目管理公司招集远大幕墙、双圆监理、中江国际总包等单位的技术人员反复研讨，最终采用“施加预应力法”，确保了超静定结构幕墙支承体系施工质量和结构的安全性。现场试验研究如图 1-9 所示，成功开发了“曲面点支式玻璃幕墙超静定支撑结构及面板安装施工工法”，并获得住建部颁发的国家级工法证书（图 1-10）。

图 1-9　幕墙超静定支撑体系安装试验

国家级工法证书

工法名称：[illegible]

批准文号：建质(2014)40号

工法编号：GJEJGF167-2012

完成单位：[illegible]

完成人：[illegible]

图 1-10　国家级工法证书

（2）采用“替代连墙杆法”节省玻璃面板的安装工期

采用外脚手架对高低起伏的弧形玻璃进行安装，连墙杆布置甚密，导致许多玻璃在连墙杆处不能及时安装，只能等拆脚手架时补装，安装速度很慢，而且在拆架子时安装，安全隐患较大。针对这一实际情况，项目管理公司组织参建单位现场试验，改进脚手架的搭设方法，采用“替代连墙杆法”（图 1-11），可以将玻璃面板连续安装，不留孔洞，玻璃安装完成后，边

(a) 玻璃安装完成后的现场　　(b) 局部连接节点

图 1-11　“替代连墙杆法”搭设幕墙脚手架

拆架子边替代玻璃夹的紧固件，从而节省玻璃面板的安装工期，并且降低了拆脚手架的安全隐患。该项技术使幕墙施工单位获得直接经济效益达100多万元。

### 1.6.3 双曲面金属屋面系统的设计与施工管理

**1）金属屋面的设计管理**

金属屋面高低起伏，檐口标高最矮处为12.9 m，最高处为31.2 m。花蕊部位最高处标高为18.3 m，花瓣部位最高处标高为32.9 m，屋顶设有直径24 m、宽度6 m的环形玻璃采光顶，构造极为复杂，“梅花形”双曲面金属屋面系统的设计是该工程项目管理的重点与难点。

项目管理公司组织业主、代建单位和设计单位，基于对多个类似工程的考察研究，建议选择三层板系统：保温隔音层、防水层和装饰层，从而保证梅花形双曲面金属屋面美观、节能、防水和防雷等性能要求。

为了确保双曲面金属屋面的防水与排水性能，项目管理公司、业主与代建公司共同考察研究决定：指定专业的直立锁边设计厂商和虹吸排水厂商。在本工程10 300 $m^2$的屋面汇水面积范围内，设置3圈天沟和5个导流槽，并对各关键部位的节点进行专项设计，合理设置虹吸排水口，所有二次设计图纸必经项目管理公司的专家审图通过方可实施，从而有效地达到良好的屋面防水性能。

**2）金属屋面的施工管理**

经过详细分析双曲面金属屋面的造型特点，项目管理单位认为，金属屋面的檐口部位为整个屋面施工的重点和难点，不仅与幕墙顶部封口防水节点相交，其施工质量将影响屋面排水系统性能，而且檐口双曲面蜂窝铝板的加工、制作、安装质量将直接影响屋面的装饰效果。因此，在招投标阶段就要求中标单位做1∶1的样板，具体条款为：“中标后确定主材厂商时，制作1∶1檐口节点样品：主要包括约20 $m^2$双曲面金属屋面及约10 $m^2$夹板式点支玻璃幕墙样品，以上费用应作为专列子项包含在投标报价中。”

图1-12 檐口节点1∶1样品

根据招标文件精神，项目管理公司督促幕墙公司在工地附近制作了1∶1檐口节点样品。针对所制作安装的样品（图1-12），由项目管理公司组织中建设计院、远大幕墙、监理、总包等相关单位的专家、技术人员进行察看研究，对檐口的加工制作提出了10多条整改意见和建议。在关键部位实行“事先策划排版、样板引领施工”，从而确保了正式施工的近400 m周长的金属屋面檐口光滑均匀，效果甚佳。

## 1.6.4　梅花建筑的室内装饰设计与施工管理

### 1) 室内装饰的设计

(1) 设计竞赛

由于梅花形建筑的造型独特，其内装的设计非常具有挑战性。项目管理公司采用设计竞赛的方式选择优秀的设计团队和设计方案。

设计竞赛的主要方法是：邀请北京、上海、广州、深圳、苏州的五家知名内装设计单位参与竞赛，并且提供 15 万元的奖励费用。依据专家委员会评审结果，设计方案第一名奖励 7 万元，第二名奖励 5 万元，第三名奖励 3 万元。

经过 2 个月的竞赛设计，5 家单位提供的 5 个方案如图 1-13 所示：方案 1 的主题为“烟波太湖”，方案 2 的主题为“科技梅花”，方案 3 的主题为“梅海”，方案 4 的主题为“水上梅园”，方案 5 的主题为“交流中心”。经过专家评审，方案 1 和方案 4 并列第一名。方案 1 最具特色的是，中厅设计了金属网构筑物在地下空间形成展示中心的高潮部分，上空膜结构的水滴造型通体发光减弱地下空间的压抑感，隐喻太湖水对城市的孕育和滋养，而且与索穹顶完美过渡，似从地下成长起来的花蕊，极具生命力。方案 4 讲述了一个完整的水上人家的故事，与无锡的“太湖”和“梅花”非常切合。最终考虑工程造价原因，由于方案 1 的金属网构筑物可能会使造价增加 600 万元。因此业主选择方案 4 作为实施方案，同时将方案 1 的合理设计理念融入方案 4 中。

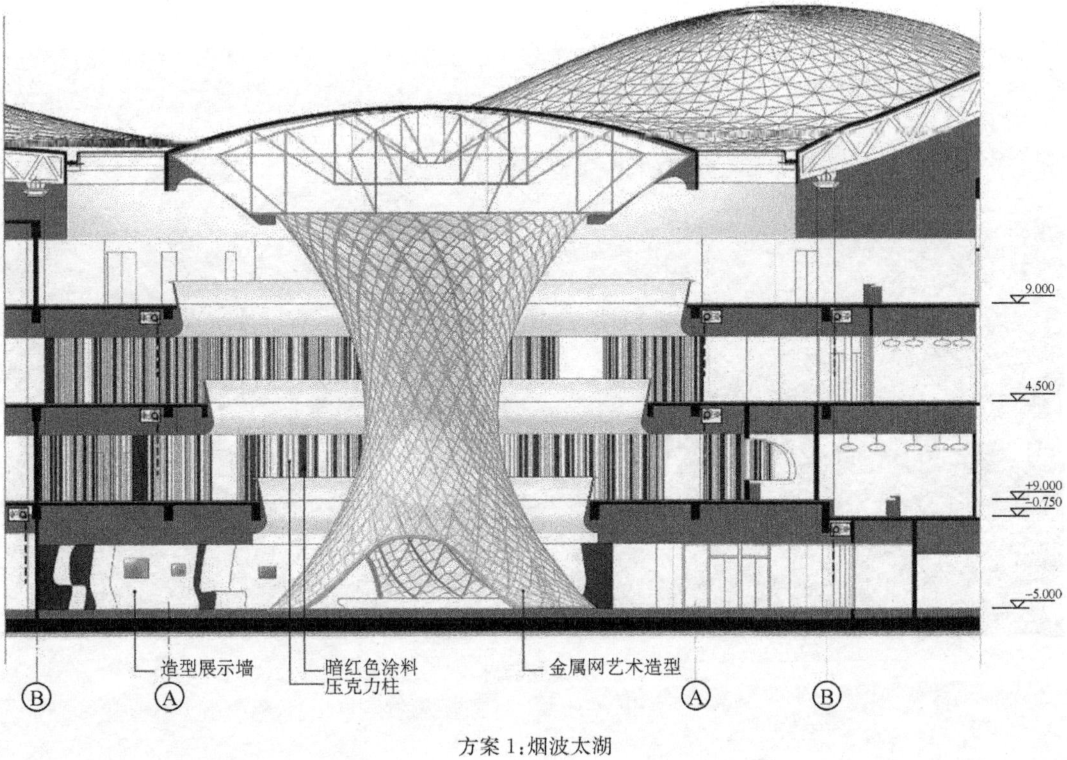


方案 1：烟波太湖

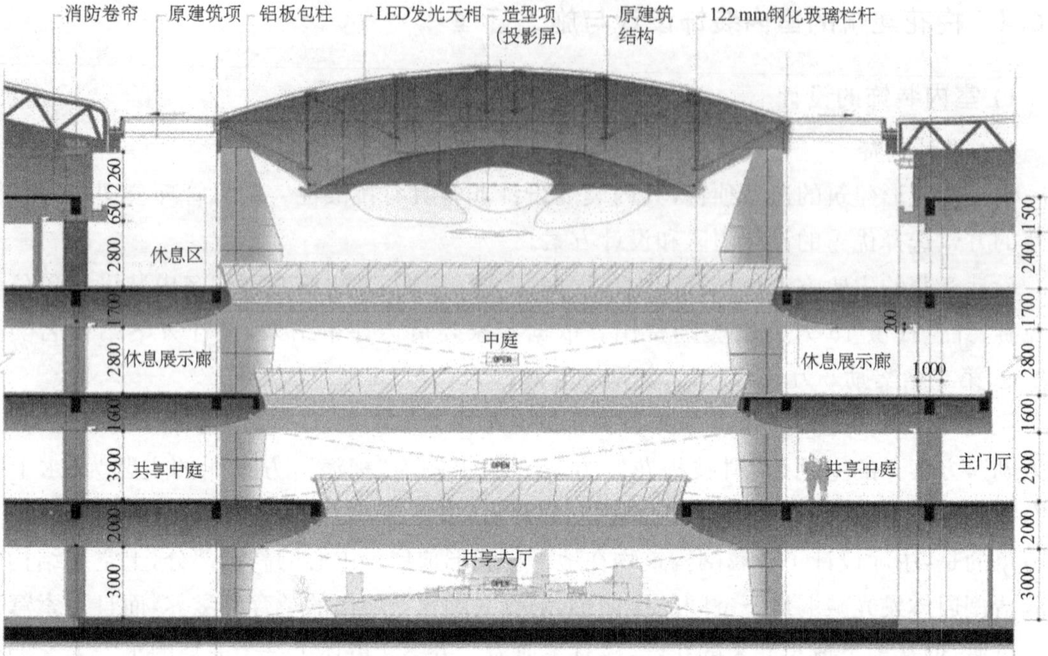


方案 2:科技梅花

方案 3:梅海

方案 4:水上梅园

方案 5:交流中心

**图 1-13　室内装饰的设计竞赛方案**

(2) 水上梅园

主门厅(图 1-14)装饰设计的理念:通过水上的“浮桥”,人们可以穿过白色的水中树木,进入园子,LED 灯光光色的变化,为门庭花径带来不一样的景观。

地下一层展厅(图 1-15)装饰设计的理念:地下展厅似与水面相接,深色地面上的圈纹像层层涟漪,空中的膜制装置艺术如落英缤纷,既可改善大厅的圆形空间造成的声缺陷,又可兼作反光板,补充大厅照明需求,并且可用于艺术展览和规划展览的空间投影,为大厅增加了几分灵动。

图 1-14 主门厅

图 1-15 地下一层展厅

剧院(图 1-16)装饰设计的理念:剧场仿佛是林中辟出的一个舞台,远处林中飘飞的花瓣,仿佛有微风刚刚掠过,和着舞台上翩跹的舞姿或是醉人的音乐,共同渲染出一幅动人的美景。墙面富有节奏的线条和造型是远处梅林的写意,也成为解决原有声学缺陷的一个手法;若有若无的灯光,点亮片片飞花,林中似乎也弥漫着花香,浪漫悠闲,并通过灯光的变换可以营造出不同的气氛,以适应会议、演出等不同需求。用视觉的装饰手法,希望能够产生嗅觉、触觉、听觉等联想,并能够带来空间的多样化使用。

地下咖啡厅(图 1-17)装饰设计的理念:空间中的柱子稍作变形,形成一片愉悦清爽的林中空地,点点灯光勾起人们对夏日萤火的向往。

图 1-16 剧院

图 1-17 地下咖啡厅

**2）室内装饰的施工管理**

梅花形建筑的每个空间内装施工都具有挑战性，要满足“鲁班奖”工程创优的“对缝、对称、对花”要求，且每个房间都有弧形墙面，都有不同材质的过渡与搭配要求。其中尤其是卫生间的装饰施工，由于每个卫生间都带有弧形墙面，且弧形墙面采用的是钢化玻璃，玻璃上安装孔洞是在钢化之前钻孔和磨孔工艺完成的，现场是不允许再进行二次加工的，因此要求所有的孔洞位置必须非常精准，三维误差都不允许超过±1 mm，施工难度很大。因此所有房间的装饰都是先在电脑上制作 BIM 三维效果，然后在现场制作样板，等待样板获得业主和设计师的认可后（图 1-18），才能进行大面积实施，最终获得精美的装饰效果。

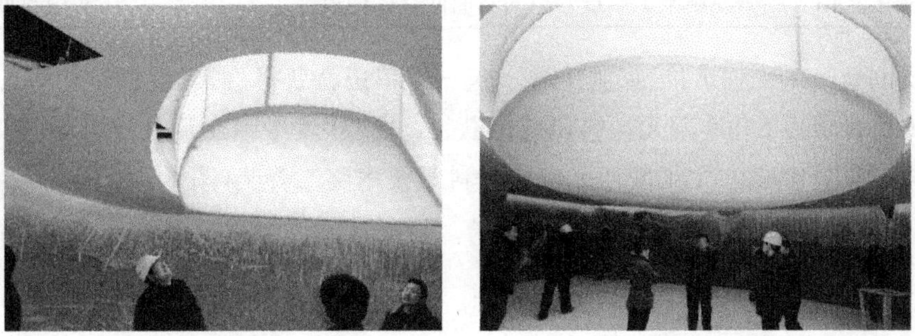

(a) 吊顶装饰效果　　(b) 墙面装饰效果

**图 1-18　装饰样板现场确认实景**

## 1.6.5　技术管理的综合效果

项目管理公司针对“梅花形”项目的各类技术难题，除了安排常驻 6 名专业工程师外，还阶段性和点式支持地派出专家组成员达 10 多人次。将设计管理和施工管理有机结合，从而对关键技术达到有效把控，克服各种难题，实现异形建筑的功能。

为了提升无锡新区科技交流中心工程科技含量与品质，针对异形建筑设计与施工的重点和难点，项目管理部组织各参建单位进行技术攻关。在深化设计和施工技术开发应用方面，下达了“无锡新区科技交流中心工程施工关键技术研究”课题，实行创新设计、创新施工、推广“四新”技术。在《施工技术》《建筑科学》和《建筑技术》等核心期刊发表近 20 篇学术论文。基于梅花形建筑的技术创新，申报并获得专利授权：发明专利 3 项、实用新型专利 7 项（表 1-4）。

**表 1-4　基于梅花形建筑申报并获得授权专利情况**

| 专利名称 | 专利属性 |
|---|---|
| 一种制作曲面蜂窝铝板的模具 | 发明专利 |
| 一种建筑装饰曲面蜂窝铝板的安装构造 | 发明专利 |
| 一种用于仰钻施工的冲击钻支架 | 发明专利 |

（续表）

| 专利名称 | 专利属性 |
| --- | --- |
| 承受吊装施工荷载的混凝土结构临时加固装置 | 实用新型 |
| 分层分级调差的金属屋面系统安装节点装置 | 实用新型 |
| 双曲面金属屋面安装节点装置 | 实用新型 |
| 张拉索夹角自成形的铸钢节点装置 | 实用新型 |
| 一种组合式静压箱 | 实用新型 |
| 一种共享大厅专用的折叠式防火卷帘装置 | 实用新型 |
| 一种基于 BIM 精确控制施工质量的空间双曲面幕墙构造 | 实用新型 |

以科技创新降低工程造价：仅施工总承包一家单位就获得直接经济效益 680 万元，业主单位降低项目投资近 6 000 万元。科研成果获得 2011 年度中国建筑总公司（省部级）科学技术奖三等奖（图 1-19）、2012 年度江苏省建设科学技术奖二等奖（图 1-20）。

图 1-19　2011 年度科学技术奖证书

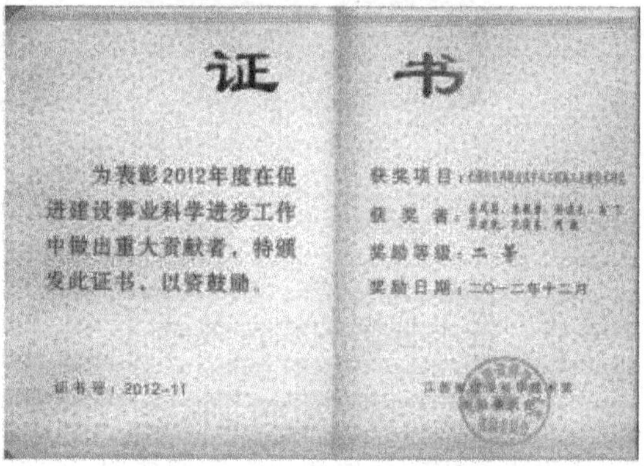


图 1-20　2012 年度建设科学技术奖证书

## 1.7　造价管理

### 1.7.1　对专业设计实行优化设计和优选材料，以控制造价

项目管理公司发挥同济大学专家支撑、技术知识积累的优势，控制幕墙、内装、建筑泛光等专业设计，并进行市场调研、多方案比选，从而优化设计文件和相关产品的选择。

例如，梅花形屋顶最外层的蜂窝铝板，展开面积约 1.25 万平方米。管委会领导要求，在建筑效果方面要体现地标建筑的品质，要求选择高档的进口产品。项目管理公司组织了市场调研和技术分析，在中国市场的进口品牌有美国阿鲁克邦和荷兰亨特道格拉斯，异形双曲蜂窝板报价在 1 800～1 900 元/平方米；国产优质品牌有常州长青、上海庆华、常州勤丰等品牌，其报价在 800 元/平方米。科瑞真诚项目管理公司经过技术性能分析，建议业主采用外层面板进口(美铝或加铝，并在国外完成三涂三烤工艺)，蜂窝芯和背板采用国产西南铝(国内优质铝)，胶水采用美国胶水，然后在国内恒温恒湿车间固化，可以达到进口品牌的性能与品质，又大大节省造价。这一方案被业主方采纳，结合招标竞价手段，实际 600 多元/平方米实施。项目管理公司的这一项调研建议就节省总造价 1 000 多万元。

### 1.7.2　制定合适的招标策略，控制造价

项目管理公司针对异形建筑的招标，采用“详细界定技术特性与要求”的方法，将性能描述采用定性描述与定量描述相结合，防止项目实施过程的签证与索赔。

例如，针对弧形玻璃幕墙与金属屋面工程的招标，采用设计与施工一体化的招标策略，合同为固定总价。从而有效地防止于后期工程实施阶段的设计变更与签证，成功地控制了该专业工程的造价：幕墙与金属屋面专业工程(含增补 6 幢炮楼等工程量)合同价 5 660 万元，工程实施后结算价为 5 797 万元。作为异形建筑，设计变更所引起的签证仅为 2.42%，满足预期目标 5%以内，造价控制非常成功。此种控制效果正是项目管理公司通过调研，掌握异形建筑幕墙和双曲面金属屋面设计文件变更多的特点，从而通过严格界定外围护各部分的性能参数、建筑效果，实行总价包干的策略，有效控制了后期的变更与索赔。

### 1.7.3　基于专业的预见性，在招标文件中增加相应条款说明，规避索赔风险

梅花形建筑的檐口是空间双曲形，而且呈波澜起伏状，是该建筑的亮点和难点。设计图纸并不能很好地用二维蓝图表达，只能通过电脑三维放样和现场放样进行制作和安装。仅仅通过建筑信息模型(BIM)的三维放样也不能完全解决实际制作和安装过程中的所有问题。基于这样的专业认识，项目管理公司在审定招标文件时，增加了“在现场制作 1∶1 檐口节点大样”要求，而且注明其造价综合考虑在投标报价中。

施工单位中标进场后，根据建筑效果制作要求，做了 1∶1 檐口节点大样，共花费 50 多万元，从而解决了深化设计、加工制作与现场安装施工相关的 10 多个问题。但是其投标文件的工程量清单中并无该项次，该单位项目部提交了工程量增加的联系单，被项目管理公司驳回，从而规避了业主被索赔 50 多万元的风险。

### 1.7.4　基于对规范的理解，有效处理职能部门的要求，从而节省成本

基于项目管理公司专业人员对规范的理解，可以有效处置质检、安检、消防等理职能部门的要求，从而节省一些成本。

例如，梅花形钢结构网壳施工完成后(2009 年 11 月)，屋面的主次檩条安装将要结束时(图 1-21)，无锡市消防支队到现场检查工作，发现该工程的钢结构网壳刷了防火涂料，而钢结构主次檩条全都没做防火处理，消防部门发出通知：必须停止金属面板的安装，将主次檩条全都做防火处理。业主项目负责人、施工单位和设计院技术负责人都与消防部门沟通无果。若按消防支队的要求进行防火处理，将要增加成本约 200 万元，并且增加工期约 2 个

月，因为所有檩条都已安装到屋面花瓣上了，施工难度很大。

图 1-21 梅花形屋面次结构安装完成阶段

项目管理公司专家赶到无锡市消防支队，从结构受力与建筑消防的关系入手，引用消防权威专家倪照鹏对《建筑防火设计规范》的释疑，向消防支队的专家系统解释梅花建筑工程与普通钢结构工程的差异，得出结论：该工程的单层钢结构网壳为主要受力结构；主次檩条全部不是主要受力构件，仅是围护工程的次结构，无需做防火处理。消防部门接受了项目管理公司专家的释疑，同意继续安装屋面，从而节省了成本，缩短了工期。

### 1.7.5 严格审核控制现场设计变更与签证，有效控制施工阶段造价增加

梅花形建筑作为造型复杂的公建项目，使用单位较多，且公众关注度高，因此在项目实施过程中，对功能有较多调整，相应地出现结构变更、装饰材料变更、使用设备变更等多种情况。作为项目管理单位，需从专业的角度，严格控制现场设计变更与签证，从而控制施工阶段的工程造价。

该项目曾出现幕墙钢结构的重大调整：钢结构景观走廊的大样图在 2008 年年初就已设计完成，并通过专家论证。但是该部位采用的是众多细小的钢管桁架传力系统，幕墙单位中标进场，绘制玻璃幕墙效果图后，管委会领导对该景观走廊的效果很不满意，原因有三：①透过玻璃，从室外看到众多的钢管桁架，显得凌乱难看；②人站在 9 m 标高的景观走廊上，在楼面上约 3 m 高处就是一些钢管，显得十分压抑；③由于钢管桁架的存在，建筑泛光“见光不见灯”的效果无法实现。因此，业主领导要求进一步修改景观走廊钢结构受力体系，以消除以上三个缺点。项目管理公司专家基于对结构受力的理解和建筑效果的要求，提出“混凝土劲性柱＋钢结构悬挑梁”的支撑体系，与业主、设计人员研讨后实施。

这项设计变更的工作量，幕墙公司提交了 400 多万元的工作量签证单，并且经过监理和跟踪审计审核，流转至项目管理公司，项目管理负责人提出 6 条审核意见，进一步优化设计

和材料选型，依据意见重新计算，在跟踪审计核减的基础上又核减了近 200 万元，从而使该项目的重大变更达到良好的性价比。

# 1.8　质量管理

## 1.8.1　质量管理的特别措施

由于该工程为争创“鲁班奖”的工程，在质量管理方面，要求参建单位精工细造、建造精品。采取的主要措施如下。

(1) 聘请“鲁班奖”评委专家指导

由项目管理公司和总承包单位组织，聘请了往届“鲁班奖”评委专家开会研讨(图1-22)，并现场指导，巡查现场后再进行逐条整改的技术交流(图 1-23)。主体施工阶段，每两个月现场指导一次；设备安装、精装修阶段，每个月现场指导一次。主要的工作包括：编制创鲁班奖策划书、制订高于国家标准的项目标准、制订一系列严把质量的管理制度、创新整合以提高工程科技含量、精心策划而形成工程安装及装饰特色和亮点。

图 1-22　“鲁班奖”创优研讨会

图 1-23　现场质量整改技术交流

(2) 现场成立“鲁班奖”质量检查委员会

由业主单位项目负责人、科瑞真诚项目管理公司项目经理和项目总工程师、监理公司总监、施工总承包单位项目经理和技术负责人、幕墙公司项目经理等技术与管理核心成员组成质量检查委员会，执行高于国家标准的项目标准。换言之，现场的质量检查与验收，分为两个层次：首先，每项工程都应通过监理按国家标准的要求验收；然后，还需要通过“鲁班奖”质量检查委员会的验收(图 1-24)。对于通过监理验收而未能通过“鲁班奖”质量检查委员会验收的工程，也要整改和返工，对这部分工作，业主同意适当补偿。

(3) 编辑《“鲁班奖”质量周报》

由项目管理部编制周报上墙(图 1-25)，对现场发现的工程质量问题和“鲁班奖”评委专家指出的需改进之处进行拍照、提出整改措施、跟踪整改效果、编辑成《“鲁班奖”质量周报》，下发给各参建单位对照执行。

图 1-24　质量检查委员会屋面验收

图 1-25　质量周报管理

(4) 探索应用 BIM 技术控制梅花成型质量

通过构建梅花的三维建筑信息模型(图 1-26)，实现单层网壳的钢构件空间定位，并且将空间 1 031 个三维坐标点作为主控点，用于指导钢构件吊装就位(图 1-27)；进一步地应用 BIM 技术控制金属屋面的精确成形，通过控制主次檩条上的 3 320 个点的三维坐标，保证双曲面屋面平滑连接，达到花瓣弧线饱满而美观的效果。同时还应用 BIM 技术进行机电管线综合，解决了弧形空间的管线碰撞问题。

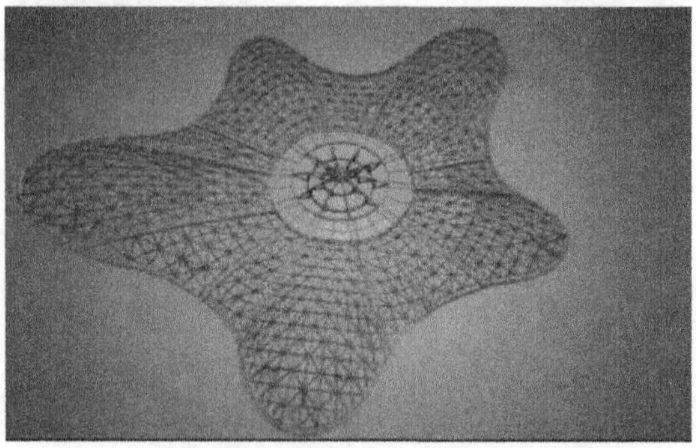

图 1-26　梅花形屋盖 BIM

图 1-27　梅花形屋盖 BIM-4D 吊装模拟

(5) 委托第三方检测

为了确保钢结构屋盖工程的结构安全，对屋盖所用的铸钢件和焊缝，项目管理公司请示业主后，委托江苏省建筑工程质量检测中心进行第三方检测(图 1-28)，并且制定奖罚制度，从而确保了钢结构安装质量一次成优。尤其是对 166 个铸钢件的铸造质量，对铸件厂商提出了创新的特殊要求：铸造时制作连体试件(图 1-29)，由业主、项目管理公司、总承包单位和监理单位相关技术管理人员同时到河北省某铸钢件厂区的铸钢件上取样，然后独立地送至天津某金属研究所进行化学成分检测，保证其有害化学成分不超标。据此，保证试件与铸钢件的化学成分一致，防止浇铸构件时预留的试件发生错乱，防止构件化学成分不满足设计要求的情况发生，从而杜绝质量隐患。

图 1-28　第三方施工现场检测

图 1-29　铸钢件厂区取样

(6) 现场承载力试验

为了保证施工质量和公共建筑项目的安全运行，对于该项目关键部位的构件承载力性能进行了现场试验，消除试验室试验与现场承载力可能存在差异的风险。例如，针对一层的两个共享办事大厅，由于安装人员叫号系统、视频显示系统等智能化设备的需求，从大厅顶板引下 10 多根吊杆，安装弧形钢龙骨（图 1-30），该钢龙骨重量可达 3.5 t。由于这是装饰和智能化安装阶段业主新增的功能需求，主体结构施工中未预埋铁件，需采取化学螺栓后置，化学螺栓的承载力通常是通过试验室检验其承载力，该项目实施期间，进行吊顶金属螺栓 HAS 抗拔试验的同时，为了确保每根吊杆的承载力满足要求，对后置的每根吊杆都进行了承载力试验。具体方法如图 1-31 所示，在吊杆下方施加 2 倍的设计荷载，并且持续加载 72 h，如果不发生破坏，则可以确定吊杆承载力合格。

图 1-30　竣工后的大厅钢龙骨

图 1-31　现场承载力试验

(7) 提前引进物业管理单位介入质量管理

由于该公共建筑使用功能较多，机电、管道、设备安装复杂，内装封板后皆处于隐蔽状态。为了便于业主日后运营顺畅，提前6个月以上引进物业管理单位熟悉现场情况，并且请物业单位介入质量管理，更有效地督促了参建单位将工程做成精品。

### 1.8.2 质量管理的综合效果

(1) 获得荣誉

在质量管理方面，通过采取质量管理组织创新、发布质量管理周报、样板引领等多种方法融合的措施，经过项目管理公司、监理和“鲁班奖”质量检查委员会的过程质量检验与控制，并且结合鲁班奖评委专家的定期指导，该工程的施工质量获得良好的保障，得到业主和使用方的称赞：可称精品。工程精心施工，工程质量获得业主单位和行业协会的好评。该项目获得2010年度江苏省钢结构优质工程奖（紫金杯）、2010年度浙江省钢结构金刚奖、2011年度江苏省园林绿化优秀工程奖和2012年度江苏省“扬子杯”优质工程奖等多项省级和市级优质工程奖。

(2) 亮点赏析

梅花形建筑从外立面造型到内部装饰，各专业工程都精心打造，工程亮点详见表1-5。

**表1-5 梅花形建筑的工程实景**

| 梅花形建筑的亮点照片 | 分析说明 |
| --- | --- |
|  | 无锡新区科技交流中心工程像一朵白色的梅花，展现在开阔的石材广场上。花瓣高低起伏，延绵环绕，曲线自然，玻璃幕墙与金属屋面虚实结合。<br>北侧10 000多平方米的石材广场地面平整，对缝整齐，排水系统、雨水收集系统巧妙隐藏在石材铺装之下，各类集水井、检修井精心设计，自然镶嵌在石材广场之中，便于使用，而且不影响美观 |
|  | 南侧的倒影池，映入整座建筑倒影，柔美而舒展，给人以遐想。<br>近7 000 $m^2$ 的倒影池，水深渐变，最深处约300 mm，可供人戏耍。水池边沿的标高控制非常精准，水波线与石材边线能平行环绕整个扇形水池。水池用水与雨水收集系统、植物净化水池贯通，使得建筑周边的水源可循环利用 |

(续表)

| 梅花形建筑的亮点照片 | 分析说明 |
| --- | --- |
|  | 幕墙工程，与金属屋面和景观走廊装饰带完美结合，竖向线条严格对齐：深化设计时，经过电脑反复排版；施工前，制作样品引领。<br>檐口的双曲面蜂窝铝板与弧形玻璃幕墙精确连接，两者连接处缝隙均匀，线条自然流畅 |
|  | 金属屋面，花蕊部分由球冠形双曲面蜂窝铝板与环形玻璃采光带构成，线条呈光射线布置，均匀顺直。<br>5 个花瓣部分由双曲面蜂窝铝板组成，线条按环向和径向调节，采用专利技术施工，确保外形美观 |
|  | 市民服务大厅，装饰弧线与结构弧线自然结合，顶篷微显曲面，在曲面顶篷中镶嵌大小不等、错落有致的圆孔，圆孔中安置灯具，给人以海底静谧之感。周边布置修长的铝隔栅，让大厅透出亲和之感 |
| 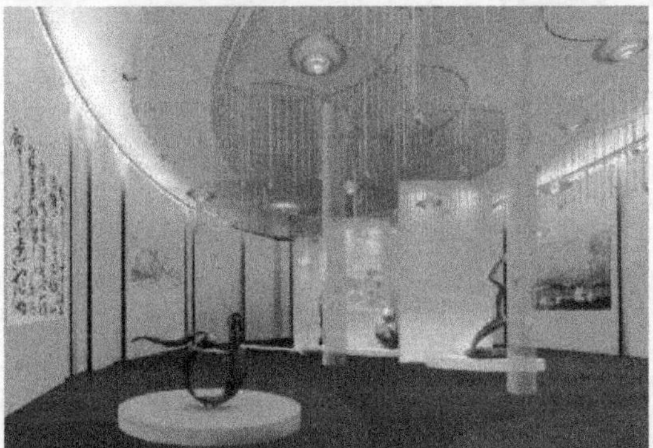 | 艺术展厅，以艺术玻璃挂件装饰顶篷，并以艺术灯具加以点缀，整个空间充满浓郁的艺术气息。沿着弧形墙壁悬挂着可滑动的展板，可放可收，方便自如 |

（续表）

| 梅花形建筑的亮点照片 | 分析说明 |
|---|---|
|  | 景观走廊，标高 9 m，悬挑出主体5 m，环建筑布置，周长 384 m。<br>采用创新开发的国家级工法施工走廊与幕墙钢结构，使得结构简洁、安全、美观。并且巧妙地将走廊的新风系统安置在楼面板内，送风口沿幕墙的栏杆根部布置，美观而实用。<br>走廊内侧墙面以铝隔栅装饰，并在铝隔栅中镶嵌 LED 灯带，用作建筑泛光 |
|  | 建筑泛光，树立了该地标建筑在黑夜中的形象。沿“梅花”一周，泛光由景观走廊的隔栅墙发出，透过玻璃幕墙，可以播放各种灯光秀曲目。控制系统先进，并且分为平日模式和节日模式，以便建筑节能。<br>设计与施工精巧，实现了“见光不见灯”的原则，达到了光、影、物的有机融合 |
|  | 剧场内设座位 486 个，采用专利技术安装静压箱和送新风系统，确保室内空气质量。<br>墙面采用木隔栅装饰，在隔栅上错落有致地布置花瓣形孔洞，孔洞边沿镶嵌灯带，给人以花瓣飘扬、回归自然的感觉 |
| 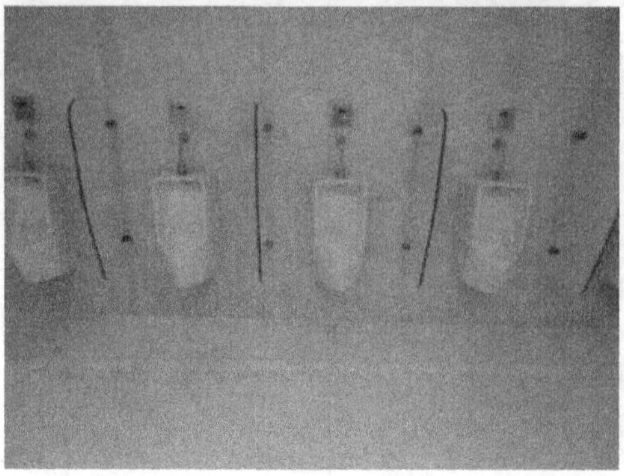 | 卫生间，是最能反映精品施工的空间。尤其是本项目，所有卫生间都有弧形墙。为了达到美观效果，必须经过事先策划、精心排版，多专业配合。<br>精品体现：地面块材、墙面钢化玻璃、顶篷吸音板材，所有拼缝双向环通对齐，而且所有洁具、灯具、感应器及水管等设施皆能与拼缝对齐 |

（续表）

| 梅花形建筑的亮点照片 | 分析说明 |
| --- | --- |
| 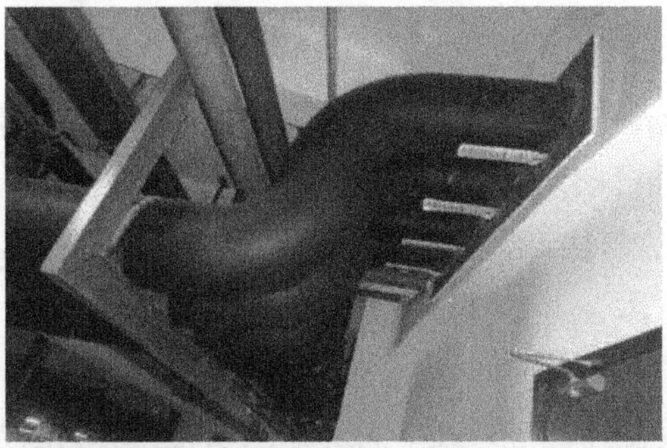 | 管线安装，整齐划一，顺应建筑弧形空间作相应弯曲处理。<br>流质标识、桥架吊杆、保温接缝都能排列整齐，并且组织室内管线综合，提高建筑净空使用高度。<br>管道穿墙，防火封堵规范，并设置装饰盖板美化穿墙孔洞 |
|  | 暖通设备，依据异形建筑的空间，作单件设计制作。大型通风管道弧线过渡，充分利用空间，满足功能要求，同时给人以艺术感和美感。<br>空调系统采用污水源热泵集中供能系统，充分利用再生能源 |
|  | 中庭共享空间，装饰以错落有致的透光膜叶片，给人以“落英缤纷”的诗情画意。<br>共享空间的防火卷帘，创新开发专利技术新产品，采用连续无间断防火布构成环形密闭空间，确保消防功能与美观 |
|  | 景观绿化，精心施工的立体绿坡，顺势布置的云步，精挑细选的银杏、香樟树阵，配合自然流淌的水景，更能衬托出绿荫中的白色“梅花”。<br>施工时，事先策划，组织室外管线综合，巧妙布置各种管线和管井，考虑便于检修，同时注意美观 |

## 1.9 项目管理的启示与体会

经过3年多时间的项目管理服务，将精心策划的合同管理、开拓创新的技术管理、顶真碰硬的质量管理融为一体，最终使得异形地标建筑——无锡新区科技交流中心工程以精品的形象呈现于公众面前，获得业主和主管部门认可。该工程项目获得上海市2014年度项目管理优秀成果二等奖。项目管理的启示与体会主要有以下几点。

（1）以科技开发与应用提升项目品质的技术管理，促使各参建单位技术创新，高品质建设异形建筑，产生良好的经济效益、社会效益和环境效益。该地标建筑已成为无锡市举办各类学术交流、科技成果展示、市民服务等社会活动的场所(图1-32)。

(a) 学术交流

(b) 百姓“感知新区”

(c) 国际马拉松开幕式

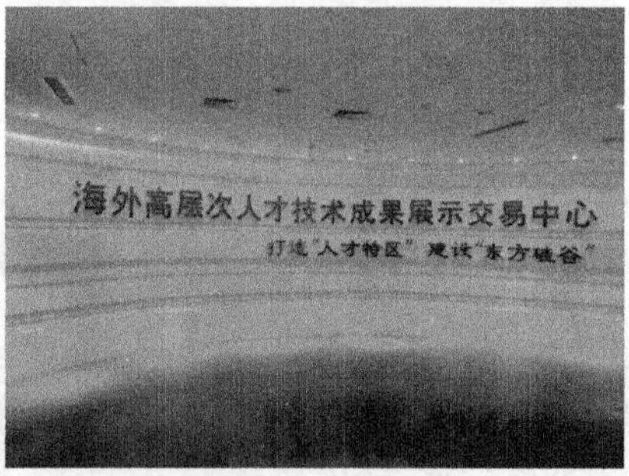


(d) 科技成果展示

(e) 千人计划

(f) 节日庆典

**图1-32 在梅花形建筑举办各类活动**

(2) 基于大量调研异形建筑工程案例的招标采购管理，在招标文件和合同文件中提出详尽的技术性能要求是对大型复杂工程造价控制的充分必要条件。

(3) 针对异形建筑建设的复杂性，项目管理公司采取常驻专业工程师与阶段性支持、点式支持的资深工程师相结合的服务团队，是一种行之有效的组织机构。

(4) 基于集成控制的工程项目施工期 HSE 风险管理，将复杂工程项目的各类目标、实施过程、技术措施融合于系统模型，集成控制，规避风险。

(5) 应用 BIM 技术实现空间定位找形，结合现场样板确定细部构造，以“事先策划排版、样板引领施工”为基础进行精品工程的施工，同时创新质量管理组织机构，这是创优的必由之路。

(6) 工程项目在钢结构、装饰、园林和总体都获得省级优质工程奖，但因建筑面积小于 4 万平方米，竣工使用一年后，已不满足江苏省推荐申报“鲁班奖”的条件，未能获得国家级优质工程“鲁班奖”的荣誉。与之相应，各参建单位也承受了合同约定的经济处罚，这充分体现了建筑工程建设周期长，可能存在评奖政策变化的风险性。

# 第 2 章　周边高层建筑对梅花形屋盖的气动干扰分析技术

基于功能和美学的综合考虑，许多大型公共建筑的屋盖设计成形状新颖的大跨度空间曲面结构，其风荷载和结构响应问题显得非常突出。大跨度曲面屋盖结构表面的风荷载不仅与气流湍流特性有关，还与气流流经结构时产生的旋涡、分离和再附等流动特征有关，风荷载特性比较复杂。随着现代城市的发展，大跨度低矮建筑的附近往往会有高层建筑的存在。由于周边建筑物的流场干扰效应，受扰大跨度建筑的风振响应大小和性态发生很大变化，导致其风荷载特性更为复杂。因此，研究周边高层建筑对大跨度曲面屋盖的气动干扰具有重要的意义。

无锡新区科技交流中心，建筑外观设计为梅花形，屋盖为凹凸起伏的曲面，最大径向跨度为 98 m，梅花形钢屋盖的结构层由花蕊和花瓣两部分组成：花蕊部分设计为索穹顶结构，5 个花瓣部分为单层网壳；屋盖装饰层为 15 mm 厚蜂窝铝板，水平投影面积约 8 000 $m^2$，最高的凸弧曲面檐口标高为 31.2 m，最低的凹弧曲面檐口标高为 12.9 m。如图 2-1 所示，在该大跨度结构的北边将建造两幢高层建筑（双子楼），建筑高度为 99 m，高层建筑之间的净距为 48.2 m、外边距约为 165 m，双子楼与科技交流中心的中心距为 164 m。由于该种大跨度曲面屋盖建筑的风荷载在《建筑结构荷载规范》(GB 50009—2012)中没有作相应的规定，

图 2-1　建筑效果图

尤其是周边高层建筑对大跨度屋盖的气动干扰作用，没有计算依据。为此，本书采用刚性模型风洞试验方法对该标志性建筑进行研究，重点分析有、无周边高层建筑干扰两种情况下的风荷载变化，得出一些结论，用于主体结构、弧形幕墙和金属屋面的设计，并为类似工程提供参考。

## 2.1　试验模型设计

无锡新区科技交流中心的风洞试验在湖南大学风工程试验研究中心的 HD-2 大气边界层风洞中进行。试验考虑两种工况：工况一为无周边高层建筑工况，仅考虑无锡新区科技交流中心的单体建筑风荷载；工况二为有周边高层建筑工况，即在工况一的基础上，考虑双子楼的气动干扰影响。

梅花形试验模型的几何缩尺比例为 1∶150，模型采用有机玻璃制作，与实物在外形上保持几何相似；双子楼采用 ABS 板制作(图 2-2)。试验时将无锡新区科技交流中心放置在转盘中心，通过旋转转盘来模拟不同风向。

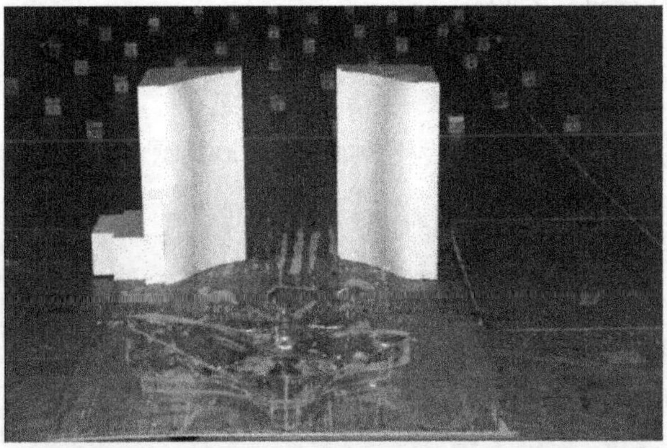

图 2-2　风洞试验模型

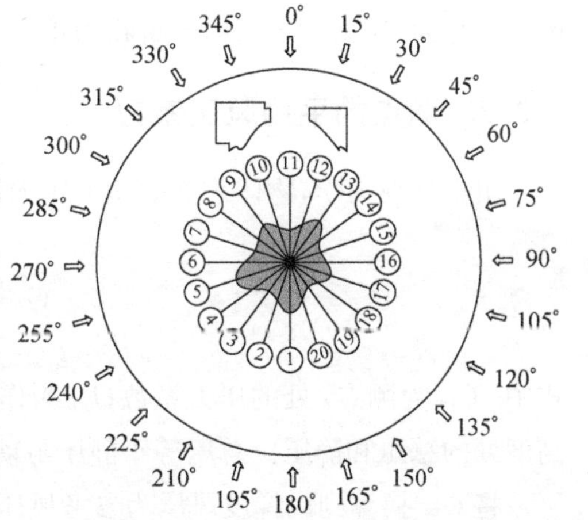


图 2-3　风方角的定义

风洞试验的方位及风向角定义如图 2-3 所示。沿着无锡新区科技交流中心南北轴线①和⑪，从北向南吹的风向定义为 0°，风向角按顺时针方向增加，间隔取为 15°，共 24 个风向角。

在刚性试验模型上总共布置了 301 个测点。其中屋盖顶部共布置 186 个，测点编号为 1～186；侧墙上共布置 73 个，测点编号为 187～259；周边走廊下表面共布置 42 个，测点编号为 260～301。

## 2.2 流场模拟与数据处理

### 2.2.1 流场参数设置

无锡新区科技交流中心周围 300～600 m 范围内较为空旷，按规范可取为 B 类地貌，大气边界层高度为 350 m，地面粗糙度 $\alpha=0.16$，风洞测压的风速为 10 m/s，测压信号采样频率为 325 Hz。为模拟 B 类地貌大气边界层风场，试验选择合适的尖塔形状、格栅尺寸和粗糙元分布，进行多次调试和测量的过程，最后测得的速度型与理论速度型符合较好，测量的湍流强度型与理论值也很符合，则可以认为模拟的大气边界层能够达到试验规定的指标和要求，可进行风洞试验。

### 2.2.2 试验数据的采集

在试验中，对于 301 个测点，每个测点采样样本总长度为 6 600 个数据。对每个测点在每个风向角下都记录了 6 600 个数据的风压时域信号，总共记录了约 0.96 亿个数据。约定风压符号为：压力方向指向建筑物为正，离开建筑物为负。

### 2.2.3 测点的平均风压系数

由空气动力学，物体表面的压力用无量纲压力系数 $C_{Pi}$ 表示，如式(2-1)所示：

$$C_{\mathrm{P}i}=\frac{P_i-P_\infty}{P_0-P_\infty} \tag{2-1}$$

式中，$C_{\mathrm{P}i}$ 为测点 $i$ 处的压力系数；$P_i$ 为作用在测点 $i$ 处的压力；$P_0$ 和 $P_\infty$ 分别是试验时参考高度处的总压和静压。总压等于静压与动压之和，动压和静压可由皮托管测得。

将 $C_{\mathrm{P}i}$ 换算到以梯度风压为参考风压的风压系数 $C_{\mathrm{P},\,i}$：

$$C_{\mathrm{P},\,i}=\left(\frac{Z_G}{Z}\right)^{2\alpha}C_{\mathrm{P}i} \tag{2-2}$$

式中，$Z_G$ 为地貌所对应的梯度风高度(即大气边界层高度)；$Z$ 为离地面高度；$a$ 为反映地貌地面粗糙度特性的平均风速分布幂指数，B 类地貌下 $\alpha=0.16$。

对所记录的数据进行统计分析，获得各测点在 24 个风向角下对应的平均风压系数 $C_{\mathrm{Pmean},\,i}$。

### 2.2.4 体形系数

根据本试验测得的各测点的平均风压系数 $C_{\mathrm{Pmean},\,i}$，可换算得到各测点的点体形系数 $\mu_{si}$：

$$\mu_{si} = C_{\text{Pmean}, i} \times \left(\frac{Z_G}{z}\right)^{2\alpha} \tag{2-3}$$

为便于分析最不利风向及其对应的风荷载，将该建筑表面划分为 31 个分块部分(图 2-4)，给出每个分块的分块体型系数 $\mu_{s,b}$：

$$\mu_{s,b} = \frac{\sum_{i=1}^{n} \mu_{si}\mu_{zi}A_i}{\mu_{z,b}A} \tag{2-4}$$

式中，$\mu_{si}$，$\mu_{zi}$，$A_i$ 分别为测点 $i$ 的点体形系数、风压高度变化系数和对应的面积；$A$ 为分块的总面积；$\mu_{z,b}$ 为分块中心的风压高度变化系数。

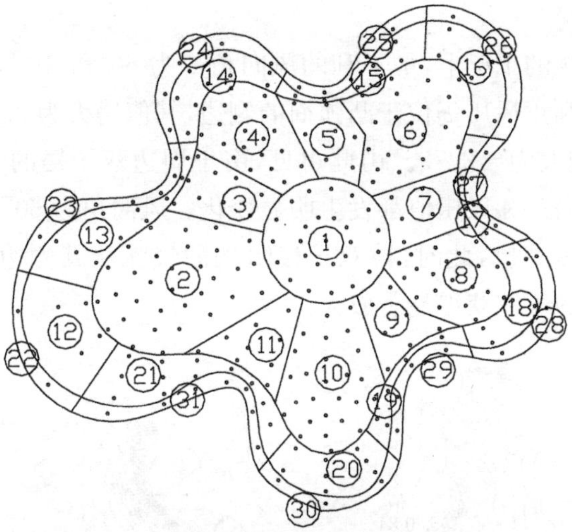


图 2-4　风荷载的分块

## 2.3　梅花形屋盖各部位的气动干扰分析

### 2.3.1　最不利风向角的变化

对两种工况条件下 B 类风场中梅花形曲面屋盖的平均风压系数对比分析，明确不同风向下风压系数的分布变化规律，依据屋盖上出现最大正压和最大负压的条件，判定曲面屋盖的最不利风向角。

在周边无高层建筑的工况下，最不利的风向角为 150°和 195°，其风压系数分布情况如图 2-5 所示。最不利正风压系数位于凸弧面的侧边，其值为 0.74；最不利负风压系数位于凹弧面的低点，其值为−1.56。

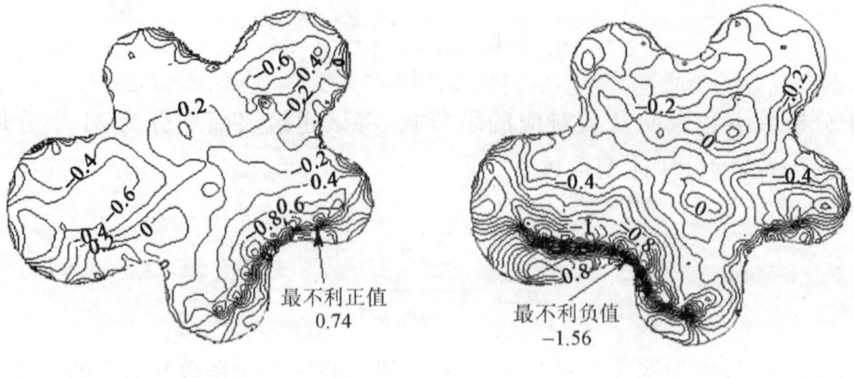


(a) 150° 风向　　(b) 195° 风向

**图 2-5　工况一风压系数分布图**

在周边有高层建筑干扰的工况下，最不利的风向角变为 60°和 315°，此时风压系数分布情况如图 2-6 所示。最不利正风压仍位于凸弧面的侧边，其值增大为 0.81；最不利负风压仍位于凹弧面的低点，其值增大为−2.79。由此可见，由于周边双子楼的干扰作用，无锡新区科技交流中心的最不利风向角和风压值都发生明显变化。风向角为 60°和 315°时，双子楼位于科技交流中心的上游稍偏一侧，此时，被双子楼阻挡的气流从其侧边绕行，产生“兜风效应”，使越过科技交流中心的气流获得显著放大。

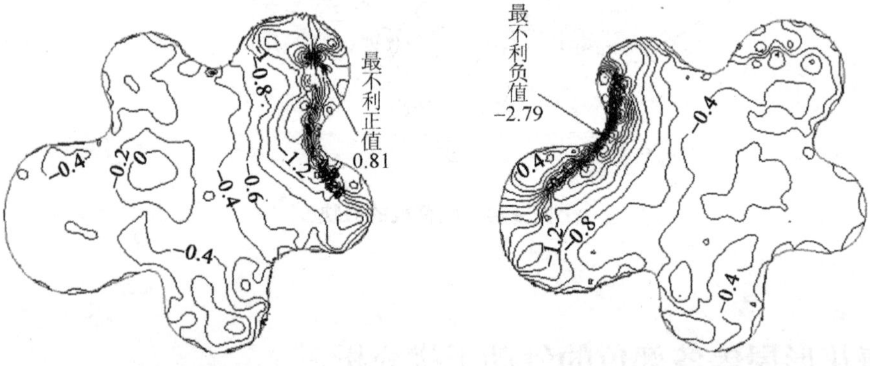


(a) 60° 风向　　(b) 315° 风向

**图 2-6　工况二风压系数分布图**

无论是工况一还是工况二条件下，最不利受风位置都处于屋盖的檐口附近，其中凹弧面的檐口受最不利负风压，凸弧面的檐口受最不利正风压，这种现象在曲面屋盖的设计中应加以重视。

### 2.3.2　分块风荷载体型系数的综合变化

在两种工况条件下，大跨度梅花形曲面屋盖都是受负风压为主，多数测点的负风压绝对值比其正风压高达 2 倍以上。由于周边高层建筑的干扰影响，31 个分块的风荷载体型系数随风向角变化的规律发生明显改变，如表 2-1 所示，各分块的风荷载体型系数变化幅度显著增大，有些分块的变化幅度高达 2 倍以上。

**表 2-1　分块的风荷载体型系数变化情况**

| 块号 | 工况一 | | 工况二 | |
|---|---|---|---|---|
| | 变化范围 | 幅度 | 变化范围 | 幅度 |
| 1 | 0.05～−0.21 | 0.26 | 0.18～−0.54 | 0.72 |
| 2 | −0.12～−0.67 | 0.55 | −0.14～−1.05 | 0.91 |
| 3 | 0.05～−1.02 | 1.07 | 0.28～−1.80 | 2.08 |
| 4 | −0.21～−0.67 | 0.46 | 0.20～−1.28 | 1.48 |
| 5 | −0.01～−0.86 | 0.85 | 0.26～−0.68 | 0.94 |
| 6 | −0.12～−0.68 | 0.56 | 0.27～−1.14 | 1.41 |
| 7 | −0.02～−0.90 | 0.88 | 0.25～−1.29 | 1.54 |
| 8 | −0.20～−0.59 | 0.39 | −0.08～−0.90 | 0.82 |
| 9 | −0.01～−0.93 | 0.92 | 0.21～−0.74 | 0.95 |
| 10 | −0.20～−0.61 | 0.39 | −0.09～−0.70 | 0.61 |
| 11 | 0.15～−1.01 | 1.16 | 0.30～−0.90 | 1.20 |
| 12 | 0.40～−0.85 | 1.25 | 0.53～−1.27 | 1.80 |
| 13 | 0.40～−0.51 | 0.91 | 0.46～−0.45 | 0.91 |
| 14 | 0.24～−0.49 | 0.73 | 0.17～−0.62 | 0.79 |
| 15 | 0.25～−0.61 | 0.86 | 0.33～−0.97 | 1.30 |
| 16 | 0.18～−0.42 | 0.60 | 0.31～−0.63 | 0.94 |
| 17 | 0.25～−0.47 | 0.72 | 0.32～−0.44 | 0.76 |
| 18 | 0.19～−0.44 | 0.63 | 0.31～−0.66 | 0.97 |
| 19 | 0.35～−0.53 | 0.88 | 0.48～−0.62 | 1.10 |
| 20 | 0.29～−0.68 | 0.97 | 0.41～−0.89 | 1.30 |
| 21 | 0.35～−0.50 | 0.85 | 0.51～−0.76 | 1.27 |
| 22 | 0.11～−0.72 | 0.83 | 0.24～−0.91 | 1.15 |
| 23 | 0.41～−0.47 | 0.88 | 0.48～−0.45 | 0.93 |
| 24 | 0.39～−0.43 | 0.82 | 0.27～−0.50 | 0.77 |
| 25 | 0.43～−0.52 | 0.95 | 0.40～−0.73 | 1.13 |

(续表)

| 块号 | 工况一 | | 工况二 | |
|---|---|---|---|---|
| | 变化范围 | 幅度 | 变化范围 | 幅度 |
| 26 | 0.16～－0.56 | 0.72 | 0.38～－0.62 | 1.00 |
| 27 | 0.48～－0.43 | 0.91 | 0.62～－0.42 | 1.04 |
| 28 | 0.28～－0.49 | 0.77 | 0.48～－0.82 | 1.30 |
| 29 | 0.46～－0.47 | 0.93 | 0.62～－0.65 | 1.27 |
| 30 | 0.22～－0.50 | 0.72 | 0.39～－0.79 | 1.18 |
| 31 | 0.42～－0.42 | 0.84 | 0.59～－0.67 | 1.26 |

在最不利风向角 60°和 315°的条件下，各分块的风荷载体型系数分布情况的变化如图 2-7所示，由于双子楼的气动干扰作用，无锡新区科技交流中心的迎风面风荷载变化幅度比背风面变化幅度大得多，例如分块 3 和分块 7，当风向角为 60°时，分块 3 为背风面，其风荷载体型系数受扰变化值为 0.09，而分块 7 为迎风面，其受扰变化值高达 0.57；当风向角为 315°时，分块 7 变为背风面，其受扰变化值为 0.11，分块 3 则变为迎风面，其受扰变化值高达 0.78。

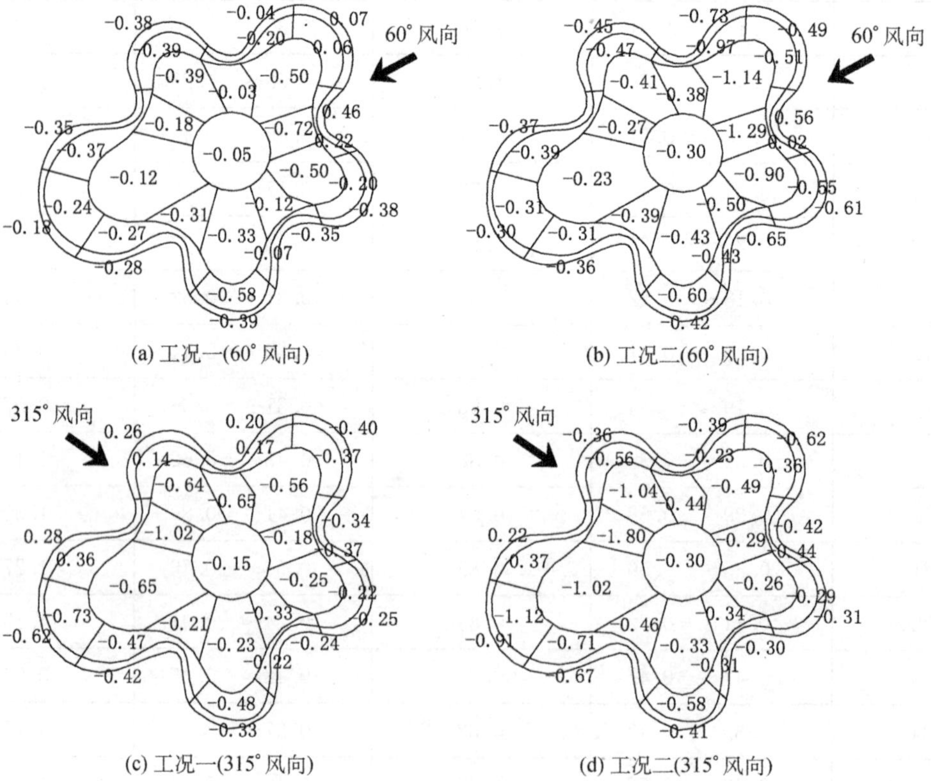


图 2-7　分块的风荷载体型系数分布变化

### 2.3.3　典型分块的风荷载体型系数变化

建筑表面的 31 个分块中，分块 1 为梅花的花蕊部位，其结构层为索穹顶；分块 2 至分块 11 为梅花的花瓣部位，其结构层为钢网壳，其中分块 2，4，6，8，10 为凸弧曲面屋盖，分块 3，5，7，9，11 为凹弧曲面屋盖；分块 12 至分块 21 为弧形玻璃幕墙部位；分块 22 至分块 31 为周边走廊部位。对受扰变化规律具有典型特征的分块分析如下。

(1) 花蕊部位

梅花形屋盖的花蕊部位(分块 1)为球冠形凸曲面。如图 2-8 所示，在无周边高层建筑的工况一条件下，分块 1 受 5 个花瓣高低起伏的影响，其风荷载体型系数随着方向角变化的曲线，呈波浪形，相应地具有 5 个波峰和 5 个波谷。当周边有双子楼施扰时(工况二)，风荷载体型系数的曲线产生显著的变化规律：风向角为 0°左右时，双子楼位于无锡新区科技交流中心上游，气流的"遮挡效应"使平均气压降低，然而与此同时，两幢高层建筑之间形成"风嘴"，产生"兜风效应"，使气流加速，两种效应具有相互抵消的趋势，使分块 1 的总体风压变化不大；风向角为 180°左右时，双子楼位于无锡新区科技交流中心下游，气流受"阻挡效应"的影响，使分块 1 从受负风压变为受正风压；风向角为 90°和 270°附近时，双子楼和无锡新区科技交流中心平行迎风，由于两座建筑距离较远，没有形成有效的"狭道效应"，风压基本不变，图中的 2 条曲线在该风向位置存在交点；当风向角为 60°和 315°附近时，双子楼位于无锡新区科技交流中心的上游稍偏一侧，"遮挡效应"减弱，"兜风效应"突出，使得分块 1 的负风压值急剧增大。

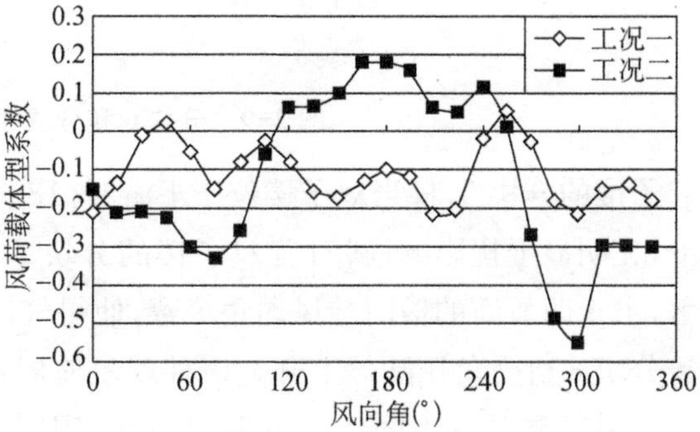


**图 2-8　分块 1 的风荷载体型系数变化**

(2) 花瓣凸弧部位

梅花形屋盖的花瓣凸弧部位有两种类型：靠近双子楼一侧(分块 6 和 4)和远离双子楼一侧(分块 10，8 和 2)。如图 2-9 所示，靠近双子楼一侧的分块 6 在两种工况下，其曲线都有一个波峰和一个波谷，位于双子楼上游受扰时(风向角为 180°)，"阻挡效应"显著，使分块 6 从受负风压变为受正风压，双子楼位于无锡新区科技交流中心的上游稍偏一侧时(风向角为 60°)，"兜风效应"强于"遮挡效应"，分块 6 的负风压值急剧增加。远离双子楼一侧的分块 10，在两种工况下，其曲线都有两波峰和两个波谷，位于双子楼上游受扰时，"阻挡效应"显著，使负风压值锐减；位于下游受扰时，"遮挡效应"并不显著，负风压稍有增加。

(3) 花瓣凹弧部位

梅花形屋盖的花瓣凹弧部位有三种类型：背着双子楼的凹弧面(分块 11 和 9)、迎着双子楼的凹弧面(分块 5)和斜对着双子楼的弧凹面(分块 3 和 7)。如图 2-10 所示，背着双子楼的分块 11，受双子楼的干扰影响不明显，图 2-10(a)中的两条曲线变化趋势几乎相同；迎着

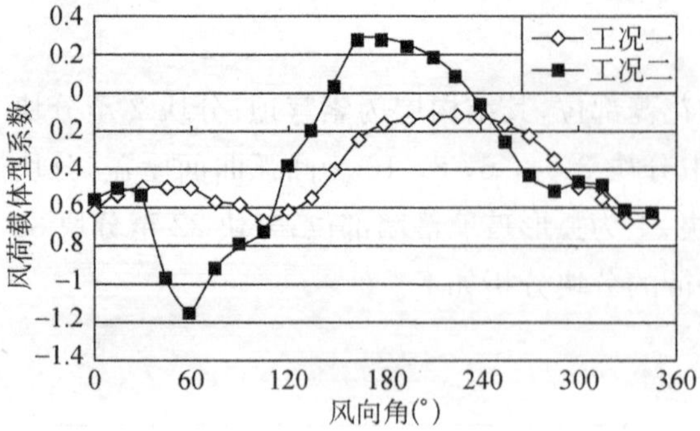


(a) 分块 6

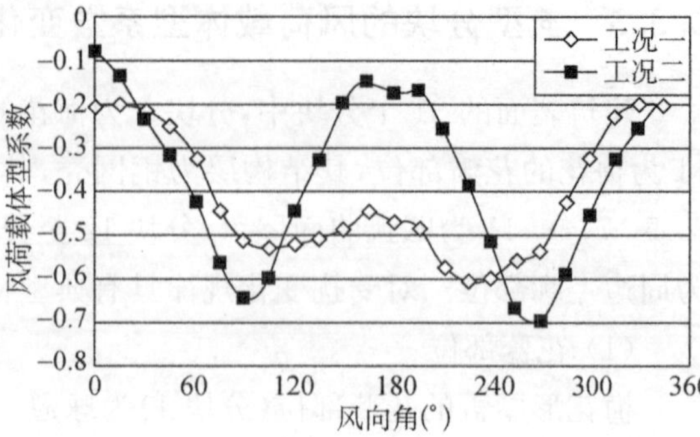


(b) 分块 10

**图 2-9　分块 6 和分块 10 的风荷载体型系数变化**

双子楼的分块 5，仅当双子楼位于下游时（180°风向）才有显著的“阻挡效应”，其他风向条件下，无明显干扰影响；斜对着双子楼的分块 3，仅当风向角为 315°左右时，受扰影响特别显著，由于凹弧面的槽向与风向角一致，使得气流受到较强的涡流作用，与“兜风效应”叠加，导致分块 3 所受负压陡然上升。该种现象使屋盖受“吸”破坏力极大，在金属屋面的设计过程中应引起重视，对轴线⑥～⑧和⑭～⑯范围内的凹弧面应采取适当的构造措施。

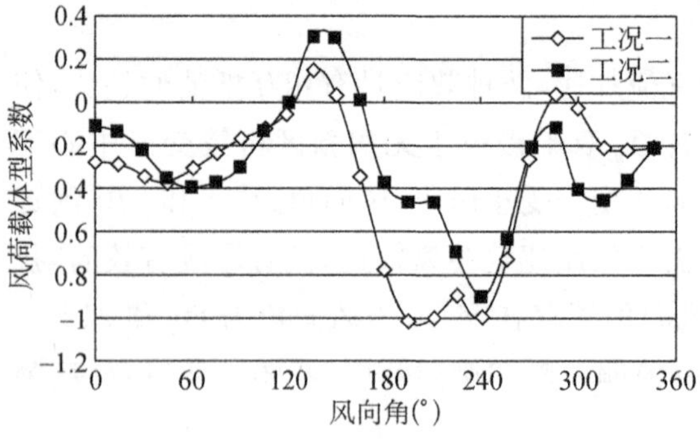


(a) 分块 11

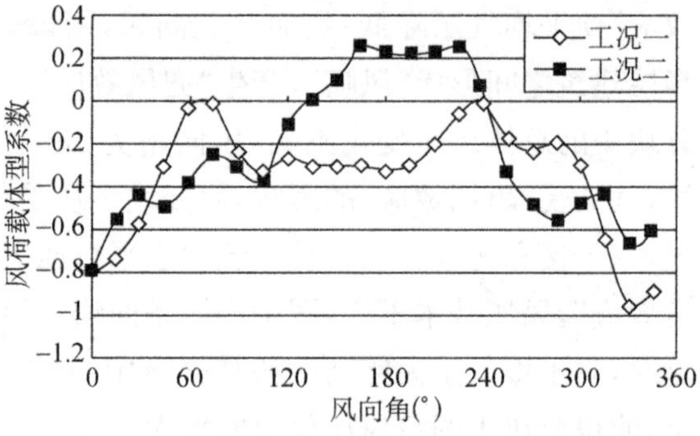


(b) 分块 5

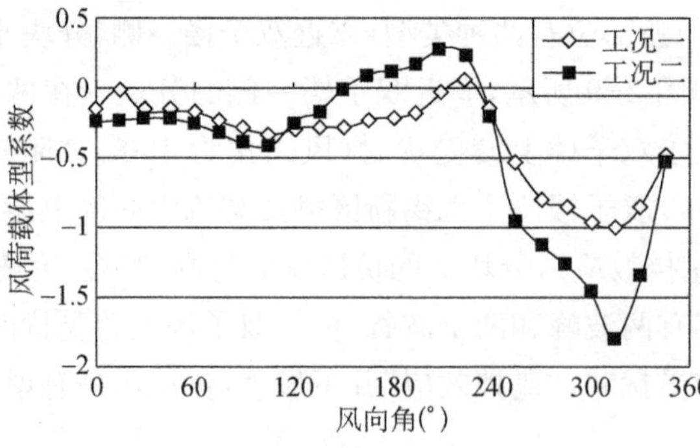


(c) 分块 3

**图 2-10　分块 11，5 和 3 的风荷载体型系数变化**

## 2.4　本章小结

本章以无锡新区科技交流中心梅花形建筑为工程背景，研究了周边高层建筑对曲面屋盖结构的气动干扰影响，基于对风洞试验数据的分析，可得出以下五点结论。

(1) 大跨度梅花形屋盖所受风荷载主要以负风压为主，最不利受荷位置处于檐口附近。受到周边高层建筑的气动干扰作用后，最不利风向角发生变化，最不利风压值增大，但是“负风压为主，檐口受荷最不利”的特征没有改变。

(2) 高层建筑位于大跨度曲面屋盖上游稍偏一侧时，即60°和315°风向时，可能使气流加速，产生显著的“兜风效应”：使得花蕊和花瓣凸弧面部位的负风压急剧增加；花瓣凹弧面部位仅当凹弧槽向与风向角一致时，会有涡流作用叠加，使负风压值陡然上升，此时受“吸”破坏力极大。

(3) 高层建筑位于大跨度曲面屋盖上游时，即0°风向时，存在“兜风效应”和“遮挡效应”相互抵消的趋势，花蕊和花瓣部位的风压变化都不大。

(4) 高层建筑位于大跨度曲面屋盖下游时，即180°风向时，使得气流减速，产生显著的“阻挡效应”：花蕊和花瓣部位都会呈现由负压向正压变化的趋势。

(5) 周边高层建筑对大跨度曲面屋盖的气动干扰作用，与受扰建筑的表面形状和部位有很大关系，对于类似的曲面屋盖，可以参考本章的定性分析结果，对于复杂的曲面屋盖尚应采用风洞试验方法确定。

# 第3章　基于BIM的梅花形钢屋盖精确成形控制技术

## 3.1　梅花形建筑与BIM技术

在梅花形建筑的设计阶段(2008年),BIM技术在建筑工程中的应用是属于非常新颖和创新的。基于建筑信息模型(BIM)的虚拟仿真技术是集计算机可视化技术和系统仿真技术相结合形成的一种新型的仿真技术,其中涉及相似原理、计算机技术、多媒体技术、通信技术、信息技术、控制技术及系统技术等现代高科技技术。通过计算机和各种物理效应设备,仿真出一个其实的环境,一种真实的感受,使用户产生身临其境感觉的交互式仿真环境,实现了用户与该环境直接进行自然交互。可应用于宇宙飞船、核电站、飞机和轮船等大中型高精密仪器操作者的仿真训练,也可应用于我国正在兴建的各大工程的施工模拟、演示和分析。

### 3.1.1　梅花形建筑应用BIM技术的迫切性

作为空间双曲面的异形结构,无锡新区科技交流中心工程下部结构为混凝土结构,上部屋盖为钢结构,其屋面形状为无锡市的市花——梅花,曲线比较复杂,整个屋面曲面由多个曲面方程形成的曲面形成,上部钢屋盖支撑在下部混凝土结构柱上,屋盖投影面积约8 000 $m^2$,需要精确定位,但是二维设计图纸不能完全表达清晰,也不足以指导施工。梅花形建筑设计造型的复杂性和施工工艺的复杂性决定了该项目应用BIM技术的迫切性。因此,项目管理单位组织方案设计、施工图设计和深化设计各单位反复沟通,协作构建该项目的三维BIM模型(图3-1),用于指导加工制作和吊装施工。

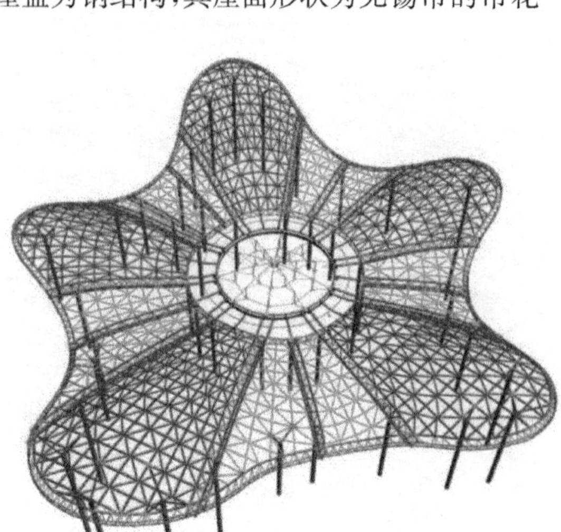

图3-1　梅花形屋面钢结构BIM模型

(1) 梅花形建筑设计造型复杂

梅花的五个花瓣为壳面,相邻花瓣之间的曲面比较平缓。无锡新区科技交流中心钢结构工程包括：A轴以外的钢结构花瓣区域和A轴以内的花蕊区域两部分，两者各自成一稳定结构。花瓣区域：由沿径向布置16榀径向主桁架（编号ZHJ，沿径向）、16榀边桁架（编号BHJ，外边沿）、16榀内侧平桁架（编号PHJ，最内侧）以及桁架之间的单层网壳三部分组成。其中径向主桁架最大跨度（柱间距离）34 m，最大长度44 m，径向主桁架外端悬挑长度3～11 m两径向桁架之间的平面夹角为36°和18°；桁架之间的单层网壳环向间距为3 m（网壳的环向跨度），左右两边支撑于径向桁架上，内外两边支撑于边桁架及平桁架上。整个钢结构屋盖的传力体系为：屋面大部分荷载通过单层网壳传至径向主桁架和边桁架，然后间接传至混凝土结构。另一部分荷载通过下部的撑杆直接传至下部混凝土结构。

(2) 梅花形建筑施工工艺复杂

梅花形建筑的钢结构施工包括三角形桁架的拼装施工、单层网壳的拼装施工、索穹顶的张拉施工等多种施工工艺的融合。为了保证梅花形建筑双曲面钢结构屋盖的精确成形控制，BIM技术应用于施工过程显得非常迫切。项目部根据工程特点，基于BIM技术的三维可视化和参数化的优势，借鉴大跨桥梁吊装计算的迭代法，对大跨钢屋盖构件进行变形预控值精确计算，从而保证施工质量。同时为了使施工更方便、安装更精确，进行BIM-4D模拟分析，对钢结构屋盖从制作到施工方案进行可视化模拟，控制现场梅花形钢屋盖的主要控制点三维坐标，以达到施工可视化精确成形控制。

### 3.1.2 BIM软件的选择与应用

#### 1) 软件选用概况

根据梅花形建筑的设计与施工的需求，选用合适的BIM软件，主要考虑满足双曲面造型的精确定位、受力分析计算、加工制作和施工模拟等要求。该项目选用的BIM软件如表3-1所示。

**表3-1　梅花形建筑选用BIM软件一览表**

| 软件名称 | 功能简介 | 梅花形建筑项目的应用 |
|---|---|---|
| AutoCAD | 用于二维绘图、详细绘制、设计文档和基本三维设计，为国际上广为流行的绘图工具。AutoCAD具有良好的用户界面，通过交互菜单或命令行方式便可以进行各种操作，并且有着开放的二次开发环境 | 梅花形建筑的三维设计，BIM建筑与结构模型的构建，用于参数化控制梅花形屋顶的主要控制点的三维坐标，作为指导单层网壳构件安装和金属屋面主次檩条空间定位的重要依据 |
| ANSYS | 该大型通用有限元分析（FEA）软件，是世界范围内使用增长最快的计算机辅助工程（CAE）软件，能与多数计算机辅助设计（AutoCAD）软件接口实现数据的共享和交换。ANSYS功能强大，操作简单方便，现在已成为国际最流行的有限元分析软件 | 构建结构分析模型，用于梅花形建筑的钢桁架、钢网壳、索穹顶的数值分析，保证设计成果的结构可靠性。并且进行多工况虚拟施工模拟，用于优化钢结构支撑架、吊装设备设施选型、预应力张拉等重要施工方案的安全生产控制 |

（续表）

| 软件名称 | 功能简介 | 梅花形建筑项目的应用 |
|---|---|---|
| SAP2000 | 属于有限元分析(FEA)软件，三维结构整体性能分析，空间建模方便，荷载计算功能完善，可从CAD等软件导入，文本输入输出功能完善。提供了多种建模、分析和设计选项，从最简单的问题到最复杂的工程项目，都非常方便快捷 | 构建结构分析模型，用于梅花形建筑的弧形幕墙钢结构的数值分析，保证幕墙结构的安全和玻璃面板系统的安全 |
| 3DSMax | 基于PC系统的三维动画渲染和制作软件，用于三维设计与可视化表达，不但有着强大的建模能力，其渲染效果也很好 | 用于制作铸钢件加工制作、钢桁架拼装施工、钢屋盖构件吊装等施工模拟分析与技术交底 |
| Rhino | 中文名称犀牛，是一款超强的三维建模工具，对要求精细、弹性与复杂的双曲面3D模型有点石成金的效能。用它建模感觉非常流畅，并可导出高精度模型给其他三维软件使用 | 用于双曲层金属屋面和弧形玻璃幕墙的三维成形，精确进行深化设计，指导双曲面蜂窝铝板加工制作和空间安装、弧形钢化中空玻璃板块的加工制作和精确定位施工 |

**2）软件应用范例**

(1) 应用3DSMax制作“梅花模型”的基本过程

使用3DSMax进行制作与施工方案可视化建模与使用3DSMax建立其他模型不一样，因为建筑施工方案中的建筑物必须按照建筑设计图中建筑尺寸准确的建立模型。好在我们的施工图一般都是AUTOCAD软件生成的，3DSMax提供了与AutoCAD的接口，可以将DWG格式的图纸导入3DSMax中。

a. 施工图的导入

尽管通常会使用文件链接管理器来连接到DWG文件，但是也可以使用“导入”命令来立即绑定到DWG文件。导入AutoCAD图形文件时，3DSMax将AutoCAD对象的子集转换为对应的3DSMax对象。

选择要导出的DWG文件后，将显示“AutoCAD DWG/DXF导入选项”对话框。导入后，将出现可编辑的网格、可编辑的样条线和PRS控制器。嵌套块保持其父子层次，并将作为“块/样式父级”导入。另外，如果单个的图形对象同时创建网格和样条线几何体，将发现在场景中对象被称为“链接的几何体”。“块/样式父级”或“链接的几何体”对象出现在“修改”面板上的修改器堆栈中。具体操作如下：

① 选择“文件”菜单>“导入”。

② 在“文件类型”列表中选择AutoCAD(＊.DWG，＊.DXF)。

③ 指定要导入的文件名；在“AutoCAD DWG/DXF导入选项”对话框中设置选项。

④ 相关选项主要包括“几何体”面板、“几何体选项”组、“包含”组、外部参照、图案填充、灯光、视图(摄影机)及UCS(栅格)等内容。

b. 由二维图形生成三维模型

① 首先根据由 DWG 文件生成的建筑轮廓使用“选择”→LINE，在 top 视图中进行创建(图 3-2)。

图 3-2　创建建筑轮廓

② 进入编辑修改面板，选择 Editable Spline 中的 Spline 选择集，然后在视图中选择建筑轮廓对象并为其施加外轮廓(图 3-3)。

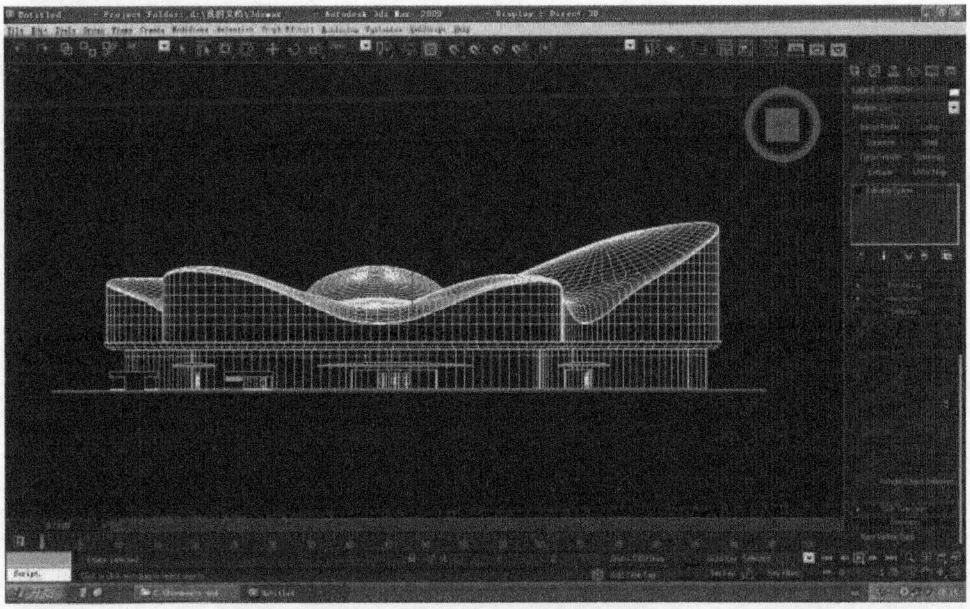

图 3-3　为建筑轮廓对象施加外轮廓

③ 为当前对象施加 Extrude 编辑修改器(图 3-4)。

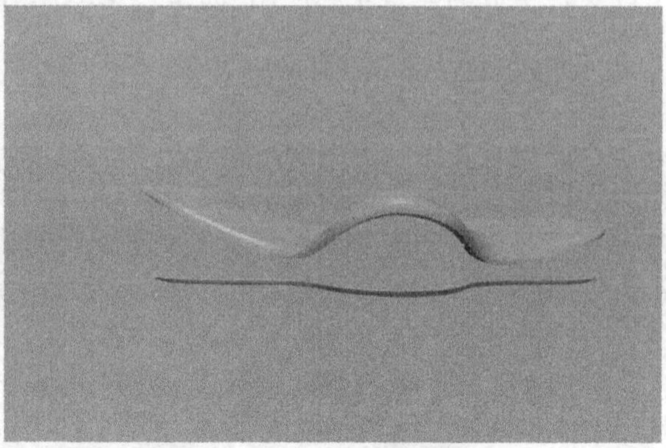

图 3-4　形成单层建筑三维轮廓

(2) 材质赋予与渲染

从严格的意义上来讲,“材质”实际上就是 3DSMax 系统对真实物体视觉效果的模拟,这种视觉效果又可分解为颜色、质感、反光、折光、透明性、自发光、表面粗糙程度以及纹理等诸多要素。这些视觉要素都可以在 3DSMax 中用相应的参数或选项来进行设定,各项视觉要素的变化和组合使物体呈现出不同的视觉特性,我们观察到的就是这样一种综合的视觉效果。

3DSMax 的材质赋予是通过材质编辑器完成的,在建筑工程领域最常用的材质是混凝土、钢筋以及木材。具体材质编辑器的界面如图 3-5 所示。

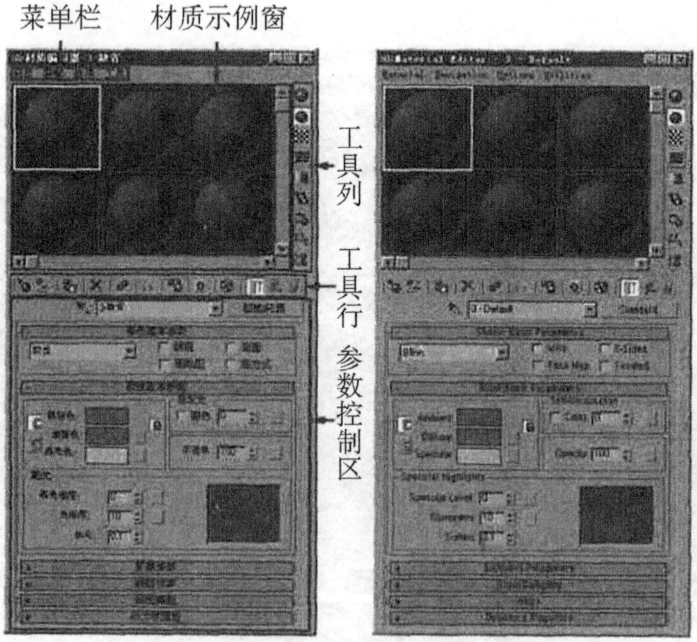


图 3-5　材质编辑器的界面

# 3.2 钢结构屋盖施工变形预控值精确计算技术

## 3.2.1 适用于大跨结构安装过程模拟的计算方法

### 1) 正装迭代法

正装法对大跨结构过程进行分析的基本思路为：对实际结构的施工过程进行正序分析，即按照施工方案依次安装各施工步的构件，并施加相应施工步的荷载，来跟踪模拟施工过程中结构的一系列受力状态，从而分析施工过程中结构的内力和变形。正装法可以考虑非线性、混凝土徐变等因素的影响，计算精度高。

正装迭代法计算钢结构施工变形预调值的基本方法为：设计位形作为安装的初始位形，按照实际施工方案对结构进行全过程正序跟踪分析，得到施工成型时的变形，把该变形反号叠加到设计位形上，即为初始位形。类似一般迭代法，若结构非线性较强，基于该初始位形施工成型的位形将不满足设计要求，需要经过多次正装分析反复设置变形预调值才能得到精确的初始位形和各分步位形，进而确定构件的加工预调值和安装预调值。该方法可考虑非线性等因素的影响，计算精度高。

以悬臂梁采用无支撑悬伸施工法的成型过程为例（分三步施工），来说明正装迭代法确定变形预调值的具体步骤（图 3-6），其中，$v$ 为设计位形，$u(i)$ 为第 $i$ 次迭代过程中结构施工成型时相对初始位形的变形。

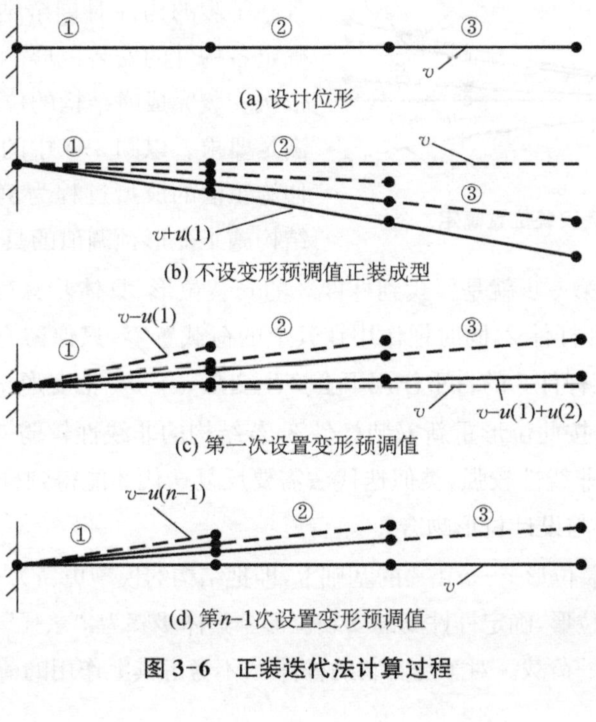


图 3-6 正装迭代法计算过程

(1) 设计位形 $v$ 作为施工的初始位形，对结构进行正装跟踪模拟分析，可得到成型状态下结构的变形 $u(1)$ 和位形 $v+u(1)$。

(2) 利用模型更新功能把变形 $u(1)$ 反号施加到设计位形上，即把 $-u(1)$ 施加到设计位形上，就得到初始位形 $v-u(1)$。如果结构的非线性较弱，则以此位形作为初始位形正装成型的位形，使其落到设计位形上或二者的误差 $u(1)-u(2)$ 满足收敛标准，此时，$v-u(1)$ 即为初始位形。

(3) 若结构非线性较强，以 $v-u(1)$ 作为初始位形，正装成型结构变形后将不会回到设计位形，而是将到达新的位形 $v-u(1)+u(2)$，与设计位形的误差为 $u(1)-u(2)$。类似迭代法，需要进行迭代才能得到精确的初始位形。在下一次迭代时，仍以设计位形为基准，在设计位形的基础上施加 $-u(2)$，以 $v-u(2)$ 作为初始位形，正装成型结构的位形为 $v-u(2)+u(3)$，与设计位形的误差为 $u(2)-u(3)$。如此反复，直到误差 $u(n)-u(n-1)$ 满足收敛标准时，得到的位形 $v-u(n-1)$ 即为精确的初始位形。

(4) 以 $v-u(n-1)$ 作为初始位形，通过正装分析，将得到结构施工的各分步位形以及构件的加工预调值和安装预调值。

**2) 倒拆迭代法**

与正装法不同，倒拆法是对施工过程的逆序分析，主要是分析所拆除的构件对剩余结构变形和内力的影响。分析过程中，在每一步的分析中可考虑非线性的影响，而总的内力和变形采用叠加的方法求解。倒拆迭代法计算钢结构施工变形预调值的基本思路为：根据设计位形，计算最后一施工步所安装的构件对剩余结构变形的影响，根据该变形确定最后一施工步构件的安装位形。以此类推，依次倒退分析各施工步的构件对剩余结构变形的影响，从而确定各构件的安装位形。使得构件按施工正序依次安装完成时结构的位形与设计位形的误差满足要求。以图 3-7 中的悬臂梁采用无支撑悬伸施工法的成型过程为例，倒拆迭代法计算钢结构施工变形预调值的具体步骤为：

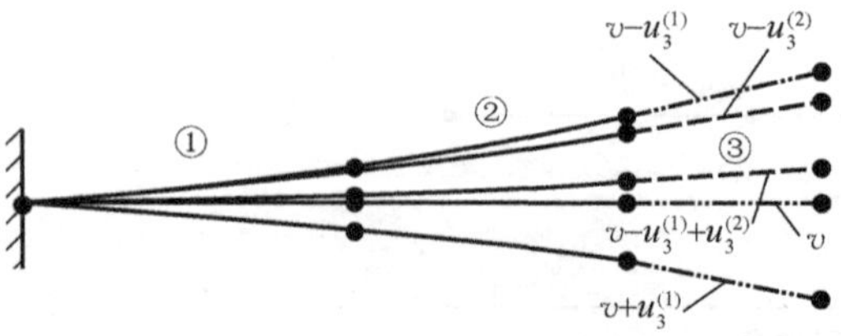

**图 3-7　杆件 3 安装位置确定**

(1) 倒拆迭代法第一步就是要找到杆件 3 的安装位形，具体步骤(图 3-7)为：①在设计位形上，激活杆件 1 和杆件 2，同时把作用在其上的荷载置零，只保留它们的刚度，在此基础上激活杆件 3，结构在杆件 3 的自重作用下会产生变形 $u_3^{(1)}$；② 把变形 $u_3^{(1)}$ 反加到设计位形 $v$ 上得到位形 $v-u_3^{(1)}$，按此位形重新安装杆件 3，若结构的非线性较弱，变形后将落到设计位形 $v$ 上；③ 若结构的非线性较强，类似迭代法需要反复迭代才能得到杆件 3 的安装位形 $v-u_3^{(n-1)}$，使得成型位形与设计位形吻合。

(2) 在杆件 3 安装位形 $v-u_3^{(n-1)}$ 的基础上，即把结构的模型更新为 $v-u_3^{(n-1)}$，以杆件 3 的安装位形为阶段目标位形，确定杆件 2 的安装位形。具体步骤为：“杀死” 杆件 3，不考虑杆件 3 的刚度和作用在其上的荷载。对于已安装的杆件 1，不考虑其上作用的荷载，只考虑其刚度，然后安装杆件 2。用类似确定杆件 3 安装位形的方法即可得到杆件 2 的安装位形 $v-u_3^{(n-1)}-u_2^{(n-1)}$（图 3-8）。同理，可以得到杆件 1 的安装位形 $v-u_3^{(n-1)}-u_2^{(n-1)}-u_1^{(n-1)}$（图 3-9）。

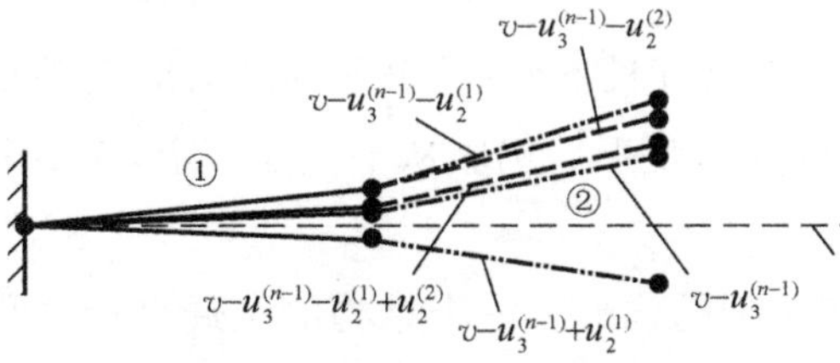


**图 3-8　杆件 2 安装位置确定**

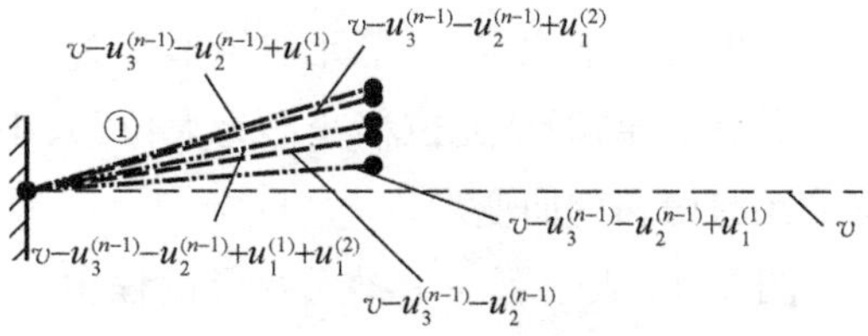


**图 3-9　杆件 1 安装位置确定**

**3）两种方法的优缺点**

使用正装迭代法可以考虑非线性、混凝土徐变等因素的影响，计算精度高。但当结构体形复杂、杆件量大时，采用正装迭代法会出现单元漂移过大或发生畸变而导致算法不收敛，最终求解失败。

而采用倒拆迭代法，由于每个施工步都要进行迭代，计算量和工作量都较大，同时难以考虑混凝土徐变等材料非线性的影响。但其对安装过程的模拟思路清晰，求解一般能够顺利进行，对于钢结构这类材料受力表现为典型的线弹性的结构还是非常适用的，因此本书讨论的钢结构安装预控值计算采用倒拆法计算。

### 3.2.2　大跨度钢结构的非线性有限元理论

前面已经提到，对于使用钢材作为主要材质的大跨建筑，其结构的非线性主要表现为几何非线性而不是材料非线性。对于非线性结构的精确求解，目前通常使用的就是有限元方法，下面根据求解需要对工程结构中典型单元的有限元模型进行简单推导，这类推导可以从有限元相关书籍中查到。最终的求解是使用有限元通用程序来完成。

**1）大跨度钢结构建筑施工期变形计算的有限元模型**

大跨钢结构的施工过程按不同的结构形式和施工内容可以分成若干个阶段。在每个不同的施工阶段，或者结构形式不同，或者受力体系有所转换，或者是施工荷载发生了变化，而对施工过程中每个阶段的构件位置和内力状况分析计算，是大跨钢结构施工控制中的基本要求。施工控制的主要目的就是确保施工过程中结构安全的前提下，使结构成形状态的构件位置和内力状况最大限度地逼近设计要求。为了实现工程控制的最终目的，有必要在施工过程中预测和监控结构的变形情况和受力状态，这就要求采用精确合理的结构分析方法来计算确定施工过程中每个阶段在受力和变形方面的理想状态，以便了解每个施工阶段的结构行为以及几何线形和内力状况随施工过程变化的全部信息。从这个意义上讲，分阶段施工中结构分析不仅要模拟分段施工过程中结构形成的过程，进行分段施工跟踪计算，而且还要抓住施工阶段结构分析的特点，非线性影响较大和环境影响（如温度和风载）较复杂，选用有效的简化模型和合理的计算方法，为各个施工阶段提供准确的中间目标状态或实际结构状态。考虑上述要求，以下内容是基于非线性有限元理论建立了钢结构施工过程计算的非线性有限元理论与方法。

(1) 梁单元

梁单元基本假定：①单元初始形状为一直线，截面沿杆长不变；②单元的应力应变关系符合虎克定律；③单元位移变形为大位移、小应变；④单元变形后仍服从平截面假定；⑤不考虑单元剪切和翘曲变形。

图 3-10 表示了一个梁元变形过程中三个典型时刻的构形。整个结构的全局坐标系是固定不变的直角坐标系 $x$，单个梁元的局部坐标系始终与固定于梁上的主惯性坐标系 $rSt$ 重合。采用下面两个假设：

a. 假定应力分量 $\sigma_s$，$\sigma_t$，$\tau_{st}$，与其他应力分量相比可以忽略不计，从而可令 $\sigma_s=\sigma_t=\tau_{st}=0$，于是则有 $\sigma_r=Ee_{rr}$，$\tau_{rs}=2Ge_{rs}$，$\tau_{rt}=2Ge_{rt}$。

b. 假定弯曲前垂直于形心轨迹的横截面仍为平面，并且在它们的平面内没有经受应变，但它们不再垂直于变了形的形心轨迹，也即考虑剪切变形的影响。单元可经历大位移、大转角，但假定为小变形。因此，单元的截面积和长度保持不变。梁单元整体坐标系和局部坐标系如图 3-10 所示。

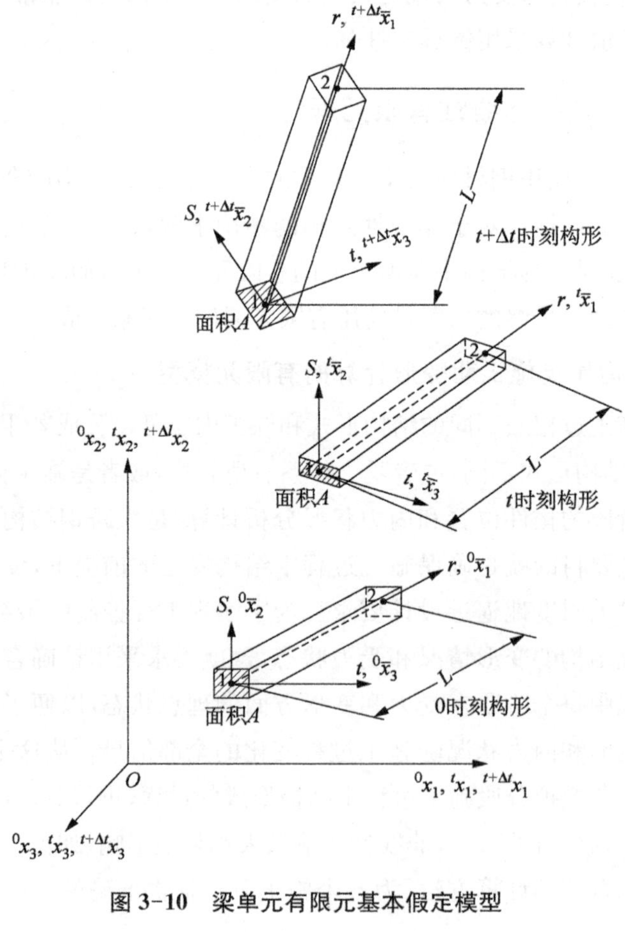


图 3-10　梁单元有限元基本假定模型

假定梁单元轴向位移是线性插值（Lagrange 插值），两个方向的横向位移均为 Hermit 插值，用 $u_s$，$u_r$，$u_t$ 表示梁中性轴上的点沿局部坐标轴（$r$，$S$，$t$）平动位移，$\theta_s$，$\theta_r$，$\theta_t$ 表示其相应的转角位移，则单元的位移函数为

$$u_r = \left(1 - \frac{x}{L}\right) u'_r + \frac{x}{L} u_r^2$$

$$u_s = a_0 + a_1 x + a_2 x^2 + a_3 x^3$$

$$u_t = b_0 + b_1 x + b_2 x^2 + b_3 x^3$$

考虑边界条件：

$$x = 0: u_s|_{x=0} = u_s^1 \quad u'_s|_{x=0} = \theta_t^1;\ x = L: u_s|_{x=L} = u_s^2 \quad u'_s|_{x=0} = \theta_t^2$$

$$x = 0: u_t|_{x=0} = u_t^1 \quad u'_t|_{x=0} = \theta_t^1;\ x = L: u_t|_{x=L} = u_t^2 \quad u'_t|_{x=0} = \theta_s^2$$

由以上两式可得出 $[u_r \quad u_s \quad u_t \quad \theta_r \quad \theta_s \quad \theta_t]^{\mathrm{T}}$ 的矩阵表达式。

(2) 杆单元

杆单元基本假定：①节点为理想铰接节点，杆单元只承受轴向力；②杆单元的应力应变关系符合虎克定律，材料为理想弹性体；③杆单元位移变形为大位移、小应变。

杆单元整体坐标系和局部坐标系如图 3-11 所示，单元的坐标向量为 $\{x\} = \{x_i, x_j\}^{\mathrm{T}}$，节点坐标向量为 $\{x_i\}^{\mathrm{T}} = \{x_{i1}, x_{i2}, x_{i3}\}$，$\{x_j\}^{\mathrm{T}} = \{x_{j1}, x_{j2}, x_{j3}\}$，单元在局部坐标系中单元节点的位移向量 $\{u_e\} = \{u_i, u_j\}^{\mathrm{T}}$，单元长度 $L = \sqrt{(x_{j1} - x_{i1})^2 + (x_{j2} - x_{i2})^2 + (x_{j3} - x_{i3})^2}$，单元在当前位置的方向余弦 $\boldsymbol{c}^{\mathrm{T}} = \frac{1}{L}\{(x_{j1} - x_{i1})(x_{j2} - x_{i2})(x_{j3} - x_{i3})\} = \{l \quad m \quad n\}$，单元中任一点沿着 $X_i$ 方向的位移可以表示为

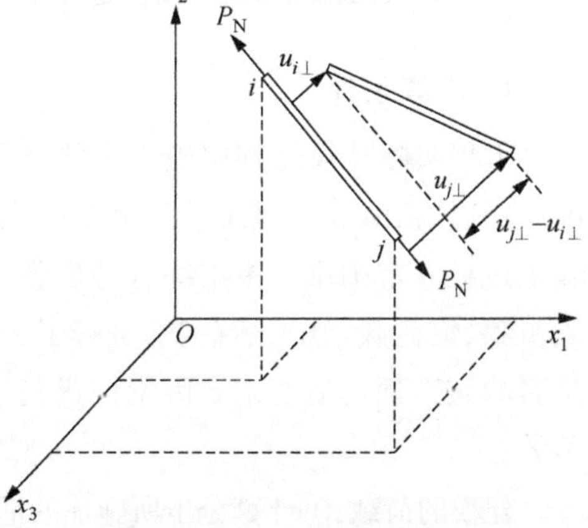


图 3-11　杆单元模型

$$u_i = \left(1 - \frac{\xi}{L}\right) u_i^1 + \frac{\xi}{L} u_i^2$$

式中，$\xi$ 为局部坐标轴；$u_i^k$ 为 $k$ 节点沿 $X_i$ 方向的位移。

**2) 非线性有限元方程的求解方法**

用有限元进行结构非线性分析时，其平衡方程最终是一组非线性代数方程

$$[K(u)]\{u\} = \{P(u)\}$$

式中，$\{u\}$ 表示节点位移；求解非线性方程一般都采用线性方法，即把非线性问题转化为一序列线性问题求解。对于在总荷载作用下进行线性迭代计算的方法，称之为全量迭代方法(简称全量法)。它又可以分成直接迭代法、N-R(Newton-Raphson)迭代法、修正的 N-R 法等。

**3) 迭代法的 ANSYS 实现**

ANSYS 是一个通用的大型有限元软件，有着种类丰富的单元库，可用于构建结构分析的 BIM 模型，而且大多数单元都具有被"激活"和"杀死"的功能。通常称这种手段为死活单元功能，对应着 EALIVE 和 EKILL 这样两个死活单元的命令。前者使单元参加承载，后者将单元虚设，并不参与结构的承载。EALIVE 和 EKILL 的功能可以描述如下：①"激活单元"是指结构在现有的受力状态下，在结构的某个部位的单元激活，如果结构上未作用新的荷载，原有结构原有的内力和变形不发生变化，而且激活的单元没有任何内力和变形；如果结构上新增加荷载，激活的单元也会产生内力和变形。但由于构件总有重量，因此总会产生新的内力和变形。②"杀死单元"是指结构在某一状态下，某些构件从结构上撤除。这样被撤除构件的内力就反作用于结构上，而使结构发生进一步的内力和变形。

### 3.2.3 钢屋盖施工过程的变形预控

**1) 荷载条件**

工程实际建设过程中施工步骤、恒荷载大小及其施加次序、施工活荷载、地基沉降、温度作用、风荷载及焊接工艺等诸多因素均会影响结构的力学状态，要精确模拟实际结构的施工过程非常困难。本书综合考虑各种因素的影响，对影响结构受力状态的主要因素(施工步骤、恒荷载、施工活荷载)进行了分析，而对于其他因素(温度作用、风荷载等)，因其不是影响施工预调值的重要因素而进行了忽略，这样的假设对评估其对结构受力状态影响不大。

建模的荷载：①计算分步所施加的活荷载按照建筑设计规范施工荷载取值为1.3 kN/m$^2$；②计算恒载按结构上部最终完成后屋面板与檩条自重计算为 0.7 kN/m$^2$(表 3-2)。

**表 3-2 建模荷载条件**

| 荷载 | 名称 | 取值(kN/m$^2$) | 组合系数 | 备注 |
|---|---|---|---|---|
| 活荷载 | Live | 1.3 | 1.0 | 施工荷载 |
| 恒荷载 | Dead | 0.7 | 1.0 | 屋面板等 |

**2) 计算模型**

根据施工顺序，首先安装 ZHJ-5，ZHJ-6，ZHJ-7，ZHJ-8，PHJ-5，BHJ-5，BHJ-7 和 BHJ-6，形成一个结构稳定封闭体系(图 3-12)。其次沿顺时针方向，依次安装各分区主桁架和边桁架(图 3-13)。最终在边桁架 BHJ-4 位置合拢(图 3-14)。

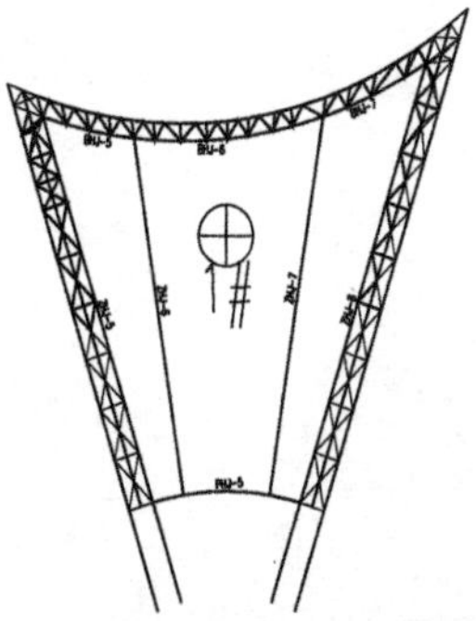

图 3-12　第一个封闭花瓣

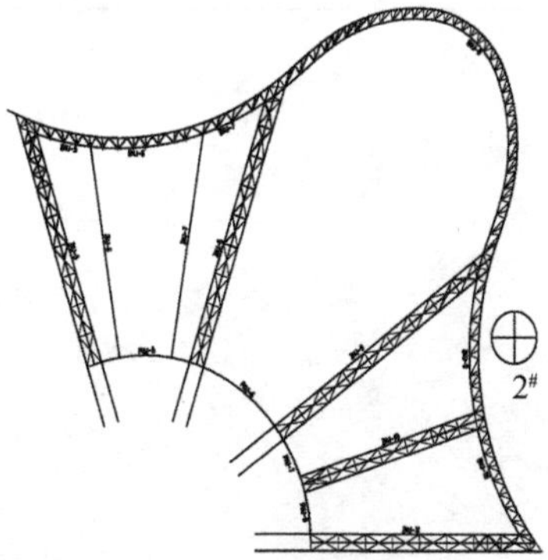


图 3-13　顺时针施工

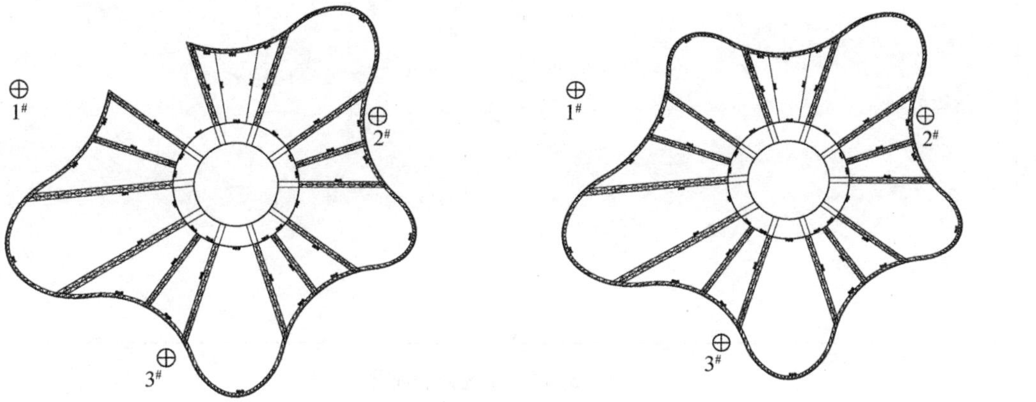


图 3-14　最终合拢

建模的假定和条件为：

(1) 各构件按截面特性进行赋值。

(2) 施工步骤及顺序是先安装主桁架，再安装平桁架及边桁架，待封闭结构形成之后安装网壳。

(3) 各施工步所施加的恒荷载，根据拟定的各阶段实际量值确定，并考虑相应阶段的施工活荷载，不考虑温度和风荷载等作用的影响。

(4) 支座布置一般按照设计给定的支座条件，当桁架采用分段吊装时，则在分段点处设立竖向支座，该处支座只约束竖向变形，不提供弯曲约束。

(5) 面荷载经计算后归并与各控制点成为节点荷载。

(6) 计算时先按节点荷载计算沉降后，将沉降量反向迭加到原位再加荷载计算新位移，反复迭代计算直到前后两次迭代的初始位移之差小于 0.5 mm 时停止。

在所有主桁架中位于 A 区的 ZHJ-1 和 ZHJ-2 跨度最大，所组成的“梅花瓣”也最大，因此在本章中将以该 A 区的主桁架安装预调值计算为例进行详细叙述，详见图 3-15～图 3-17，其他部位钢结构不在此赘述。

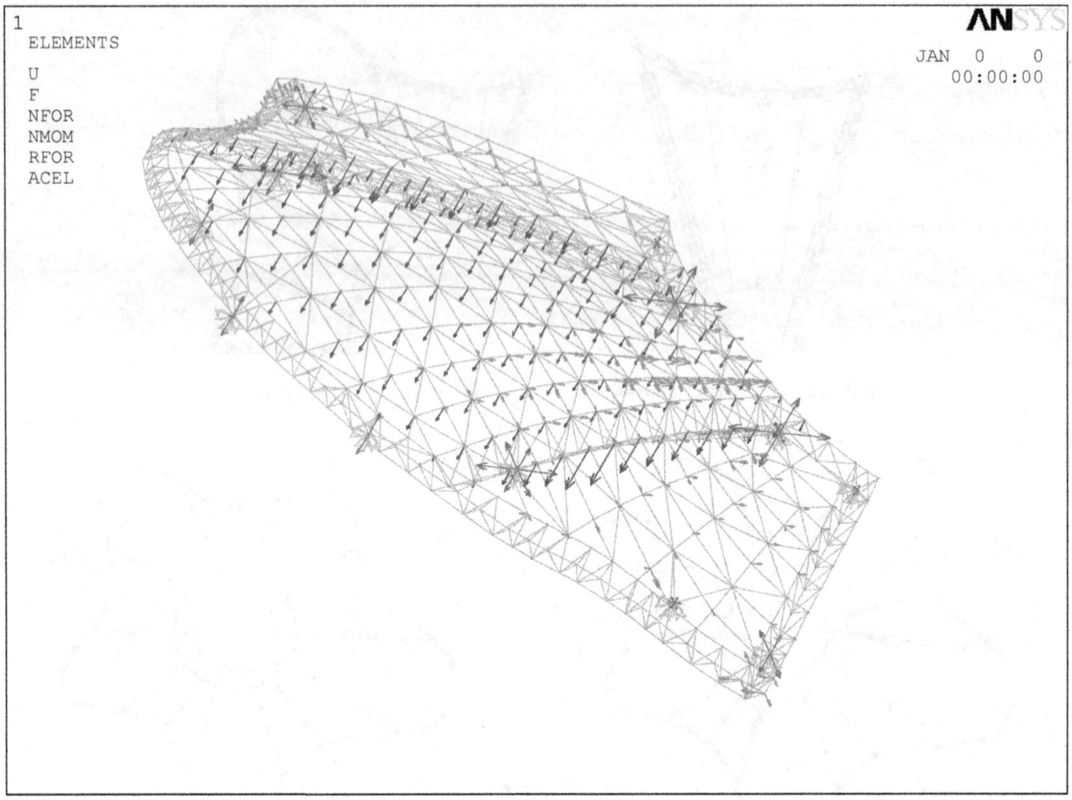


图 3-15 A 区荷载布置

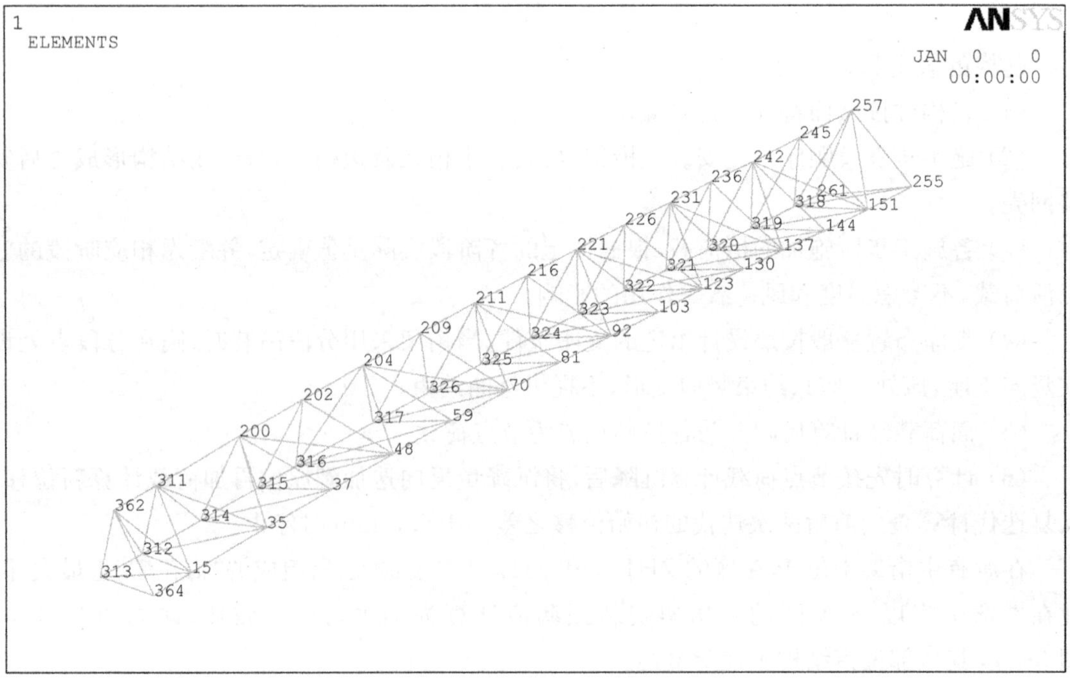


图 3-16 桁架 ZHJ1 节点编号

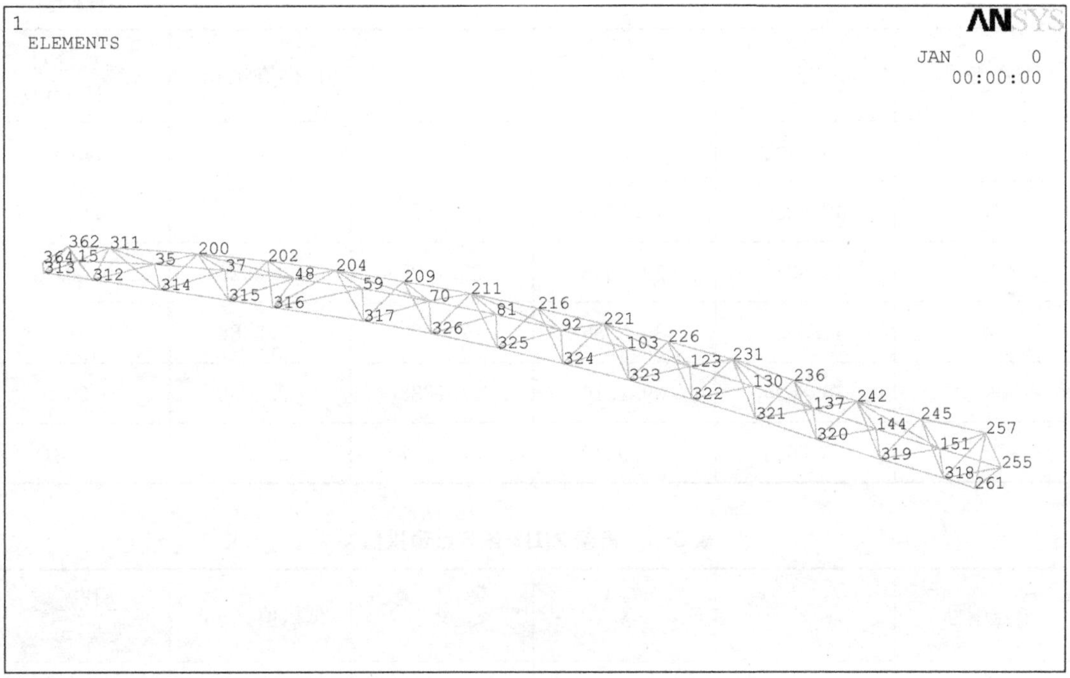


图 3-17　桁架 ZHJ2 节点编号

### 3) 计算结果

计算结果如表 3-3 和表 3-4 所示，预拱变形情况详如图 3-18 和图 3-19 所示。

表 3-3　桁架 ZHJ1 各节点预拱值

| 节点编号 | $x$ | $y$ | $z$ | 预拱值(mm) | 迭代绝对误差(mm) |
|---|---|---|---|---|---|
| 255 | 77.7053 | 42.8327 | 17.3382 | 0.6370 | 0.0035 |
| 151 | 74.7163 | 42.5556 | 18.3030 | 4.0657 | 0.0421 |
| 144 | 71.7278 | 42.2785 | 19.3247 | 8.7019 | 0.0840 |
| 137 | 68.7396 | 42.0015 | 20.3919 | 12.1304 | 0.1057 |
| 130 | 65.7517 | 41.7244 | 21.5052 | 13.6477 | 0.1031 |
| 123 | 62.7638 | 41.4474 | 22.5825 | 13.6307 | 0.0886 |
| 103 | 59.7761 | 41.1704 | 23.5488 | 12.3560 | 0.0711 |
| 92 | 56.7884 | 40.8935 | 24.4301 | 9.9765 | 0.0533 |
| 81 | 53.8008 | 40.6165 | 25.2283 | 6.5915 | 0.0379 |

（续表）

| 节点编号 | $x$ | $y$ | $z$ | 预拱值(mm) | 迭代绝对误差(mm) |
|---|---|---|---|---|---|
| 70 | 50.8133 | 40.3395 | 25.9529 | 2.6008 | 0.0253 |
| 59 | 47.8258 | 40.0625 | 26.5871 | −0.2357 | 0.0167 |
| 48 | 44.8383 | 39.7856 | 27.1029 | −0.8920 | 0.0046 |
| 37 | 41.8509 | 39.5086 | 27.5027 | 0.8688 | 0.0066 |
| 35 | 38.8635 | 39.2316 | 27.7882 | 2.4088 | 0.0079 |
| 15 | 35.6628 | 38.9349 | 27.9147 | 2.7275 | 0.0031 |

**表 3-4　桁架 ZHJ2 各节点预拱值**

| 节点编号 | $x$ | $y$ | $z$ | 预拱值(mm) | 迭代绝对误差(mm) |
|---|---|---|---|---|---|
| 250 | 80.5488 | 34.0811 | 17.3045 | 0.6784 | 0.0039 |
| 146 | 77.9678 | 32.5484 | 18.3373 | 4.1084 | 0.0468 |
| 139 | 75.3872 | 31.0160 | 19.3700 | 8.7258 | 0.0942 |
| 132 | 72.8069 | 29.4837 | 20.4649 | 12.1418 | 0.1227 |
| 125 | 70.2267 | 27.9515 | 21.5267 | 13.9540 | 0.1299 |
| 114 | 67.6467 | 26.4194 | 22.5167 | 14.4007 | 0.1228 |
| 112 | 65.0668 | 24.8873 | 23.4179 | 13.3960 | 0.1051 |
| 101 | 62.4869 | 23.3553 | 24.3135 | 10.9200 | 0.0796 |
| 90 | 59.9071 | 21.8233 | 25.1566 | 7.2448 | 0.0526 |
| 79 | 57.3273 | 20.2913 | 25.9002 | 2.9750 | 0.0290 |
| 68 | 54.7476 | 18.7594 | 26.5465 | −0.1139 | 0.0150 |
| 57 | 52.1679 | 17.2275 | 27.1230 | −0.8574 | 0.0019 |
| 46 | 49.5882 | 15.6956 | 27.6016 | 0.8347 | 0.0081 |
| 26 | 47.0086 | 14.1637 | 27.9585 | 2.3230 | 0.0059 |
| 24 | 44.2447 | 12.5224 | 28.2449 | 2.6771 | 0.0044 |

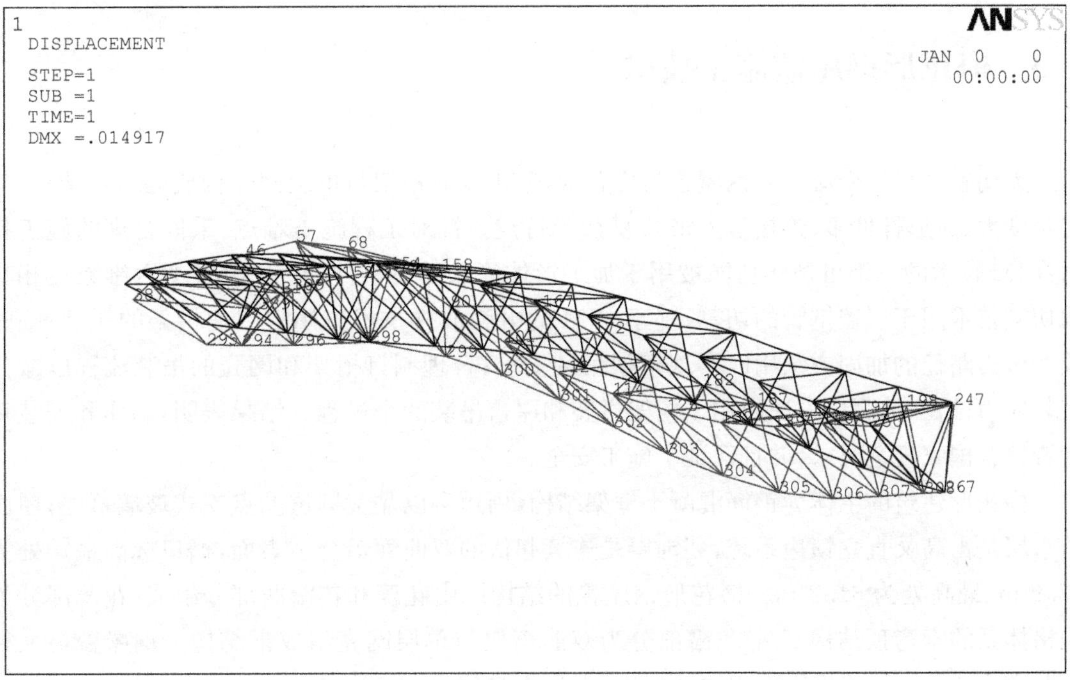


图 3-18　桁架 ZHJ1 预拱变形情况

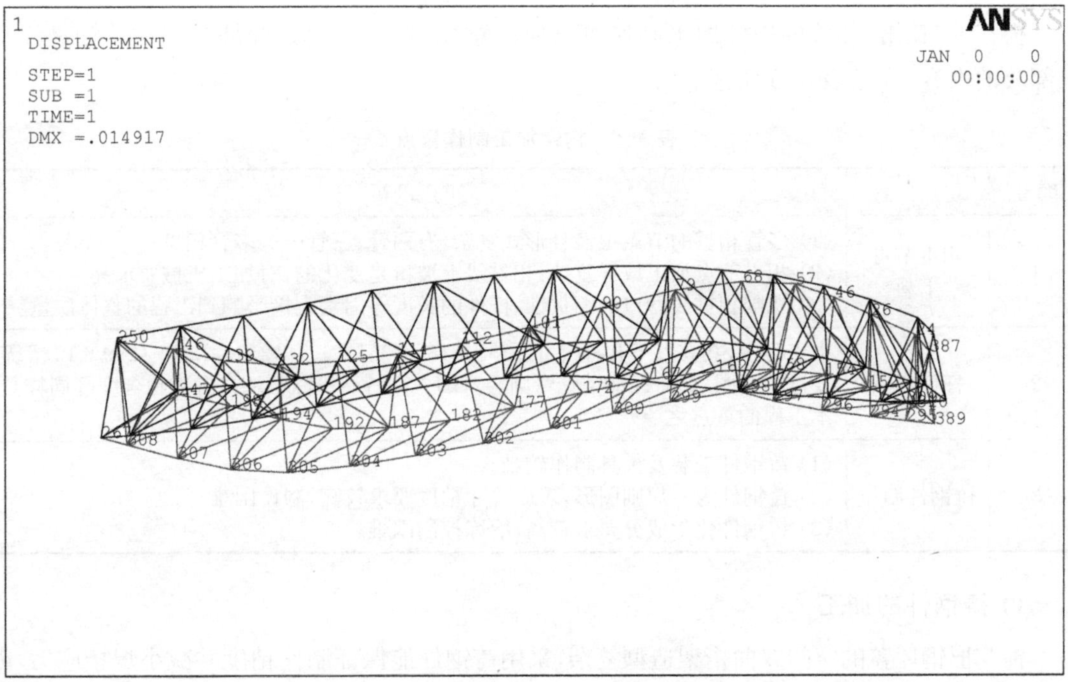


图 3-19　桁架 ZHJ2 预拱变形情况

## 3.3 梅花形钢屋盖施工技术

无锡新区科技交流中心钢屋盖为梅花形，采用双曲桁架与单层网壳构成的组合结构，具有跨度大、弧形杆件多、连接节点形式复杂等特点。针对工程施工难点，采取合理的施工技术：BIM技术的三维可视化功能被用于加工形体复杂的铸钢件；基于BIM的六维数控相贯线切割技术用于屋盖钢管的切割；基于BIM的电脑放样技术应用于双曲桁架的拼装；临时改变传力路径的加固方法用以实现桁架吊装安全；合理制订桁架和网壳的吊装流程以减少安装应力；恰当的测量方法应用于桁架拼装和屋盖吊装的全过程。结果表明，制作和安装精度皆符合国家规范要求，并且保证了施工安全。

梅花形建筑的主体为钢筋混凝土框架结构，周边裹以晶莹剔透的点支式玻璃幕墙；屋面防水层是霍高文直立锁边系统，装饰层是连续起伏的双曲面铝合金表面，檐口标高最矮处为12.9 m，最高处为31.2 m。梅花形钢屋盖的结构层由花蕊和花瓣两部分组成：花蕊部分为盖格体系的索穹顶结构，5个花瓣部分为双曲桁架与单层网壳组成钢结构。钢屋盖最大径向距离为98 m，屋盖投影面积约8 000 $m^2$，用钢量约为192 $kg/m^2$。

### 3.3.1 钢构件的加工制作技术及BIM应用

梅花的“花瓣”部位的构件加工制作重点应注意相贯节点下料、杆件弯圆和铸钢件制作三部分的内容，详见表3-5所述。

表3-5 构件加工制作重点

| 编号 | 重点内容 | 重点剖析 |
| --- | --- | --- |
| 1 | 相贯节点下料 | (1) 多管相贯的节点很多且形式复杂，有两管、三管……多管相贯。<br>(2) 相贯节点加工放样复杂，相贯线上坡口是变化的，对加工机械要求高。<br>(3) 切割相贯线管口的相贯性、杆件的长度等因素直接影响到工程的整体质量 |
| 2 | 杆件弯圆 | 本工程中，共有以下几种尺寸 $\phi 351\times 16$，$\phi 351\times 12$，$\phi 273\times 12$ 和 $\phi 299\times 10$ 等需要进行弯圆，如何保证钢管弯圆后弯圆矢高、钢管外观、端口拼装吻合度等同样是本工程的重点之一 |
| 3 | 铸钢件制作 | (1) 铸钢件工装及模具制作较难。<br>(2) 铸钢件为不规则图形，表面尺寸精度要求较高，制作困难。<br>(3) 铸钢件化学成分要求较高，冶炼控制困难 |

#### 1) 铸钢件的加工

梅花形钢屋盖的空间双曲桁架造型复杂，采用铸钢件能保证制作精度并减小焊接应力，因此设计采用较多的铸钢件，共计166个。其中，索穹顶部分7种铸钢件，每种10个；钢桁架和网壳部分96个铸钢件，皆为单件产品，种类繁多，而且形状不规则，多数铸钢件为5～10根钢管的汇交点，空间定位精度要求高，铸钢件模具制作较难。设计所提出的主要技术要求如下。

(1) 材质为 GS-20Mn5QT(调质),其化学成分与力学性能应符合德国规范 DIN 10213—1996 中的相关规定,要求随炉提取试样。

(2) 铸钢件的表面质量,按照《表面粗糙度比较样块》(GB/T 6060.1—2018)进行验收,铸钢件非超探表面粗糙度为<Ra50nm,超探表面粗糙度为<Ra25nm,允许打磨喷丸处理。铸钢件表面不得有裂纹、砂眼、气孔及明显凹陷等铸造缺陷。铸件外形相贯线曲面应平滑过渡,避免锐角。

(3) 检验铸钢件内部缺陷,按照《铸钢件超声波标准》(GB 7233—87)进行超声波探伤,端口 300 mm 以内范围质量等级为Ⅰ级要求,其余部位按可探测外表面,每件 30%超声波探伤质量等级按Ⅱ级要求。

(4) 检验铸钢件外部缺陷,对每个铸钢件的表面 100%磁粉探伤或着色探伤检测。重要区Ⅱ级,其他部位Ⅲ级。

(5) 铸钢件尺寸要求:长度允许偏差±3 mm,端口截面允许偏差±3 mm(相对管口截面中心),各管肢之间的角度同时还必须满足偏差±0.5°要求。

为确保加工精度,满足设计要求,制订严格的铸造工艺流程为:模样→造型→熔炼→浇注→脱模→清理→热处理→毛坯检验→机加工→出厂检验→出厂。

铸造过程中采取的主要技术措施有:

(1) 采用三维建模技术,获取模具关键尺寸,保证模具尺寸的正确性,采用 5250 型数控立车加工模具(图 3-20),确保空间汇交的多管轴线位置精确,从而保障铸件尺寸精度。

图 3-20　铸钢件的模具

(2) 确定合理的铸件浇注位置,对大件采用阶梯式浇注系统及保温冒口,实现铸件的顺序凝固,确保铸件内部组织致密,无疏松缺陷。

(3) 采用底注塞杆浇包,保障浇入铸型的钢水质量并防止夹渣缺陷。

(4) 将大块泥芯适当分割,方便制芯,采用专用卡板保证配型准确。

(5) 在芯骨上缠绕草绳,并在芯砂中增加附加物,提高芯砂退让性。减少铸件收缩阻力,降低铸造应力,防止生产裂纹。

(6) 严格按照工艺规程冶炼,控制有害残留元素含量,采用脱磷、脱硫剂,降低硫、磷的含量,并且加入锰铁预脱氧,最后加入铝进行最终脱氧,保证铸件化学成分和力学性能。

**2) 可视化铸钢件的铸造**

该工程铸钢节点比较复杂,种类较多。采用消失模法进行铸造。因此铸造的难点主要在于制模,只有制模尺寸准确、精度高才可以使制作出来的铸钢节点形状尺寸满足结构需要。

可视化技术使复杂铸钢节点在计算机中形成可见可量的实体(图 3-21),其模样分段尺寸、角度等均可从可视化模型中直接读出来,这样可以保证节点精度。

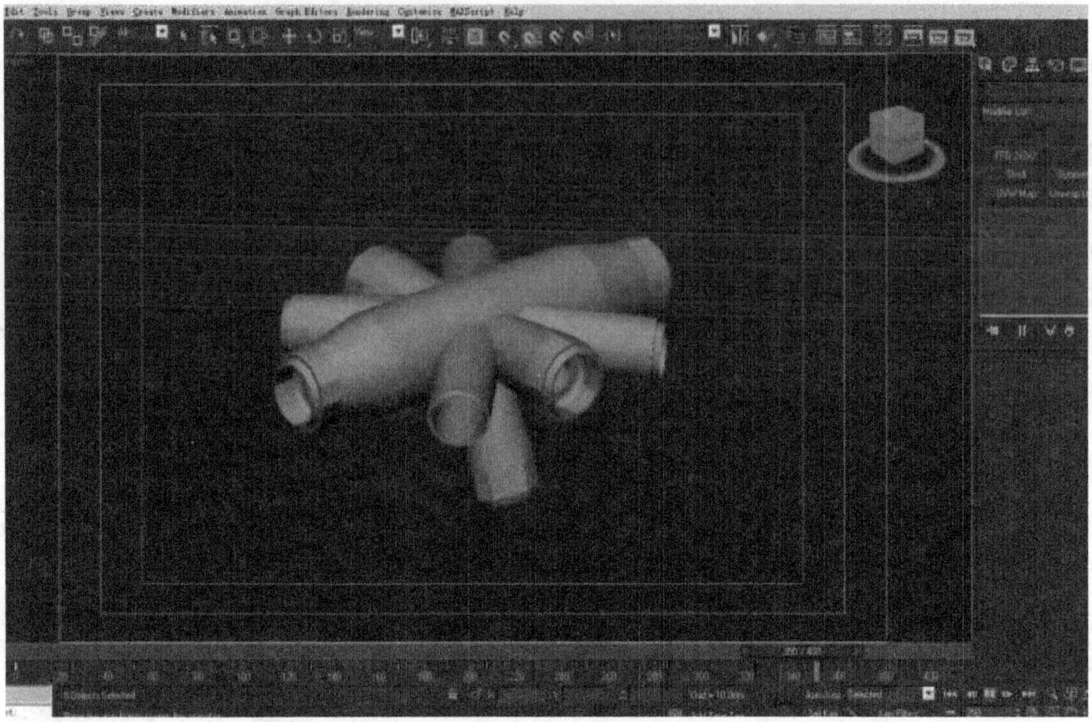

图 3-21 模样形成及获得关键尺寸

铸造的另一个问题是要保证浇铸质量。要求浇注到节点铸型里的钢水必须能使模样气化消失以形成自己的浇道节点，浇铸系统设计时应保证钢水能迅速平稳地充满铸型。可视化技术还可以模拟钢水的流动过程(图 3-22)，使得在浇铸系统设计时更合理地考虑冒口、

图 3-22 模拟浇铸

直浇道、横浇道和内浇道的设置以及浇铸速度。防止铸钢节点出现皱皮、气孔等铸造缺陷，保证节点质量。

(1) 铸钢件的工艺流程如图 3-23 所示。

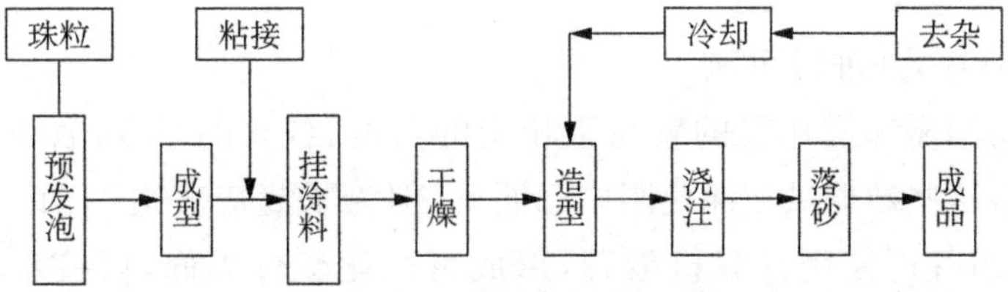


**图 3-23　铸钢件工艺流程图**

(2) 制模的步骤详如图 3-24 所示。

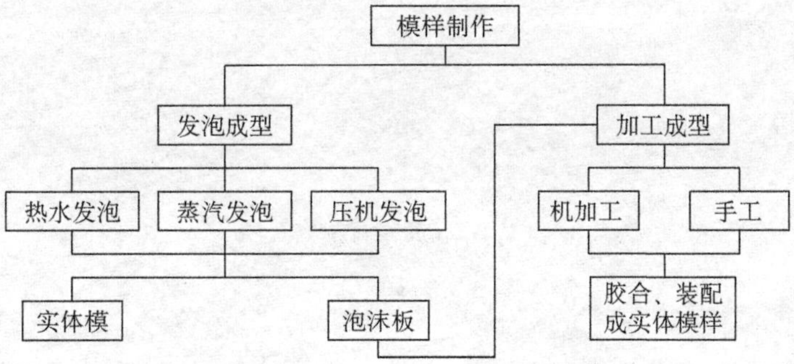


**图 3-24　铸钢节点制模步骤**

### 3) 管构件的下料、相贯线切割与弯圆

(1) 管构件的下料

钢屋盖采用的圆钢管皆为无缝钢管，材质为 Q345B，主要的截面型号有 $\phi 351\times16$，$\phi 351\times12$，$\phi 273\times12$，$\phi 299\times10$，$\phi 180\times10$ 和 $\phi 133\times6$。管构件下料的工艺流程制订为：审图→施工图交底→计算机放样→画零件草图→相贯线编程→校对编程→自检→车间下料。

在计算钢管的断料长度时计入预留的焊接收缩量，对于壁厚小于 16 mm 的，每个对接口放 0.5 mm；大于等于 16 mm 的放 1.0 mm。弦杆每段一般放焊接收缩余量 2～3 mm，对腹杆等杆件放焊接收缩余量 1 mm 以内。

(2) 相贯线切割

采用日本进口的 HID-900MTS 六维数控相贯线切割机进行相贯线切割。向数控面板输入的主要信息有：相贯的管与管相交的角度、各管的厚度，管中心间长度和偏心量。

切割相贯线管口的检验：通过计算机把相贯线的展开图在透明的塑料薄膜上按 1∶1 绘制成检验用的样板，样板上标明管件的编号。检验时将样板根据“上、下、左、右”线标志紧贴在相贯线管口，检验吻合程度。

切割长度的检验：将 PIPE-COAST 软件自动生成的杆件加工图形打印出来交车间及质检部门，车间操作人员和检验人员按图形中的长度对完成切割的每根杆件进行检查，并填表记录。

(3) 可视化相贯线切割控制技术

a. 编制切割程序，并进行切割

数控相贯线切割需知道相贯的管与管相交的角度、各管的厚度，管中心间长度和偏心量，即可进行切割，这些数据虽在深化图中已明确，但为了清楚表达，采用 3D 软件制作成可视化构件（图 3-25）；再使用计算机编程，形成可视化软件界面，可按步骤进行更准确的描述。

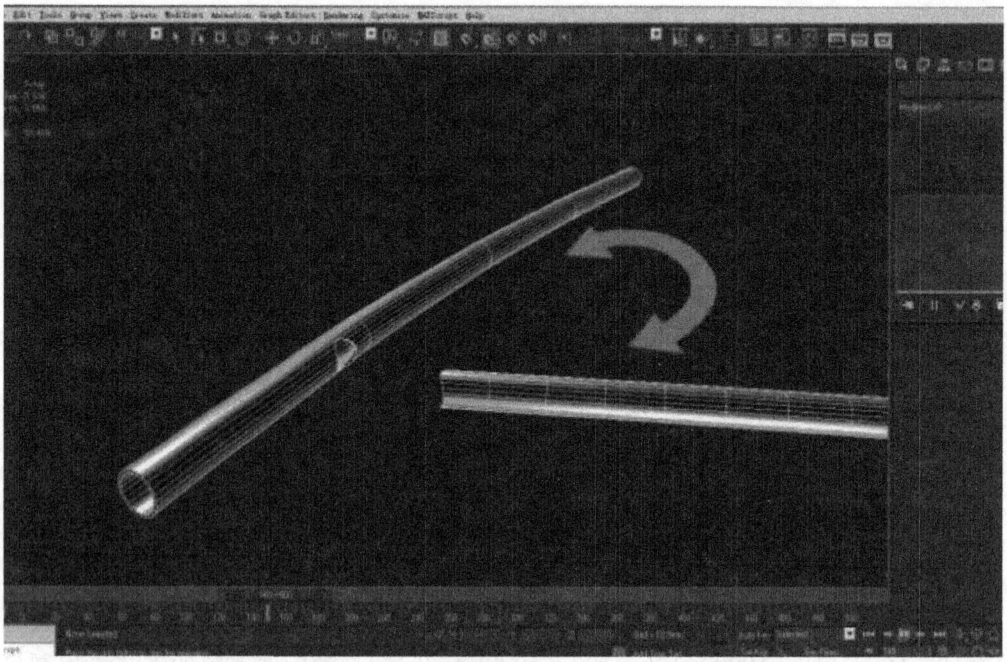

**图 3-25　有相贯线节点可视图**

工序 1：使用专用的数控相贯线切割机程序（图 3-26）；

**图 3-26　相贯线切割机可视化界面**

工序 2:进入相应的管切割类型界面(图 3-27);

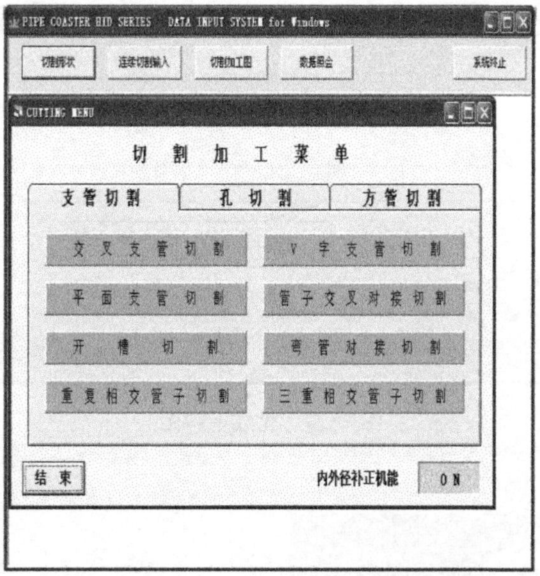


**图 3-27　选择切割类型**

工序 3:输入相应的切割参数(图 3-28);

**图 3-28　切割参数输入**

工序 4:生成可视的相贯下料图(图 3-29);

工序 5:形成的各构件相贯线程序,进行试运行切割机无误后,点火切割(图 3-30)。

b. 切割相贯线管口的检验

线型的检验:通过计算机把相贯线的展开图在透明的塑料薄膜上按 1∶1 绘制成检验用的样板,样板上标明管件的编号。检验时将样板根据“上、下、左、右”线标志紧贴在相贯线管口(图 3-31),检验吻合程度。

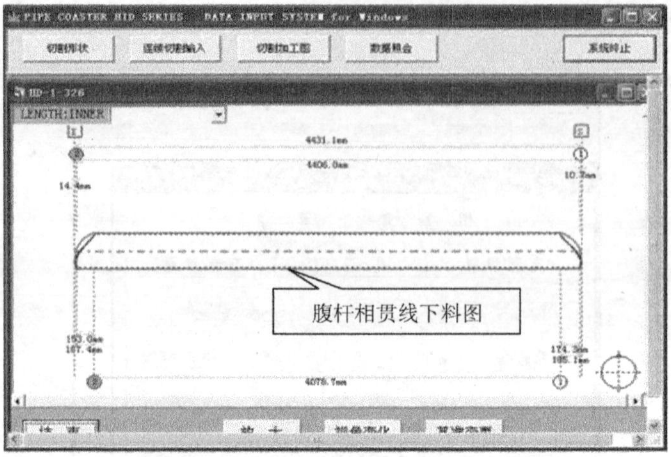


图 3-29　生成下料图

图 3-30　工厂切割

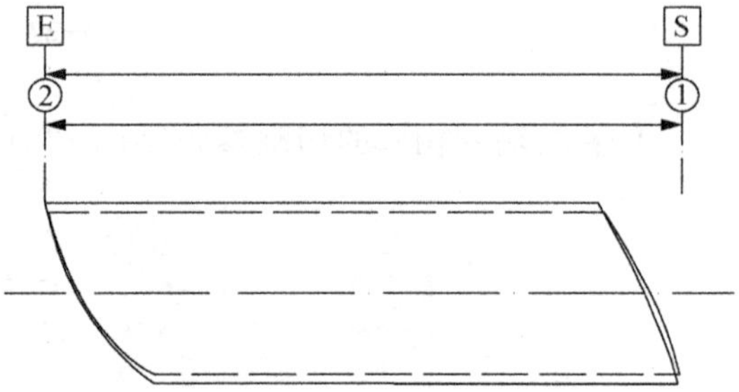


图 3-31　相贯线端头

长度检验：将 PIPE-COAST 软件自动生成的杆件加工图形打印出来交车间及质检部门，车间操作人员和检验人员按图形中的长度对完成切割的每根杆件进行检查，并填表记录。

(4) 弯圆

该工程弯圆采用机械弯圆，所选用 JXW-500 型弯管机的弯管能力为 $\phi$426×16 mm，并辅以火焰弯圆的方法进行加工，弯管机加工后的矫正和部分精度不易控制的管件需进行火焰加热弯圆。

弯管机管件弯圆时，先确定其弯曲半径、弯曲管件的起始点及终点，并做好标记，然后采用弯管机进行管件的弯圆工作。

弯圆后必须在地面上放地样检查，对不合格的部位采用火工适当的校正。管矫正一般采用机械矫正和火工矫正，但矫正后的钢材表面不得有凹陷、凹痕及其他损伤。火工矫正时应注意不能损伤母材，加热的温度应控制在 900 ℃以下，严禁用水激冷，矫正必须避开蓝脆区(200～400 ℃)。

(5) 可视化管件弯圆控制技术

对于钢管的弯圆目前主要有以下三种形式：弯管机机械弯圆、火焰加热弯圆、中频涡流电加热弯圆，不同形式的弯管存在不同的优缺点，具体分析详见表 3-6。

**表 3-6　弯圆各形式的原理及优缺点**

| 弯圆类型 | 弯管机机械弯圆 | 火焰加热弯圆 | 中频涡流电加热弯圆 |
| --- | --- | --- | --- |
| 原理 | 钢管受拉或受压成形 | 管壁受热膨胀受阻，降温后收缩，钢管弯曲 | 中频涡流感应加热，靠已定好导轨控制弯曲矢高 |
| 优点 | 加工效率较高，过渡圆滑 | 可实施性强，操作简单 | 均匀受热，内应力较小 |
| 缺点 | 不同规格的钢管，需配特定的模具 | 钢管加热处有弯曲轻微起皱现象 | 弯圆相对成本较高，效率较低 |
| 成本 | 成本较低 | 成本较低 | 成本相对较高 |

a. 弯圆的方法

本工程需弯圆的钢管尺寸为 $\phi 351\times 16$ mm，$\phi 351\times 12$ mm，$\phi 273\times 12$ mm 和 $\phi 299\times 10$ mm。故采用机械弯圆，JXW-500 型弯管机的弯管能力为 $\phi 426\times 16$ mm，并辅以火焰弯圆的方法进行加工，弯管机加工后的矫正和部分精度不易控制的管件需进行火焰加热弯圆。

弯管机管件弯圆时，先利用 3D 软件建立的可视化模型(图 3-32)确定其弯曲半径、弯曲管件的起始点及终点，并做好标记，然后采用弯管机进行管件的弯圆工作。

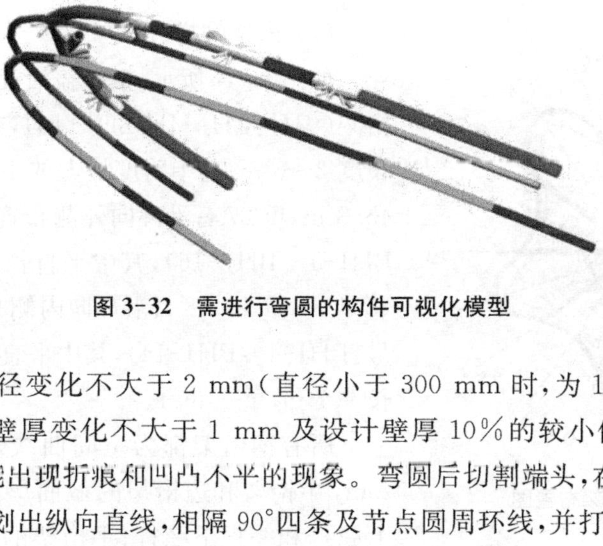

**图 3-32　需进行弯圆的构件可视化模型**

弯曲后，钢管直径变化不大于 2 mm(直径小于 300 mm 时，为 1 mm 及设计外径的 0.5%中的较小值)，壁厚变化不大于 1 mm 及设计壁厚 10%的较小值，矢高偏差不大于 5 mm，钢管表面不能出现折痕和凹凸不平的现象。弯圆后切割端头，在焊接端用管子坡口机制坡口，并在工装划出纵向直线，相隔 90°四条及节点圆周环线，并打样冲眼，以便于钢管的对接。

b. 弯圆的检验

弯曲后检验一般通过拉线和地面放样的方法进行检验。拉线检验方便、快捷，但检测的误差较大。地面放样检验能控制的精度高，但人力、物力、场地等投入大，时间长。考虑制作的工期较紧，该项目在制作时采用两种方法相结合，对批量的杆件采用首件和中间抽几件用地样检查，其余用拉线检查；对量少的杆件全部采用地面放样检查。这样，既可保证工期，又能保证质量。

弯圆后在地面上放地样进行检查（图 3-33），对不合格的部位采用火工进行适当的校正。管矫正一般采用机械矫正和火工矫正，但矫正后的钢材，表面不得有凹陷、凹痕及其他损伤。火工矫正时应注意不能损伤母材，加热的温度应控制在 900 ℃以下，严禁用水激冷，矫正必须避开蓝脆区（200～400 ℃）。

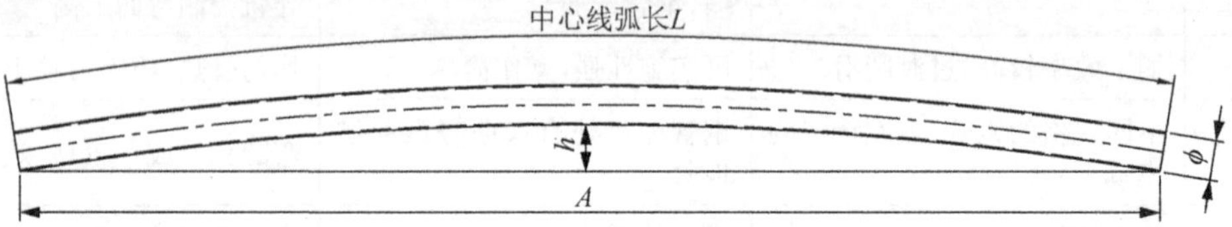


图 3-33　弯圆构件检查

### 3.3.2　梅花形钢屋盖的吊装技术及 BIM 应用

#### 1) 吊装前的主要准备工作

采用 AutoCAD 建立 1∶1 实体施工模型，对桁架拼装、吊装、测量及校正等安装全过程进行模拟。关键控制点位都从实体中直接读取控制点精确坐标，解决复杂空间曲面结构的测量、校正问题。

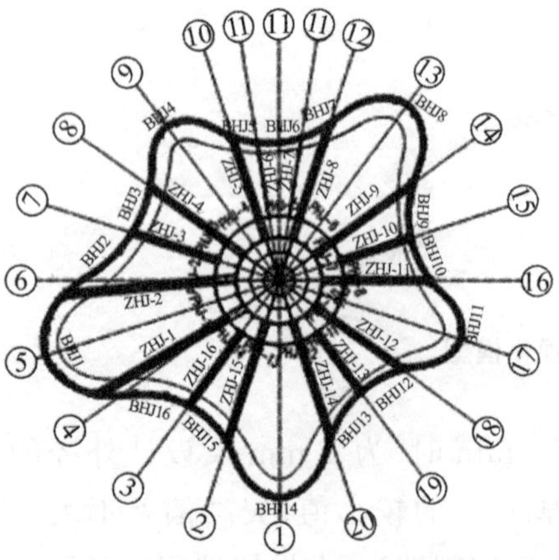


图 3-34　桁架布置图

(1) 桁架的拼装

如图 3-34 所示，钢屋盖沿径向布置 16 榀径向主桁架（编号：ZHJ-1～ZHJ-16），在径向桁架外端悬挑长度 2～6 m，其中跨度最大的主桁架为 ZHJ-1，长度 45.8 m，重 27 t；沿环向外侧布置 16 榀边桁架（编号：BHJ-1～BHJ-16），其中平直长度最大的 BHJ-8，长 45.1 m，重 10.58 t；沿环向内侧布置 14 榀平桁架（编号：PHJ-1～PHJ-14），其中平直长度最大的 PHJ-4，长 9.7 m，重 1.89 t。

所有钢桁架都为空间曲线形状，桁架截面高约 2 m，主桁架和边桁架的截面形状为三角形，有两根上弦杆和一根下弦杆；平桁架的截面为片状，有一根上弦杆和一根下弦杆。根据桁架的特点，考虑运输困难及运输过程中构件变形等因素，选择的安装方案为：在工厂内散件制作，现场地面拼装主桁架和边桁架，在现场屋顶散拼散装平桁架。

现场地面拼装桁架的工艺流程为：杆件进场（相关质检）→场地清理→铺设胎架基座（钢板）→搭设拼装胎架（立杆、斜撑、连杆）→放线测量→吊装桁架下弦、上弦和腹杆→吊装铸钢件→全站仪定位、点焊固定→全面焊接→超声波探伤→检查验收→桁架脱胎→拆除胎架。

桁架拼装过程中，通过电脑放样确定各桁架节点在拼装地面上的投影位置，采用全站仪控制桁架在胎架上搁置点的三维坐标位置。根据搁置点的位置依次搭设胎架基座钢板、立杆、斜撑和连杆，形成整体稳定的拼装胎架(图 3-35)。

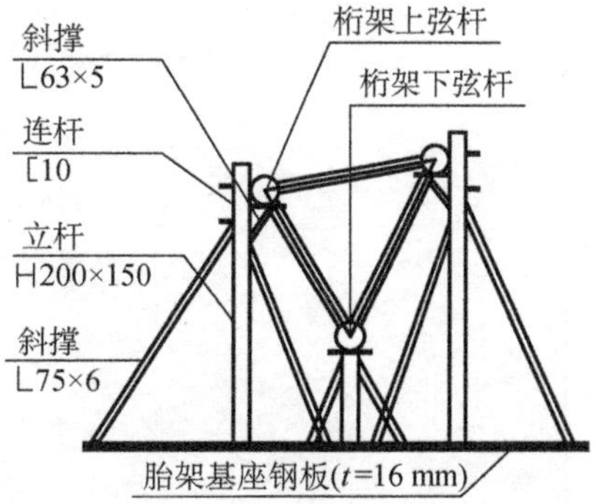


**图 3-35　胎架侧立面示意图**

在拼装过程中，预先在计算机中构建拼装 BIM (图 3-36)，进行拼装模拟和系统分析，制订消除桁架拼装误差的措施如下：

a. 提高构件制作精度，构件长度按正偏差验收。

b. 在保证焊透的前提下采用小角度、窄间隙焊接坡口，以减少收缩量。

c. 采用小热输入量、小焊道、多道多层焊接方法以减少收缩量。

d. 采用合理的焊接顺序，减少焊接变形。

**图 3-36　拼装 BIM**

(2) 桁架的吊装计算与分析

利用结构计算软件 ANSYS 建立桁架模型，如图 3-37 所示，为梅花形建筑的最大“梅花瓣”区域模型，据此，可进行吊装过程中桁架的稳定及变形验算，从而进行吊点布置的优化设计。

桁架的 BIM 模拟施工方案：对跨度大、重量大的主桁架和弧度大的边桁架采取分段吊装，网壳和平桁架高空散装。分散施工面，充分利用现有吊装设备。但是桁架如何分段，吊

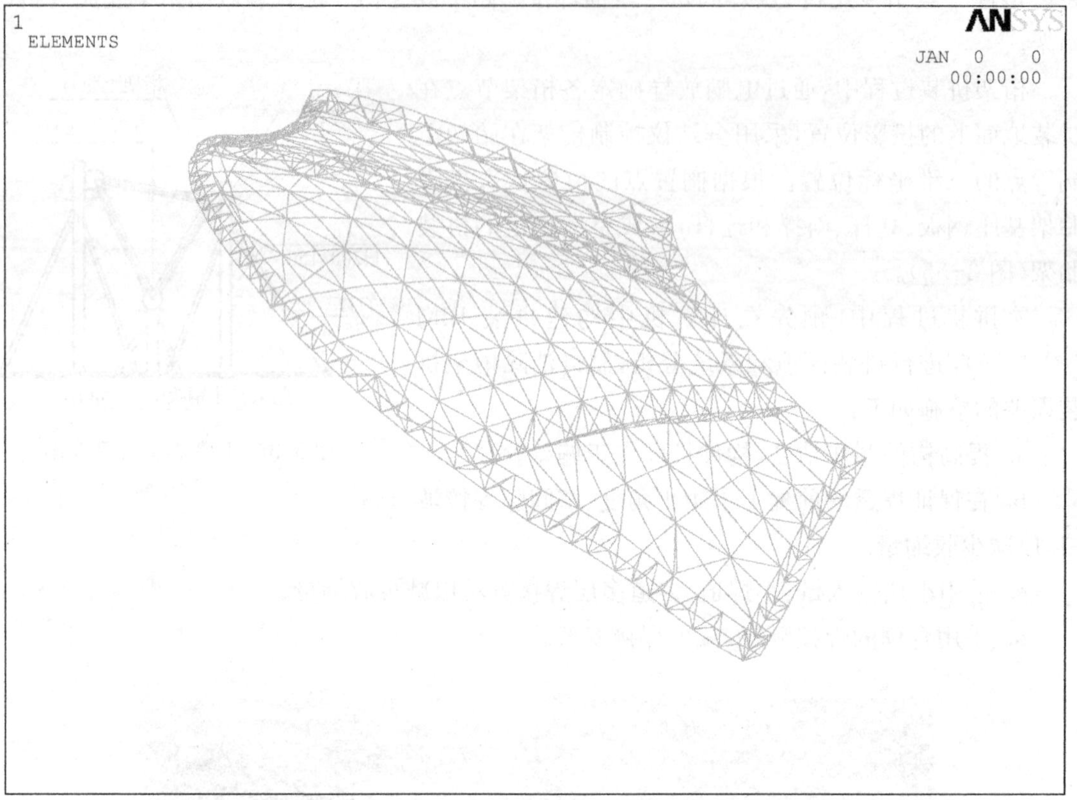


图 3-37 最大"梅花瓣"区域的 ANSYS 分析模型

装时吊车位置如何安设,吊装时吊车是否会与现有构筑物发生冲突、碰撞等,需要通过 BIM 虚拟施工来解决。

桁架的分段加工制作是基本的虚拟分析步骤。桁架分为上下弦杆和腹杆,其中上下弦杆贯通,腹杆再与上下弦杆连接。主桁架分段时根据吊车吊装能力及现场脚手架搭设情况分为 3~4 段,同一桁架各杆件分段点相互错开(图 3-38~图 3-44)。

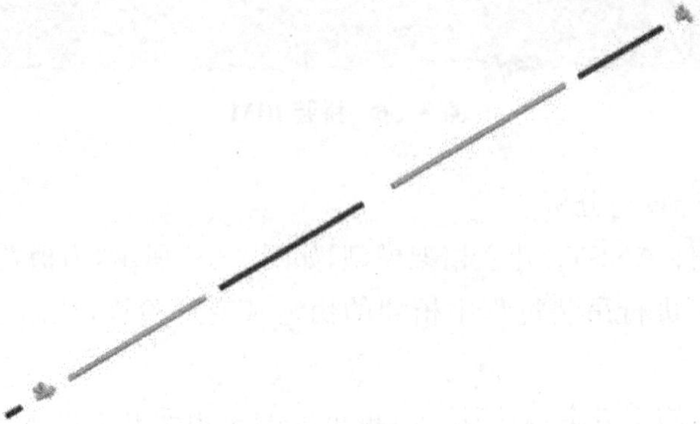

图 3-38 主桁架单根弦杆分段模型

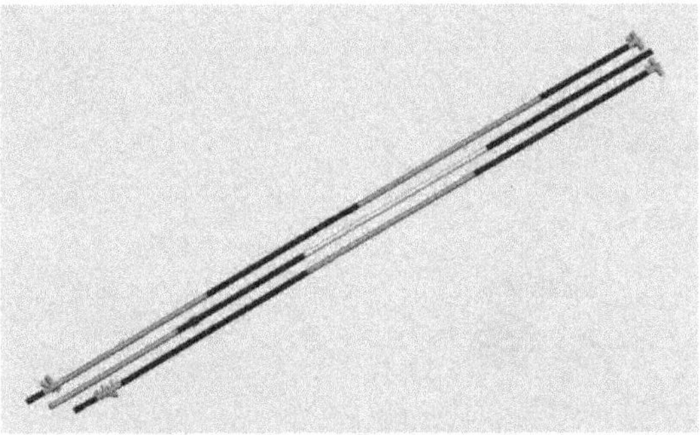

图 3-39　主桁架弦杆分段模型

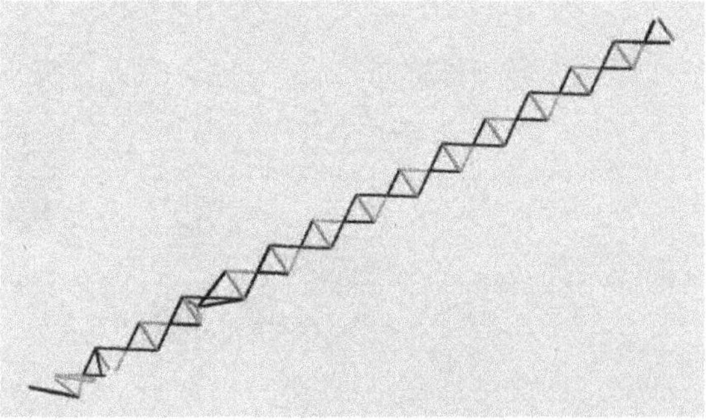

图 3-40　主桁架腹杆分段模型

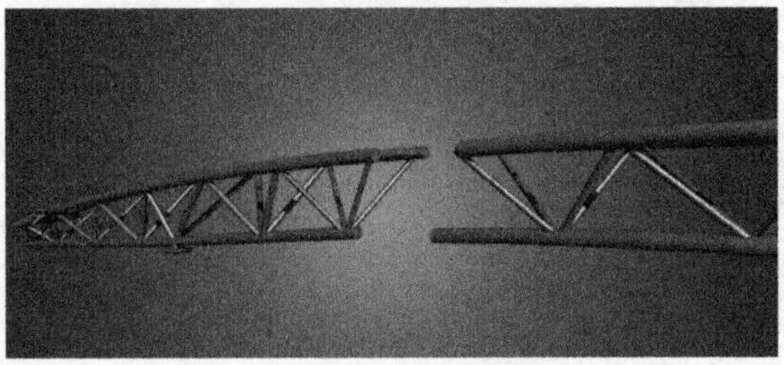

图 3-41　主桁架分段模型

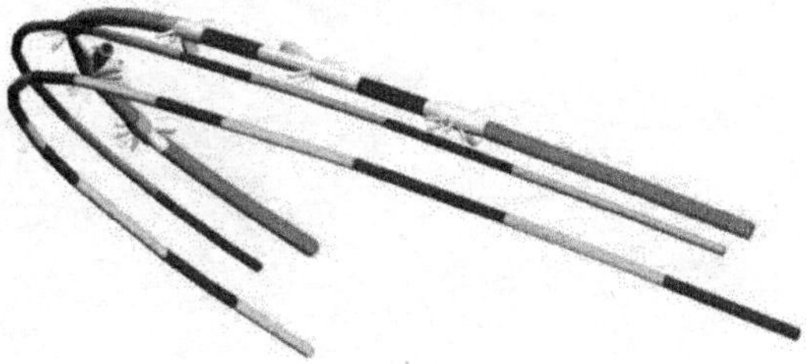

图 3-42　边桁架弦杆分段模型

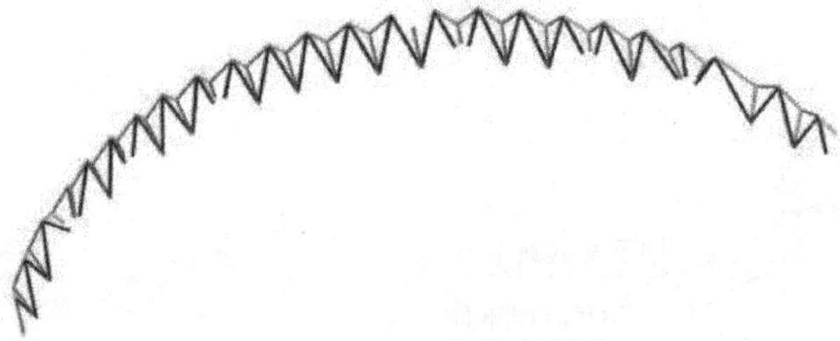

图 3-43　边桁架腹杆分段模型

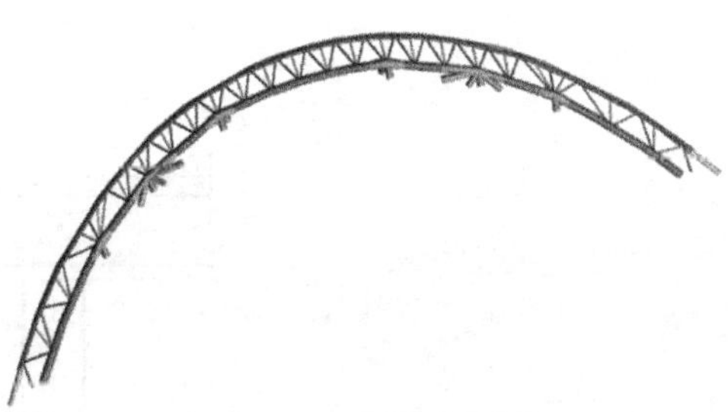

图 3-44　整榀边桁架模型

(3) 吊车的站点加固

根据桁架吊装条件，选用 150 t 履带吊进行吊装。沿建筑物的梅花形周边共布置 9 个履带吊站点(图 3-45)，其中 6 号、7 号和 8 号站点位于建筑的外侧，其余 6 个站点都位于混凝土结构地下室顶板上，混凝土板的设计荷载为 20 kN/m$^2$，而履带吊的施工荷载大大超过其设计承载力：履带吊在顶板上行走时(空载)，可能达 65 kN/m$^2$；位于站点吊装时(满载)，考虑单边履带传力，施工荷载可能高达 140 kN/m$^2$。因此必须对地下室顶板临时加固。

采用钢管柱改变传力路径的加固方法临时加固地下室顶板：设计选用 $\phi$199×6 mm 的钢管预压顶紧地下室的主次梁(图 3-46)，在履带吊的行走途中，按空载考虑，钢管布置间距为 2 m；站点位置，按满载考虑，钢管布置间距为 1 m。通过控制千斤顶的压力以控制钢管的预压程度。采用 PKPM 结构计算软件对加固后的混凝土结构进行施工荷载受力分析，确保结构安全。

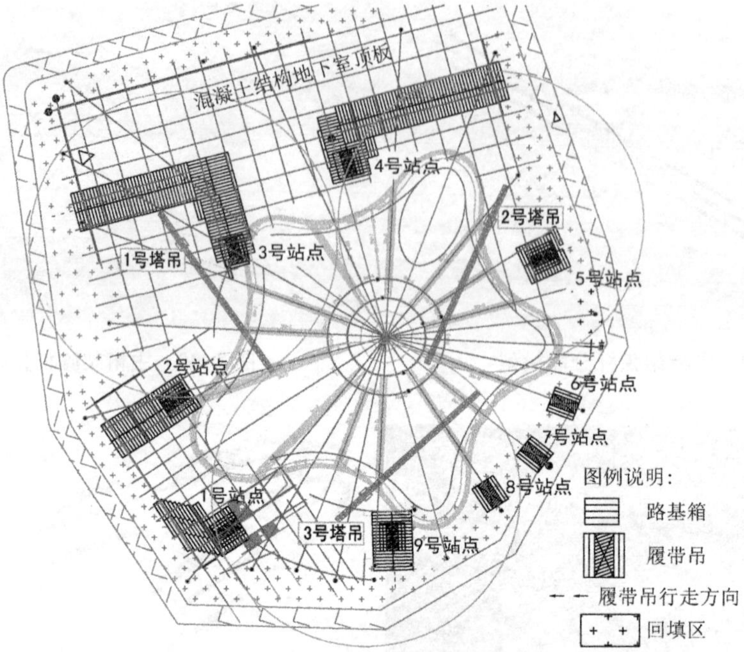


图 3-45 履带吊站点布置图

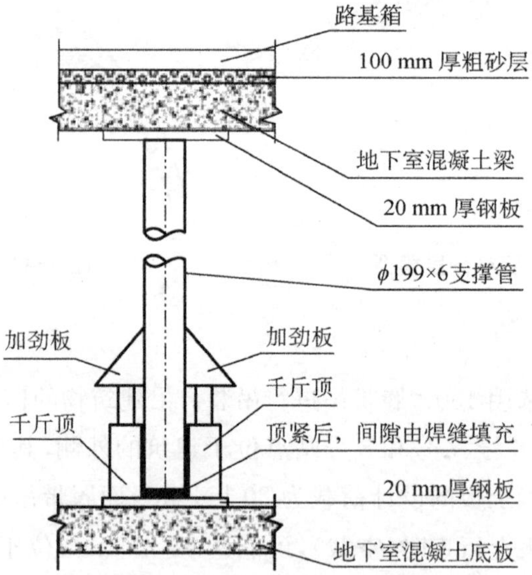


图 3-46 混凝土结构加固装置示意图

为使施工荷载有效地传递给加固后的结构，在混凝土板上面铺设 2 列1 m× 5 m× 200 mm的路基箱，形成 10 m 宽的履带吊行走路线。同时，在顶板与路基箱之间铺设 150 mm厚的粗砂层，从而使施工荷载均匀传递，并且保护地下室顶板免受局压破坏。

**2）桁架的吊装流程与BIM施工模拟**

（1）桁架吊装流程

考虑释放桁架安装的焊接应力，同时保证施工过程中桁架体系的空间稳定，制订了桁架吊装流程（图3-47）：首先安装6榀主桁架和3榀边桁架，并且连接内侧的3榀平桁架，形成3个花瓣，3个区都形成一个结构封闭体系；然后以3个区为核心依次向两侧延伸，吊装桁架，最后合拢。因选用的LS-248RH-5型履带吊受1号和2号站点的条件限制，将ZHJ-1分为3段、ZHJ-2分为2段进行分段吊装，搭设塔架支撑，在空中拼接。其他桁架皆为整榀吊装。

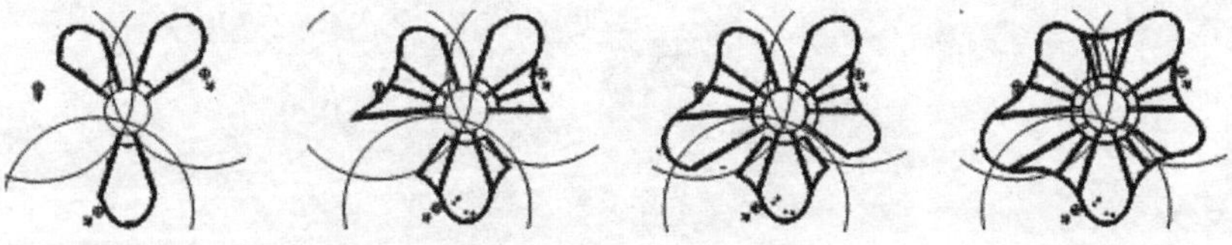

(a) (b) (c) (d)

图3-47 桁架吊装流程

（2）桁架的BIM吊装施工模拟

需要分段吊装的桁架在施工场地内设拼装场地，并搭设拼装胎架进行拼装，待拼装成型后再整体吊入设计位置。对于ZHJ-1和ZHJ-2需要分为三段吊装，ZHJ-15和ZHJ-16等分为两段吊装，其他主桁架不分段可直接整榀吊装。其中，ZHJ-1，ZHJ-2，ZHJ-15，ZHJ-16上下弦杆深化图为多段组成，现场吊装分段可不用重新分段，直接在已有深化图纸上下弦杆端口处断开即可。本工程楼面较高，部分履带吊站位距离楼板较近，履带吊的站位和主臂长度综合考虑了吊装最内侧构件时，履带吊主臂与楼面和塔吊保持一定的安全距离（图3-48）。

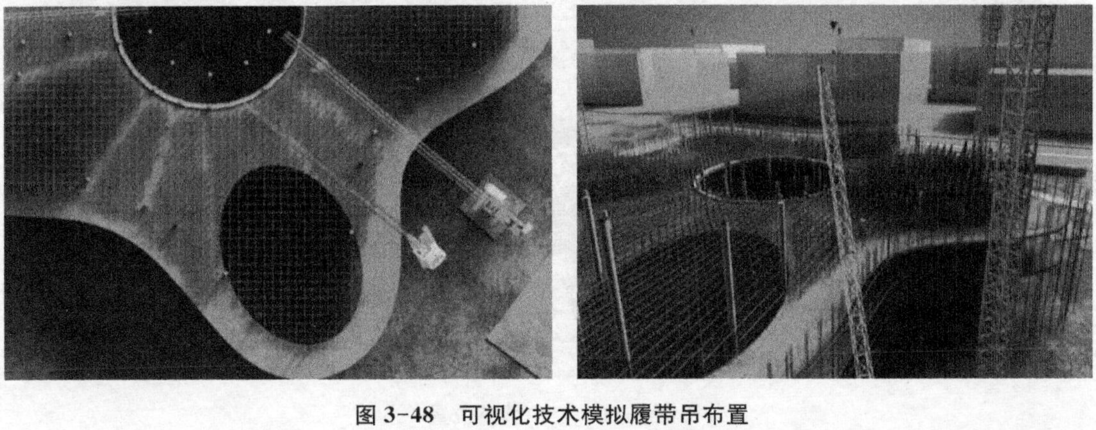

图3-48 可视化技术模拟履带吊布置

利用可视化技术，我们可以更清楚地了解施工的每一步，桁架拼装与吊装的一般施工步骤如下（以主桁架为例，图 3-49～图 3-52）。

a. 桁架脱胎

图 3-49　桁架脱胎

b. 脱胎后，调整桁架就位姿势

图 3-50　空中调整位置

c. 吊装到指定位置

图 3-51　吊装就位

d. 测量调整后利用缆风绳进行固定

图 3-52　缆风绳固定

同样的方法可以吊装内侧平桁架与外侧边桁架(图 3-53 和图 3-54),最终形成封闭区域(图 3-55)。

图 3-53 内侧平桁架吊装示意图

图 3-54 外侧边桁架吊装示意图

图 3-55 首个桁架封闭区域安装成形示意图

### 3) 网壳的吊装流程与 BIM 施工模拟

(1) 网壳的吊装流程

随着桁架部位形成稳定的封闭系统,网壳部分也开始安装。如图 3-56 所示,先安装 3 个花瓣区域的网壳杆件,然后以 3 个花瓣为中心,依次向两侧延伸,形成 3 个合拢口,依次合拢。网壳杆件的吊装利用现场的两台 QTZ63 和一台 QTZ40 塔吊。

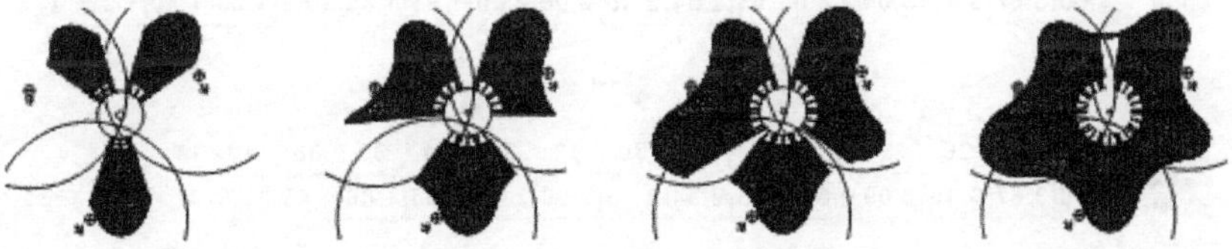

(a) (b) (c) (d)

图 3-56 网壳吊装流程

(2) 网壳的 BIM 施工模拟

网壳由于构件尺寸较小,采用满堂脚手架支撑,高空原位散装的方法进行施工。满堂脚手架采用双向阶梯,相邻操作平台有 1～2 m 高差,以保证网壳离脚手架操作面控制在 0.5～2.5 m 之间(图 3-57)。

最重构件重量为 1.55 t,且为 A, C, E, G, J 网壳中部的环向杆。施工现场总包布置了三台 5012 型塔吊,其吊装性能参数如图 3-58 所示,现场塔吊满足吊装要求。

图 3-57　脚手架操作平台示意图

## 载荷特性　Load diagrams

臂Jib

50m

| m | 2.9→17.49 | 18 | 20 | 22 | 24 | 26 | 28 | 30 | 32 | 32.9 | 34 | 35 | 38 | 40 | 42 | 45 | 48 | 50 |
|---|---|---|---|---|---|---|---|---|---|---|---|---|---|---|---|---|---|---|
| t | 4.00 | 3.87 | 3.45 | 3.09 | 2.80 | 2.55 | 2.34 | 2.16 | 2.00 | 2.00 | 1.93 | 1.86 | 1.69 | 1.59 | 1.49 | 1.37 | 1.26 | 1.2 |

45m

| m | 2.9→17.49 | 18 | 20 | 22 | 24 | 26 | 28 | 30 | 32 | 32.9 | 34 | 35 | 38 | 40 | 42 | 45 |
|---|---|---|---|---|---|---|---|---|---|---|---|---|---|---|---|---|
| t | 4.00 | 3.87 | 3.45 | 3.09 | 2.80 | 2.55 | 2.34 | 2.16 | 2.00 | 2.00 | 1.93 | 1.86 | 1.69 | 1.59 | 1.49 | 1.37 |

40m

| m | 2.9→17.49 | 18 | 20 | 22 | 24 | 26 | 28 | 30 | 32 | 32.9 | 34 | 35 | 38 | 40 |
|---|---|---|---|---|---|---|---|---|---|---|---|---|---|---|
| t | 4.00 | 3.87 | 3.45 | 3.09 | 2.80 | 2.55 | 2.34 | 2.16 | 2.00 | 2.00 | 1.93 | 1.86 | 1.69 | 1.59 |

35m

| m | 2.9→17.49 | 18 | 20 | 22 | 24 | 26 | 28 | 30 | 32 | 32.9 | 34 | 35 |
|---|---|---|---|---|---|---|---|---|---|---|---|---|
| t | 4.00 | 3.87 | 3.45 | 3.09 | 2.80 | 2.55 | 2.34 | 2.16 | 2.00 | 2.00 | 1.93 | 1.86 |

30m

| m | 2.9→17.49 | 18 | 20 | 22 | 24 | 26 | 28 | 30 |
|---|---|---|---|---|---|---|---|---|
| t | 4.00 | 3.87 | 3.45 | 3.09 | 2.80 | 2.55 | 2.34 | 2.16 |

标准小车可使用2/4倍率绳。(使用四倍率绳时，应从二倍率的载荷中减去0.08吨)。
Standard trolley 2/4 fall(When using subtract 0.08t from the loads )

图 3-58　5012 型塔吊性能参数

a. 网壳的分段

网壳部分为环向杆、径向杆、斜杆，其中环向杆为贯通杆，径向杆和斜杆分成节间小段连在环向杆上(图 3-59～图 3-62)。

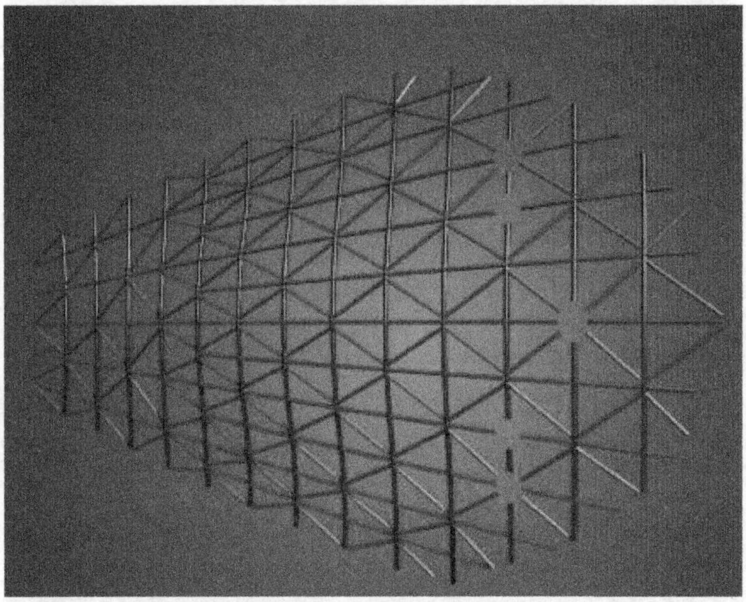

图 3-59　网壳环向杆

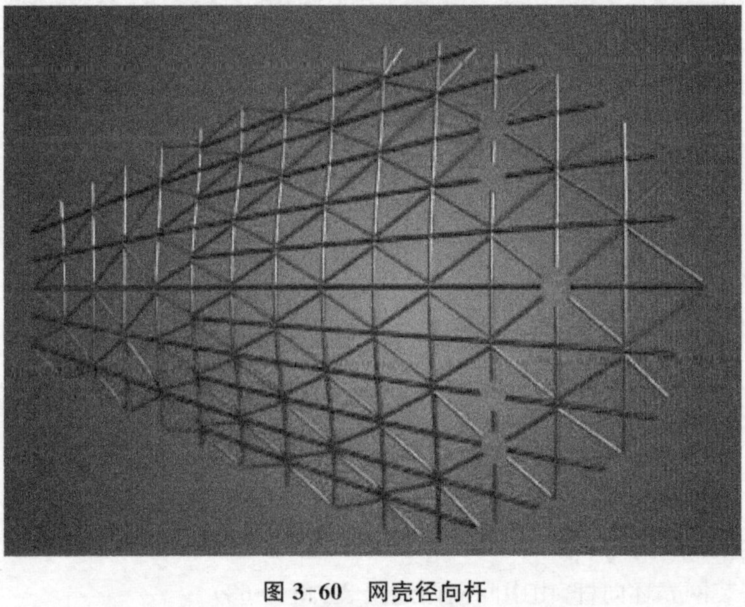

图 3-60　网壳径向杆

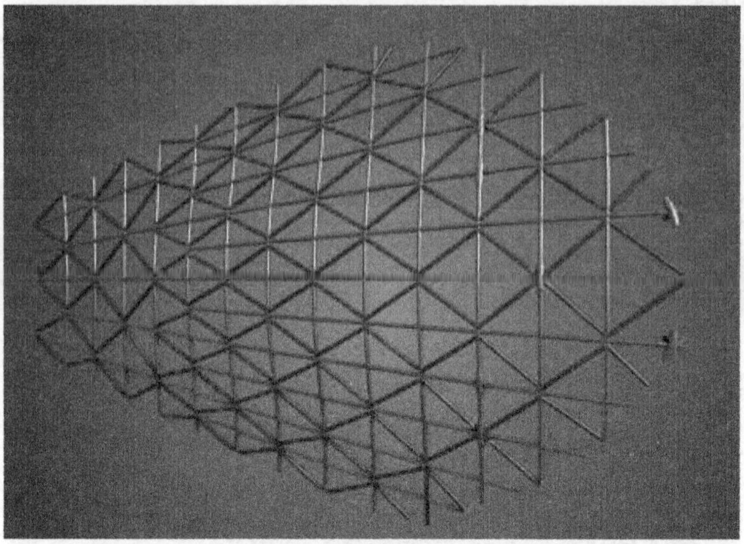

图 3-61 网壳斜杆

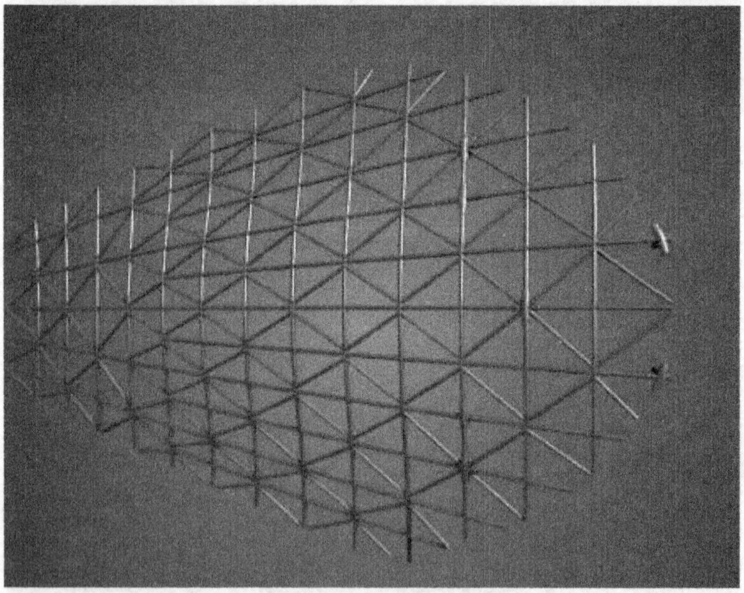

图 3-62 A 区网壳全图

b. 网壳的吊装

网壳的吊装顺序为：

(i) 首先安装网壳环向杆，由中间向两边安装(图 3-63)。

(ii) 安装环向杆的同时，穿插安装径向杆和斜杆，最终完成整个网架安装(图 3-64 和图 3-65)。

图 3-63　环向杆安装模型

图 3-64　径向杆、斜杆安装模型

图 3-65 一个区域网壳安装完成

### 3.3.3 测量技术

**1) 测量工作的难点**

(1) 双曲桁架的拼装测量困难

屋盖钢桁架双向弯曲，形状极不规则，高差大，弯弧大，杆件数量多。部分铸钢件连接多达 10 根杆件，且各杆不在同一平面内，故铸钢件及其相连的杆件安装定位及调整比较困难，对安装精度要求高。

(2) 屋盖吊装定位测量困难

梅花形屋盖为凹凸起伏的双曲面，造型复杂，整体安装精度要求高，构件的空间定位要求高，故不但要重视其空间绝对位置，更需精确控制各施工环节的相对精度，以便分解误差、消化误差。

**2) 总体测量思路**

该工程钢结构测量分平面控制、高程控制、局部控制三部分，测量应遵循“由整体到局部”的原则，并且注意测量时机的选择，尽量选择温度变化小、日照不强的时机测量，力求将温度、日照对施工控制的影响降低到最小程度。

**3) 主要措施与测量方法**

(1) 利用 AutoCAD 对桁架进行精确放样，确定最合理的桁架拼装姿势，建立拼装杆件相对坐标，搭设拼装胎架，利用全站仪确定桁架的拼装支撑点和拼装后的校核控制点；拼装后每个铸钢件至少有三个接口为控制点，进行调校，确保铸钢件的拼装精度。拼装精度控制要求为(由高到低)：铸钢件，桁架上下弦杆，腹杆。

(2) 在桁架的主要控制点处做标记，利用 AutoCAD 确定控制点坐标，利用全站仪对桁架的主要控制点进行精确调校，确保桁架的安装精度。

(3) 由电脑模拟 1∶1 实体施工模型获得关键控制点的三维坐标，提供给全站仪，对空间双曲面钢结构进行测量定位、校正。

(4) 以高精度全站仪设置测量控制网。

(5) 平面控制网(图 3-66)由 3 个层级构建：Ⅰ级——业主测设用地范围内红线界桩点 A 和 B；Ⅱ级——围绕整个屋盖中心在一层地面设置的 8 个主控制点(编号 A1～A8)组成的矩形控制网；Ⅲ级——围绕整个屋盖中心在 12.9 m 标高楼面上设置的 9 个主控制点(编号 B1～B9)组成的矩形和五角形控制网。此控制网用于屋盖构件的测量、校正。

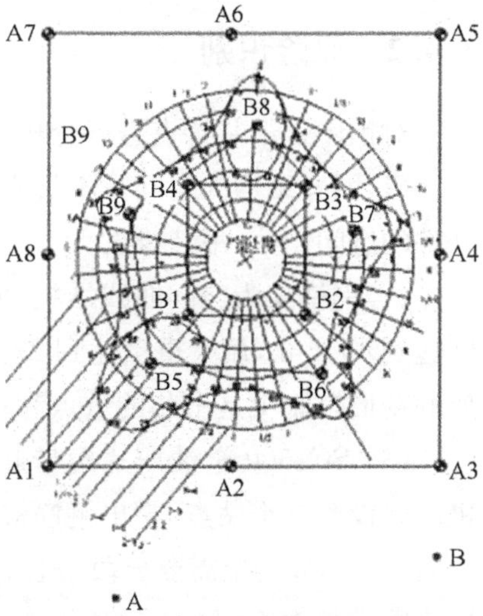


图 3-66　平面控制网布置图

## 3.4　钢屋盖吊装施工的风险控制

风险管理是以技术管理为基础的风险、利益和胆识的较量。在梅花形大跨度钢屋盖的吊装施工过程中实行风险控制，主要进行结构特点分析、风险识别、风险估计、风险评价、风险决策、风险控制等相关工作。

### 3.4.1　钢屋盖的结构特点分析

梅花形钢屋盖的结构层由花蕊和花瓣两部分组成：花蕊部分为盖格体系的索穹顶结构，5 个花瓣部分为双曲桁架与单层网壳组成钢结构。钢屋盖的花瓣区域和花蕊区域各自成一稳定结构体系(图 3-67)。

图 3-67　钢屋盖布置图

花瓣区域由沿径向布置 16 榀径向桁架、桁架之间的单层网壳以及连接径向桁架内外端部的边桁架三部分组成，其中径向桁架最大跨度 32 m，两径向桁架之间的夹角为 36°和 18°，环向间距为 5.5～35 m(网壳的环向跨度)，在离圆心 24 m 到 36 m 之间的径向桁架取消了下弦杆，在径向桁架外端悬挑长度 2～6 m。

### 3.4.2 风险识别

对钢屋盖吊装特点进行分析，主要有以下四个方面的风险因素应予考虑：

(1)网壳结构为空间呈不规则曲面，各分区网壳都不相同，节点处的各杆件方向也不同，杆件的空间定位，吊装难度大。

(2)钢桁架为空间曲线结构，安装位置高、跨度大、结构重，吊装难度大。钢桁架最大跨度达到 45.8 m，最大重量达到 27 t。吊装过程中容易与周边构件发生碰撞，吊点设置以及桁架的变形控制也是吊装的重点和难点。

(3) SC1500 全油压式履带起重机吊装，起重机唯一停放地点就是地下室顶板上，起重机吊装设置 9 个站点，超出钢筋混凝土地下室顶板承载力极限，吊装施工安全风险大。

(4) 部分桁架需要分段吊装，大跨重型桁架吊装就位时测量控制难度大。SC1500 全油压式履带起重机在地下室顶板上行走一周 360 m，大型起重机械在行走路线和吊装站位的地下室顶板支撑加固处理十分重要，不确定因素容易发生，安全隐患多，吊装施工安全风险大，也是本工程施工过程安全控制的重点和难点。

图 3-68　专家论证会实景

建设方采用专家调查法进行风险辨识，召集专家对“吊装”和“脚手架”方案进行论证(图 3-68)，钢屋盖吊装主要存在以下 5 点风险。

(1) 施工风险：铸钢件制作误差风险，钢桁架拼装误差风险，预埋件定位误差风险，支撑系统失稳，地下室混凝土顶板加固后承载力，支撑塔架构件折断或大变形，吊装设备非正常工作风险。

(2) 人员安全风险：焊接引起火灾，焊接排出有害气体，操作失误，突发性吊车索具拉断事故，高空坠落，人员触电，非施工人员进入。

(3) 监理风险：缺乏相应的监理资历，缺乏相应的监理设备，未履行好监理的职责。

(4) 监测风险：未安排监测或监测内容不合理，监测数据上报不及时。

(5) 环境影响风险：吊装冲击荷载过大引起的混凝土顶板开裂，临时加固支撑承载力不足引起吊车倾覆。

### 3.4.3 风险评估

风险评估是对风险因素发生概率和后果进行分析和估计，对目标参数的风险结果，参照一定标准进行评判，从而给出风险处理的合理对策。

针对梅花形大跨度钢屋盖的施工风险发生机理复杂的特点，合理选择专家调查法获得原始数据，采用加权平均法进行评估，即将各个专家根据资历、职称、影响力等设定相应的权重，然后对其所做的判断按其相应的权重进行累加，最后得到的就是所需目标的最可能值。

通过对钢屋盖吊装施工的风险识别获得主要风险因素后，采用表3-7所述的风险评价矩阵对各风险因素的风险水平进行计算和评价。

**表3-7　风险评价矩阵**

| 发生概率 $P$ | 事故损失 $C$ | | | | |
|---|---|---|---|---|---|
| | 可忽略 | 需考虑 | 严重 | 非常严重 | 灾难性 |
| $P<0.01\%$ | 1 | 2 | 3 | 4 | 5 |
| $0.01\%\leqslant P<0.1\%$ | 2 | 4 | 6 | 8 | 10 |
| $0.1\%\leqslant P<1\%$ | 3 | 6 | 9 | 12 | 15 |
| $1\%\leqslant P<10\%$ | 4 | 8 | 12 | 16 | 20 |
| $P\geqslant 10\%$ | 5 | 10 | 15 | 20 | 25 |

根据专家调查的结果，采用风险矩阵法计算每一级别工程的风险值，然后根据本级工程各风险在上一级工程风险中所占的权重，依据以下公式计算出钢屋盖吊装施工的风险值：

$$R=\sum_{t=1}^{n}\gamma_t\left(\sum_{j=1}^{m}\gamma_{ij}R_{ij}\right)$$

通过计算，钢屋盖吊装施工的整体风险值为11.5。依据表3-8可确定风险级别为三级。

**表3-8　风险级别及决策**

| 等级 | 风险 | 接受准则 | 控制对策 |
|---|---|---|---|
| 一级 | 1～4 | 可忽略的 | 不必进行管理、审视 |
| 二级 | 5～8 | 可容许的 | 引起注意，需常规管理审视 |
| 三级 | 9～12 | 可接受的 | 引起重视，需防范、监控措施 |
| 四级 | 13～16 | 不可接受的 | 需高层决策，需控制、预警措施 |
| 五级 | 17～25 | 拒绝接受的 | 立即停止，需整改、规避或预案 |

### 3.4.4　风险决策

为了有效处理钢屋盖吊装过程中可能出现的各种风险，对项目可能遇到的风险进行分类排列，然后根据具体情况采取相应的对策，以避免风险或减轻风险可能造成的损失，从而规避风险，以最少的成本，保证安全、可靠地实现项目的总目标。

钢屋盖吊装风险控制的总体思路：根据工程施工现场的实际情况和工期的要求，确定安装风险管理的关键环节为主桁架、边桁架地面拼装→部分桁架分段吊装→网壳部分采用高空分片散装。据此确定钢屋盖吊装风险控制的技术措施。

**1）构件分段吊装**

桁架分段后，最重的主桁架、边桁架，重量约 29 t，根据现场情况，履带吊工作半径为 20 m左右，土建结构高度 19.5 m，用 150 t 的履带吊，能满足构件吊装的要求。钢构件吊装方法是钢结构施工过程中重要的组成部分，尤其是当场地狭小、施工面受到限制时，应选择合理的吊装方案，避免钢构件撞击建筑结构和固定塔吊（图 3-69）。

图 3-69　钢桁架吊装实景

**2）履带吊行走路线与站点布置**

履带吊主要用于主桁架和边桁架的吊装，行走路线与站点位置关系如图 3-45 所示。根据 PKPM 结构分析软件的计算结果，对地下室顶板进行临时加固，以满足履带吊在地下室顶板上行走时（空载）的最大值 65 kN/$m^2$ 和位于站点吊装时（满载）的最大值 140 kN/$m^2$。

沿着履带吊行走路线布置路基箱（图 3-70），其规格为 5 000 mm×1 000 mm×200 mm（长×宽×厚），可以降低地下室混凝土顶板受损的风险。路基箱下面铺 150 mm 砂垫层，可以达到均匀、柔性地传递荷载的目的。

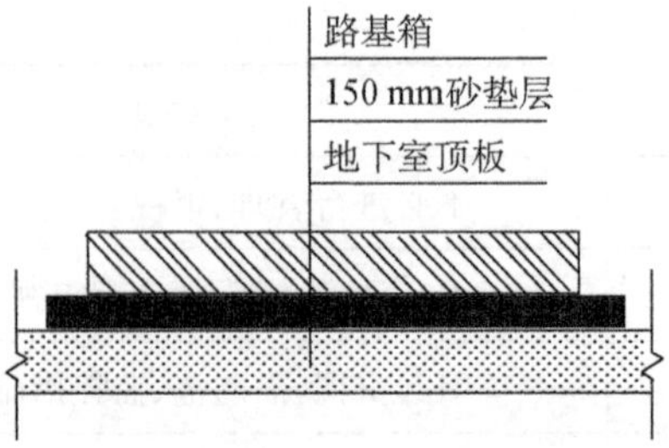


(a) 剖面图

(b) 施工现场实景

图 3-70　路基箱布置

吊车的站点加固，依据 PKPM 结构计算软件分析的结果，选用 $\phi$199×6 的钢管预压顶紧地下室的主次梁，现场施工时，按照履带吊的行走途径与站点，分别选择钢管布置间距为 2 m和 1 m。在站点位置进行加密处理。为了保证每根钢管都顶紧混凝土结构，通过控制千斤顶的压力以控制钢管的预压程度（图 3-71）。

**3）吊装操作措施**

(1) 从业人员要精干，设备要精良，做到持证上岗。

(2) 高空指挥与地面指挥相结合。

(a) 施压　　　　(b) 加固后实景

**图 3-71　吊车站点的混凝土结构加固**

(3) 每次履带起重机吊移位按照设置的指定路线和站点就位。

(4) 履带起重机安全装置要灵敏有效,控制吊机索具。

(5) 重型钢构件吊装过程中,按照吊装顺序施工,并采用电测法进行应力监测,确保安全可靠地进行吊装工作。

**4) 应急预案制订**

(1) 成立应急预案领导小组,制订施工应急预案计划。

(2) 领导小组全权处理一切应急预案事务。

(3) 应急预案人员准备就绪,一切应急预案物资全部到位。

(4) 安排好警戒人员,划定安全警戒区,非相关人员不得进入警戒区内。

(5) 若吊装过程中发现地下室顶板受破坏,造成一定程度的安全隐患,立即启动应急预案,按照应急预案措施进行加固抢险。

(6) 预案处理,研究并实施专项保护方案。

梅花形大跨度钢构件吊装施工中,勇于科学管理创新,实行风险管理,采取有效的技术措施和管理措施,规避了施工中的风险。为大跨度钢屋盖吊装施工积累了宝贵的风险管理经验,加快了工程进度,保证了工程质量和施工安全,为工程创优奠定了良好的基础。

## 3.5　索穹顶施工技术

### 3.5.1　索穹顶施工简介

梅花形钢结构屋盖花蕊部分采用刚性屋面索穹顶结构,这是当时亚洲第一座索穹顶工程应用实例。该结构体系由上弦脊索、下弦斜索、环索、压杆、外环受压环及内环刚性拉力环构成,是典型的肋环型(即 Geiger 型)索穹顶结构体系(图 3-72)。

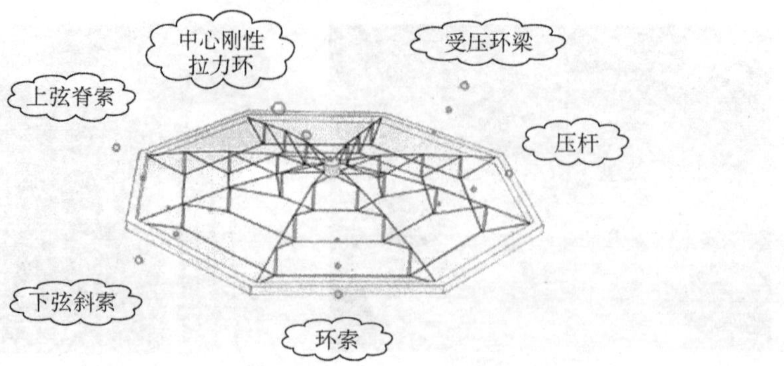


图 3-72 Geiger 型索穹顶结构体系构造图

该索穹顶结构平面为圆形(图 3-73),直径 24 m,矢高 2.109 m,屋面覆盖材料采用铝板和玻璃结合的刚性屋面。刚性屋面与下部索穹顶结构体系结合,在国内尚属首例,具有很强的创新性。

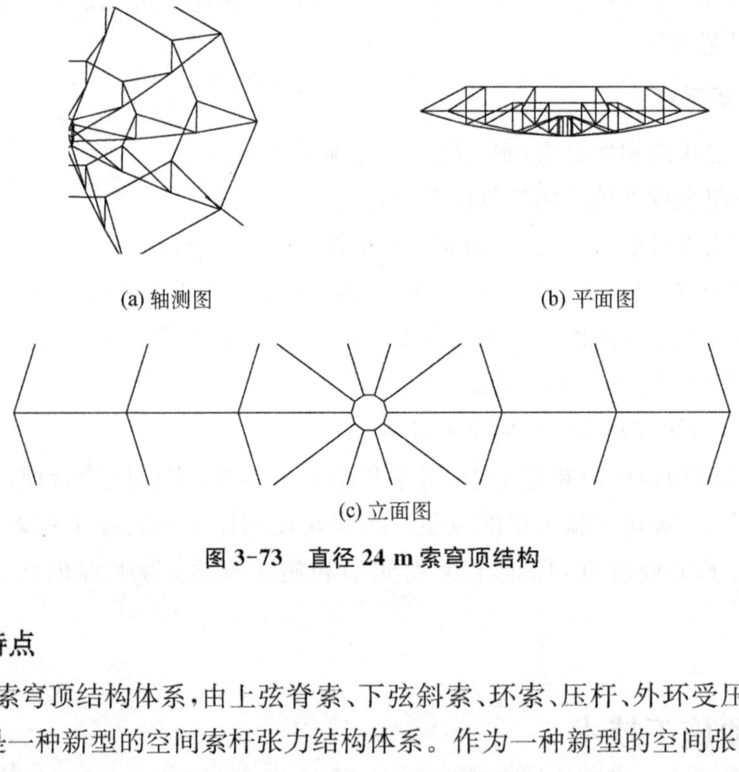

(a) 轴测图

(b) 平面图

(c) 立面图

图 3-73 直径 24 m 索穹顶结构

### 1) 结构特点

屋盖采用索穹顶结构体系,由上弦脊索、下弦斜索、环索、压杆、外环受压环及内环刚性拉力环构成,是一种新型的空间索杆张力结构体系。作为一种新型的空间张力结构体系,该种结构具有建筑造型美观、结构轻盈、用钢量小、结构效率极高及施工方便快捷等特点。由于索穹顶结构特有的几何拓扑关系和拉索的材料特性,决定了其必须通过施加合适的预应力后,才能形成结构刚度,具有承载力。

该工程索穹顶结构采用典型的肋环形,该形式的索穹顶结构超静定次数最少,结构受力最为明确,节点构造设计较为简单。本工程索穹顶结构体系设置 2 圈环索和一道中心刚性拉力环,下弦斜索及压杆共设 3 环,上弦脊索则采用一道连续的钢拉索。所有拉索索体采用成品平行钢丝束拉索。撑杆采用圆钢管，上端与脊索沿径向单向铰接，下端与索夹固接。

该工程屋面覆盖材料采用刚性屋面材料，设置传统的辐射状的在同一平面的主次檩条体系（图 3-74），上铺刚性屋面材料。

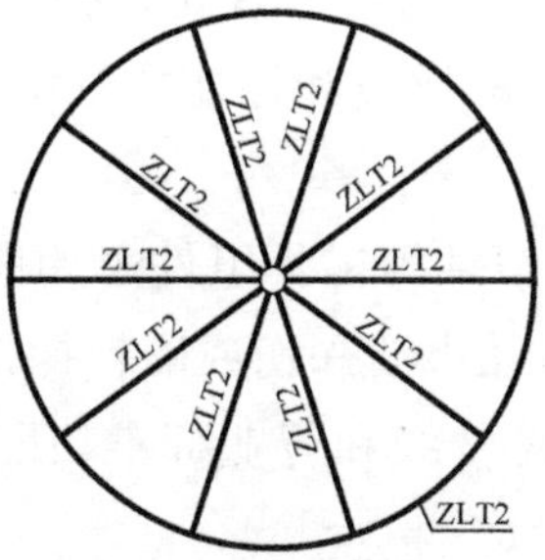


(a) 主檩布置

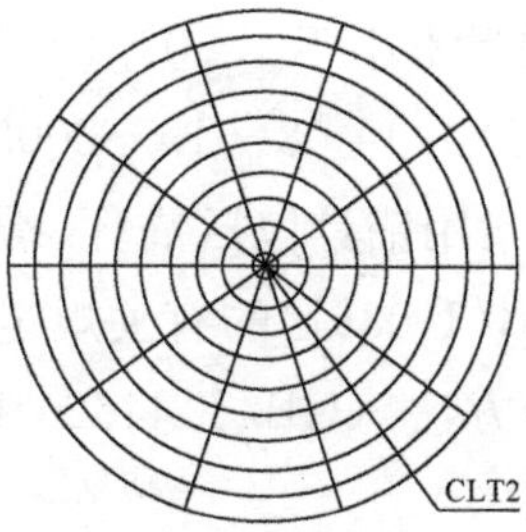


(b) 次檩布置

**图 3-74 檩条系布置示意图**

### 2) 拉索及管材

该工程拉索索材为外包双层 PE 的 1 670 MPa 级半平行钢丝束，拉索具体规格见表 3-9。

**表 3-9 拉索索材和规格表**

| 拉索编号 | 拉索规格 | 材质 | 轴线长度 | 数量 |
|---|---|---|---|---|
| | | | (mm) | 根 |
| JS | PES(C)5-073 | 抗拉标准强度≥1 670 MPa | 11 641 | 10 |
| HS1 | PES(C)5-073 | | 25 340 | 2 |
| XS1 | PES(C)5-055 | | 4 297 | 10 |
| HS2 | PES(C)5-055 | | 27 193 | 1 |
| XS2 | PES(C)5-031 | | 4 207 | 10 |
| XS3 | PES(C)5-019 | | 4 042 | 10 |

该工程压杆及中心刚性拉力环采用圆钢管制作，钢管具体规格见表 3-10。

**表 3-10 钢管规格表**

| 构件编号 | 规格 | 材质 | 轴线长度 | 数量 |
|---|---|---|---|---|
| | | | (mm) | 根 |
| 撑杆 1 | $\phi133\times8$ | Q345B | 3 150 | 10 |
| 撑杆 2 | $\phi114\times8$ | | 2 500 | 10 |
| 撑杆 3 | $\phi89\times6$ | | 1 650 | 10 |
| 内拉环 | $\phi180\times16$ | G20Mn5QT(调质) | 3 770 | 2 |

### 3.5.2 结构设计对拉索及其相关施工的要求

(1) 高强度钢丝束索,该工程所有拉索索体采用 $\phi 5$ mm 高强度镀锌钢丝,其质量和性能应满足《桥梁缆索用热镀锌钢丝》(GB/T 17101)中的有关规定。拉索抗拉强度不小于 1 670 MPa,弹性模量不小于 $1.90\times10^5$ MPa。拉索的质量和性能指标应满足《建筑结构用索应用技术规程》(DG/TJ 08-019—2005)的规定。

(2) 该工程拉索用锚具包括锚环、螺杆、螺母、销轴等锚具组件采用锻件,应符合《锻件通用技术条件》(YB/T 0367)的有关规定,并应进行超声波探伤或磁粉探伤,探伤应符合《锻轧钢棒超声波检验方法》(GB/T 4162)中的 A 级或 B 级和行业标准《压力容器无损检测》(JB 4730)Ⅲ级要求。

(3) 各锚具组件应作表面镀锌或表面涂装处理,电镀锌件(主要零件)在镀后应脱氢处理。锚具的强度应符合钢索破断后而锚具和连接件均不能破断的准则。锚具连接板及索具的尺寸可根据产品的情况进行调整,但不能小于节点图中的尺寸。

(4) 索穹顶索杆体系的各构件的制作和加工应满足《建筑结构用索应用技术规程》(DG/TJ 08-019—2005)的要求。

(5) 钢丝束索体应根据设计要求在工厂对索体进行测长,标记和下料,索长下料应考虑预应力和温度。

(6) 所有张拉及测长仪器使用前应进行检测和标定。

(7) 索穹顶结构支座节点、拉索连接节点等应在工厂加工完成。

(8) 索穹顶结构构件的安装,必须在下部混凝土结构满足设计要求,并检测支座位置、标高后进行。

(9) 索穹顶结构索杆体系的各构件的安装施工应满足《建筑结构用索应用技术规程》(DG/TJ 08-019—2005)要求。

(10) 索穹顶结构索杆体系的安装、张拉的顺序、分级、标高的控制、索力的大小应按照预应力施工张拉分析报告进行。

(11) 索穹顶结构索杆体系的张拉施工应在支座节点、铸钢连接节点、中心拉力环达到设计要求和施工精度要求后进行。

(12) 整个张拉成型过程中,应辅以应力和变形监测,最终满足设计要求。

(13) 应采取有效措施确保竖杆下节点在环索受力后该节点仍能夹住连续环索,不得在环索表面滑动。

(14) 应采取有效措施确保在最不利荷载工况下,脊索索夹仍能夹住连续脊索,确保不滑动,需对索夹进行抗滑移试验。

(15) 索穹顶结构索杆体系的各构件的防护和维护应满足《建筑结构用索应用技术规程》(DG/TJ 08-019—2005)的规定。

### 3.5.3　拉索施工的难点

索穹顶结构需要通过施加预应力，才能形成结构刚度，预应力施工水平及质量对结构的内力分布及形状影响较大，因此索穹顶结构施工的最大难题就是，如何保证结构的“力到、形到”。

(1) 拉索的下料制作

索穹顶结构体系中，拉索数量较多，且大多数拉索都是按原长无应力下料，被动张拉到设计索力。因此拉索的制作下料长度必须严格控制，就目前国内的制作水平看，有一定的难度。采取的具体措施为：结合相应规范的规定及索体的长度，在订货时要求提供的成品索长与设计值相比在±10 mm以内。

(2) 拉索安装方法

结合施工现场条件(图 3-75)，索穹顶成形于标高 16.55 m 至 18.66 m 高度，采用满堂支架安装费用较高，支架必须从地下室底板上开始。采用的安装方法总体思路为无支架安装，进行安装方法必须创新。

图 3-75　施工现场索穹顶安装位置

(3) 拉索张拉方法

索穹顶预应力的建立方法不同于普通预应力钢结构。由于张拉整体索杆体系中的径向索、环索及压杆构件为一有机整体，索力与撑杆内力是密切相关的，相互影响、互为依托。对其中任何一类构件进行张拉，均可在其他两类构件中建立相应的预应力，也就是说均能达到同样的预应力效果。因此本工程拉索张拉可选择方法有：撑杆调节法、环索张拉法和径向索张拉法。但对于具体施工来说，不同的张拉方法将与所采用的节点构造、张拉机具、施工工艺等有关。因此,须进行详尽的综合考虑和具体分析后,根据本工程的特点,最终确定合理的张拉方法,并在满足结构中建立设计所要求预应力值的基础上,力求施工方便、节点构造简单、美观、容易控制误差和各索的线形等。

此外,对于该工程而言,不论采取何种拉索张拉方法,一般均需要对所有拉索同时同步施加预应力,这对张拉设备及张拉工艺要求较高。

(4) 节点设计

该工程压杆上、下端拉索节点空间性强、受力复杂、空间定位要求准确。因此,在进行索节点构造设计时,除需考虑准确定位和受力安全外,还应满足拉索实际施工的要求(包括拉索安装和张拉)。

### 3.5.4 拉索的施工总体方案

**1) 方案**

根据该工程的特点和张拉设备能力,经多次讨论后拟采用同步张拉最外环斜索的方法在结构中建立所需的预应力值。拉索施工总体方案如下:

(1) 在索穹顶外环梁支座附近安装钢绞线提升装置,安装外环脊索的牵引索和连接中心拉力环的工装索,牵引索和工装索的具体长度由计算确定。

(2) 在地下室底板上铺放脊索系和安装铸钢脊索索夹,连接中心拉力环。脊索安装完毕之后,将脊索外端和中心拉力环提升至离地下室底板约 2～3 m 的指定高度。

(3) 依次安装撑杆、环索和斜索,完成索杆结构的初步成形组装。

(4) 牵引外脊索和中心环的工装索。四点牵引固定于中心拉力环上部的工装索(提升钢绞线),并同步 10 点牵引外环脊索,伴随中心拉力环提升,整个脊索网得到缓慢提升,实施无支架的安装。在中心拉力环、中环索和外环索间拉安全防坠落绳网。

(5) 提升中心拉力环至指定标高处,牵引外环脊索到达支座位置,对称进行外环脊索索头的连接安装。

(6) 外脊索安装就位后,撤除外脊索和中心拉力环的提升钢绞线,安装外斜索的牵引钢丝绳。

(7) 牵引外环斜索到达支座位置处,对称进行外环斜索索头的连接安装。

(8) 同步分级张拉外环所有斜索。

(9) 拉索张拉完毕后,利用绳网及吊笼对索夹进行二次拧紧。

(10) 安装刚性檩条系统,铺设屋面。

**2) 图示施工过程**

(1) 如图 3-76 所示,在索穹顶外环梁支座附近安装中心拉力环牵引工装索的提升钢绞线,安装连接于外环脊索的牵引索。

(2) 如图 3-77 所示,脊索安装完毕之后,将脊索外端和中心拉力环提升至指定标高。

(3) 如图 3-78 所示,依次安装撑杆、环索和斜索,完成索杆结构的初步成形组装。

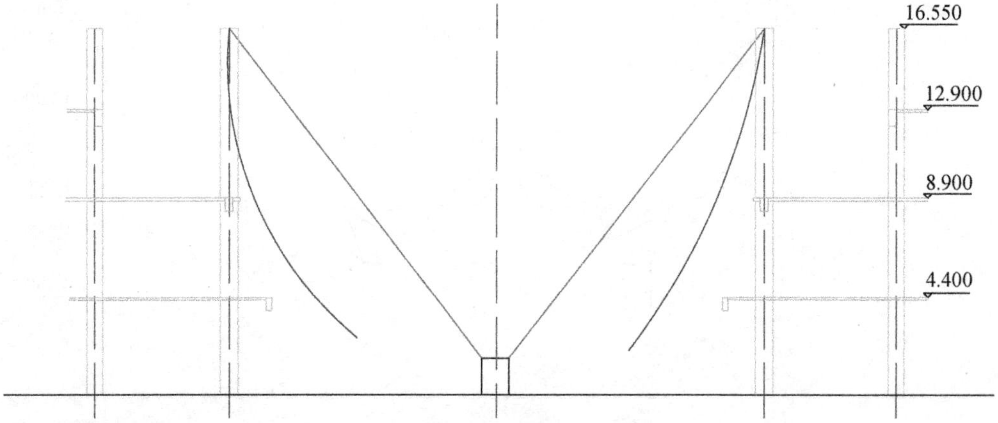


图 3-76　安装拉力环和牵引索

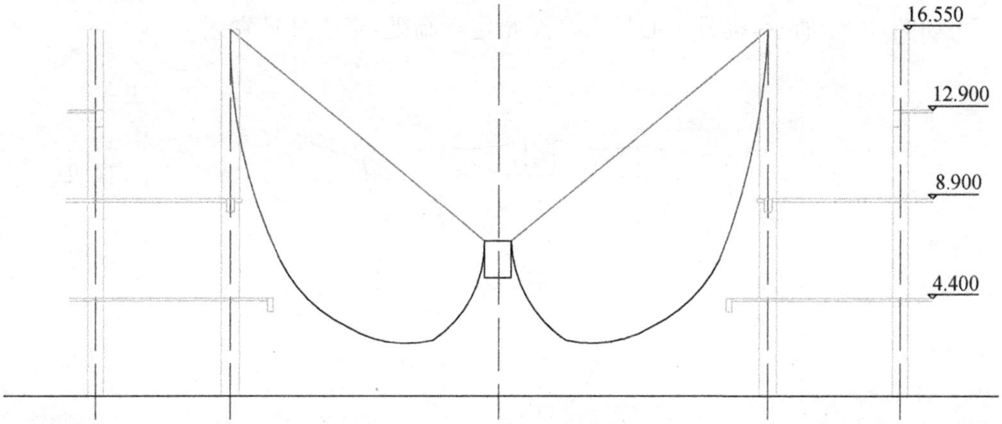


图 3-77　初提升脊索和拉力环

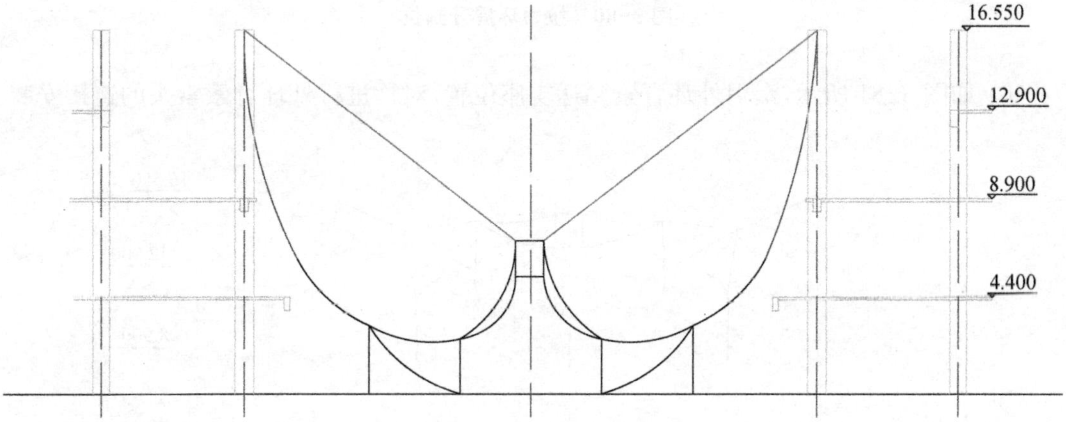


图 3-78　初步安装成形

(4) 如图 3-79 所示，四点牵引固定于中心拉力环上部的提升钢绞线工装索，并同步 10 点牵引外环脊索，伴随中心拉力环提升，整个脊索网得到缓慢提升。

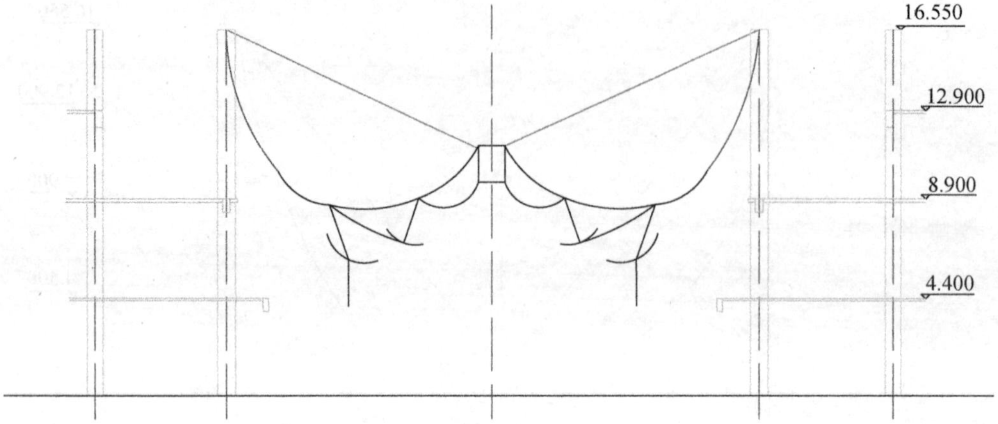


图 3-79　同步提升

（5）如图 3-80 所示，提升中心拉力环至指定标高处，牵引外环脊索。

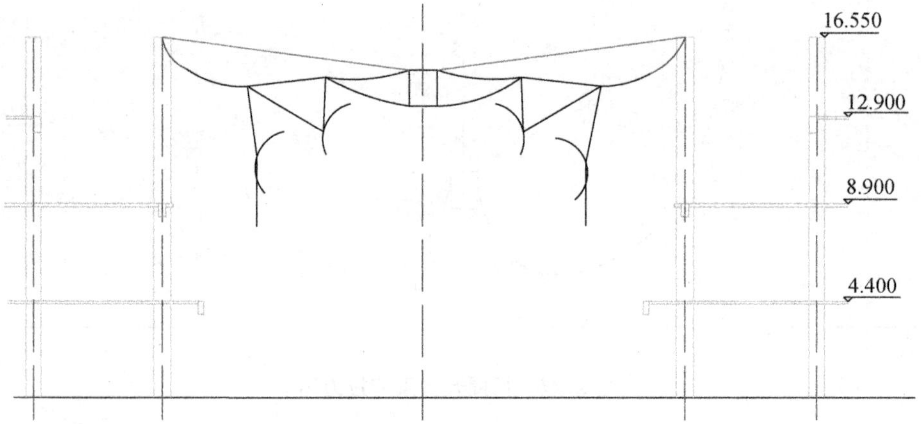


图 3-80　拉力环提升到位

（6）如图 3-81 所示，牵引外环脊索到达支座位置，对称进行外环脊索索头的连接安装。

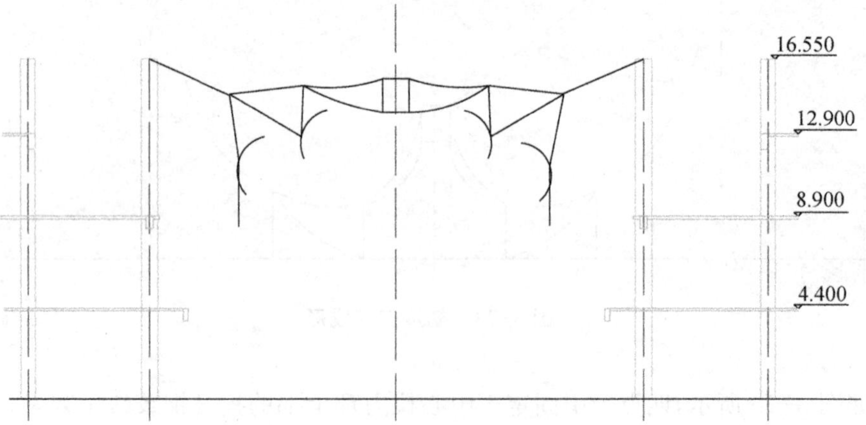


图 3-81　连接安装外环脊索索头

(7) 如图 3-82 所示，外脊索安装就位后，撤除外脊索和中心拉力环的提升钢绞线，安装外斜索的牵引钢丝绳。

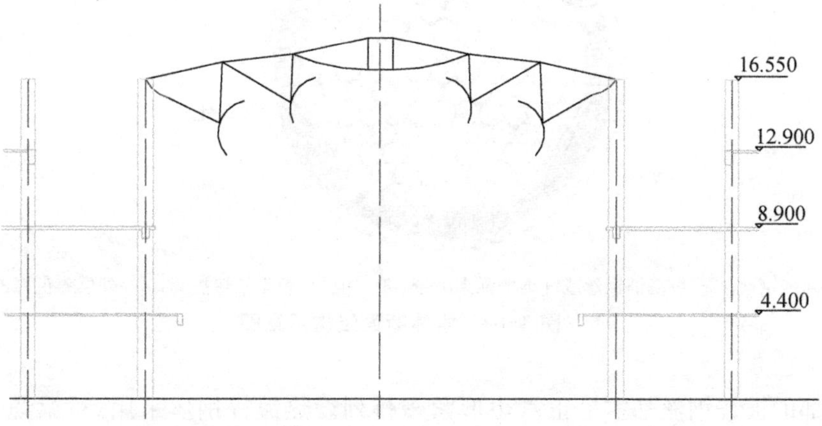


**图 3-82　安装外斜索的牵引钢丝绳**

(8) 如图 3-83 所示，同步分级张拉外环所有斜索，结构张拉成形。

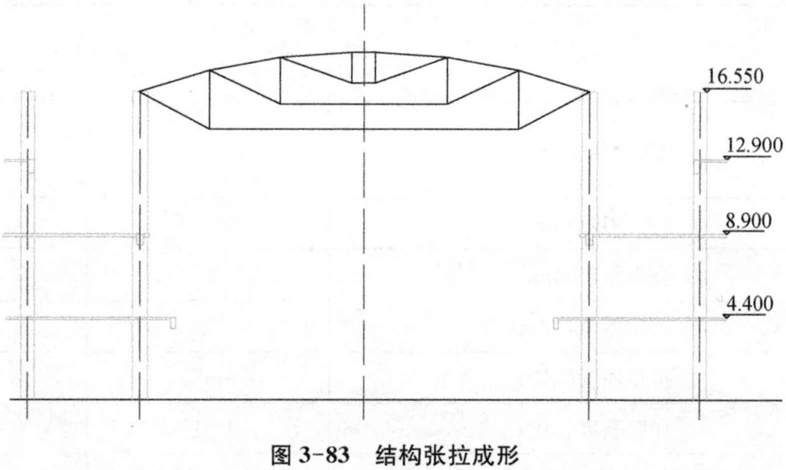


**图 3-83　结构张拉成形**

### 3.5.5　拉索材料

#### 1) 钢丝束索材料

该工程采用 1670 级 $\phi 5$ 镀锌钢丝双护层扭绞型拉索，内层 PE 为黑色耐老化高密度聚乙烯(HDPE)，外层为灰色 PE(具体颜色由建筑师确定)。索体断面结构如图 3-84 所示。

拉索索体由芯部镀锌钢丝、高强绕包带、PE 塑料护套三部分组成。拉索的技术条件参照《斜拉桥热挤聚乙烯拉索技术条件》(GB/T 18365—2001)以及《塑料护套平行钢丝拉索》(GJ 3058—1996)执行。

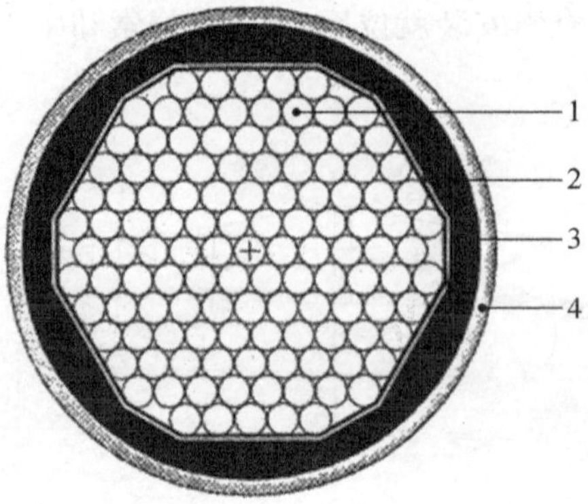


1—镀锌高强钢丝；2—缠绕细钢丝或纤维增强聚酯带；3—内层黑色聚乙烯护套；4—外层彩色聚乙烯护套

**图 3-84　索体断面结构示意图**

(1) 芯部的镀锌钢丝基本呈正六边形紧密排列。热镀锌钢丝采用《桥梁缆索用热镀锌钢丝》(GB/T 17101—1997)和《建筑缆索用钢丝》(CJ 3077—1998)。按设计要求强度级别为 1 670 级的 $\phi5$ 热镀锌钢丝，主要技术条件见表 3-11 和表 3-12。

**表 3-11　拉索用 1670 级 $\phi5$ 热镀锌钢丝主要技术条件**

| 序号 | 项目 | 标准 | |
|---|---|---|---|
| | | GB/T 17101—1997 | CJ 3077—1998 |
| 1 | 直径及偏差(mm) | 5±0.06 | 5 +0.04 / −0.02 |
| 2 | 不圆度(mm) | ≤0.06 | ≤0.03 |
| 3 | 公称面积($mm^2$) | 19.6 | 19.6 |
| 4 | 公称重量(g/m) | 154 | 154 |
| 5 | 抗拉强度(MPa) | 1 670 | 1 670 |
| 6 | 屈服强度(MPa) | 1 410 | 1 410 |
| 7 | 延伸率($L_0$=250 mm) | ≥4.0% | ≥4.0% |
| 8 | 反复弯曲(次) | ≥4($R$=20 mm) | ≥4($R$=15 mm) |
| 9 | 缠绕(3 d) | 8 圈 | 8 圈 |
| 10 | 松弛率(0.7G.U.S.T. 1 000 h) | ≤2.5% | ≤2.5% |
| 11 | 应力疲劳(0.45G.U.S.T) Δ=360 MPa | 200 万次 | 200 万次 |
| 12 | 弹性模量(GPa) | 190～210 | 195～210 |
| 13 | 镀层附着力(5 d) | 8 圈 | 2 圈 |
| 14 | 碳酸铜试验(次/分) | ≥4 | ≥4 |

（续表）

| 序号 | 项目 | 标准 | |
|---|---|---|---|
| | | GB/T 17101—1997 | CJ 3077—1998 |
| 15 | 镀层重量（$g/m^2$） | ≥300 | ≥300 |
| 16 | 冷镦性能 | 冷镦成蘑菇形，无横裂纹 | 5×（1.5±0.1） |
| 17 | 直线性（mm/m） | ≤30 | ≤30 |

**表 3-12　热挤聚乙烯高强钢丝拉索的钢丝力学性能表（GB/T 18365—2001）**

| 公称直径（mm） | 抗拉强度（MPa）≥ | 规定非比例伸长应力（MPa） | | | 伸长率 | 弯曲次数 | | 松弛性能 | | |
|---|---|---|---|---|---|---|---|---|---|---|
| | | 无松弛要求≥ | Ⅰ级松弛要求≥ | Ⅱ级松弛要求≥ | $L_0$=250 mm | 次数/180° | 弯曲半径（mm） | 初始应力为公称抗拉强度的百分数 | 1 000 h应力不大于 | |
| | | | | | | | | | Ⅰ级松弛 | Ⅱ级松弛 |
| | 1 570 | 1 180 | 1 250 | 1 330 | | | | | | |
| 5 | 1 670 | 1 250 | 1 330 | 1 410 | ≥4% | ≥4 | 15 | 70% | 8% | 2.5% |
| | 1 670 | | | 1 410 | | | | | | |

注：钢丝按公称面积确定其荷载值，公称面积应包括锌层厚度在内。

对于拉索用的钢丝，其抗拉强度应确保1 670 MPa以上，并应为低松弛钢丝，有良好的冷镦性能，在订货时做冷镦试验，以确保良好的延性。

（2）经编排成六角形的钢丝外侧使用聚酯薄膜复合高强绕包带缠绕，其带宽40 mm，抗拉强度每厘米带宽不低于250 N。

（3）PE塑料护套采用内层为掺碳黑的黑色高密度聚乙烯，该材料在直接承受大气环境因素下，具有良好的抗老化寿命，其黑色聚乙烯护套料的技术条件如表3-13所示。

**表 3-13　黑色聚乙烯护套料的技术条件表**

| 序号 | 项　目 | 技术指标 |
|---|---|---|
| 1 | 密度 | 0.942～0.978 $g/cm^3$ |
| 2 | 熔融指数 | ≤0.2 g/10 min |
| 3 | 拉伸强度 | ≥20 MPa |
| 4 | 断裂伸长率 | ≥600% |
| 5 | 邵氏硬度 | ≥60 |
| 6 | 维卡软化点 | ≥115 ℃ |
| 7 | 冲击强度 | ≥25 $kJ/m^2$ |

（续表）

| 序号 | 项　目 | 技术指标 |
| --- | --- | --- |
| 8 | 耐热应力开裂 | ≥96 h |
| 9 | 耐环境应力开裂 | ≥1 500 h |
| 10 | 碳黑含量 | 2.3±0.3% |
| 11 | 脆化温度 | ≤−70 ℃ |
| 12 | 碳黑粒度 | ≤20 μm |
| 13 | 碳黑分散性、分散度、吸收系数 | ≥6 分 |
| 14 | 100 ℃、168 h 空气箱老化，拉伸强度保留率、断裂伸长率、保留率 | ≥85% |

索体表面应采用与场馆环境颜色协调的 PE 护套，该层厚度为 2.5 mm。彩色高密度聚乙烯技术条件如表 3-14 所示。

**表 3-14　彩色高密度聚乙烯技术条件表**

| 序号 | 项　目 | 技术指标 |
| --- | --- | --- |
| 1 | 密度 | 0.942～0.978 $g/cm^3$ |
| 2 | 熔融指数 | ≤0.45 g/10 min |
| 3 | 拉伸强度 | ≥20 MPa |
| 4 | 断裂伸长率 | ≥600% |
| 5 | 邵氏硬度 | ≥60 |
| 6 | 维卡软化点 | ≥110 ℃ |
| 7 | 脆化温度 | ≤−70 ℃ |
| 8 | 冲击强度 | ≥25 $kJ/m^2$ |
| 9 | 耐热应力开裂 | ≥96 h |
| 10 | 耐环境应力开裂 | ≥1 500 h |
| 11 | 100 ℃、168 h 空气箱老化，拉伸强度保留率、断裂伸长率、保留率 | ≥85% |
| 12 | 耐光色牢度 | ≥7 级 |

**2）热铸锚具材料**

(1) 对锚杯、锚杆等构件采用 45 钢锻件调质，螺母采用 Q235 钢，优质炭素结构钢的技术性能应符合《优质碳素结构钢》(GB/T 699)的有关规定；轴销采用 40Cr 合金钢，合金结构钢的技术性能应符合《合金结构钢》(GB/T 3077)的有关规定。采用铸钢件时，其技术性能应符合《一般工程用铸造碳钢件》(GB/T 11352)中的有关规定。其他构件材质应满足设计要求，并符合相应的国家或行业标准。

(2) 铸体材料。铸体材料为锌铜合金，其中锌含量为(98±2)%，铜含量为(2±0.2)%。锌、铜原材料应符合锌锭(GB/T 470)、阴极铜(GB/T 467)的要求。

### 3.5.6　拉索制作

索体制作应严格执行《塑料护套半平行钢丝拉索》(GJ 3058—1996)以及《斜拉桥热挤聚乙烯拉索技术条件》(GB/T 18365—2001)对拉索的总体要求。

**1) 本工程钢丝束索规格和索头形式**

(1) 本工程拉索规格及其力学性能(表 3-15)

表 3-15　钢丝束索规格及其力学性能表

| 拉索编号 | 规格 | 锚具 | 双护层索直径(mm) | 钢丝束面积($mm^2$) | 钢丝束线重(kg/m) | 索体线重(kg/m) | 标称破断载荷(kN) |
|---|---|---|---|---|---|---|---|
| JS | PES(C)5-073 | 热铸锚 | 64 | 1 433 | 11.2 | 12.3 | 2 394 |
| HS1 | PES(C)5-073 | 热铸锚 | 64 | 1 434 | 12.2 | 13.3 | 2 394 |
| XS1 | PES(C)5-055 | 热铸锚 | 56 | 1 080 | 8.5 | 9.8 | 1 803 |
| HS2 | PES(C)5-055 | 热铸锚 | 56 | 1 080 | 8.5 | 9.8 | 1 803 |
| XS2 | PES(C)5-031 | 热铸锚 | 45 | 609 | 4.8 | 5.7 | 1 017 |
| XS3 | PES(C)5-019 | 热铸锚 | 40 | 373 | 2.9 | 3.4 | 627 |

(2) 斜索及脊索连接索头形式

斜索及脊索索头采用形式，详见图 3-85。

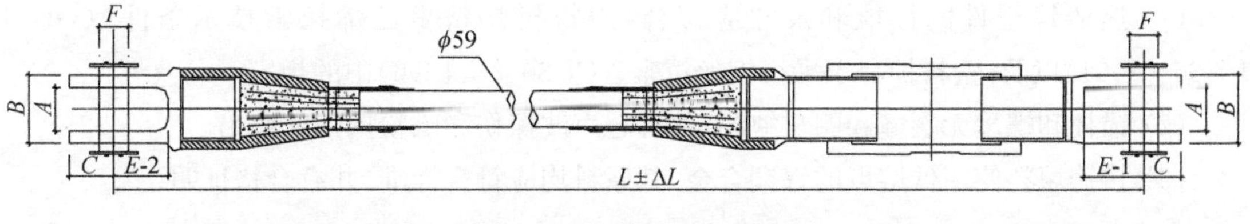


图 3-85　索体索头示意图

(3) 环索分段及其连接索头形式

考虑环索节点形式简洁和施工方便的需要，同时在保证结构预应力均匀的基础上，将外环环索分为 2 段，中环的环索分成 1 段，即外环设置 2 个索段连接点，中环设置 1 个连接点。环索分段点详见图 3-86。

环索索头采用热铸锚，相邻环索冷铸锚之间采用单螺杆连接，螺杆材料为 45 钢调质件，详见图 3-87。

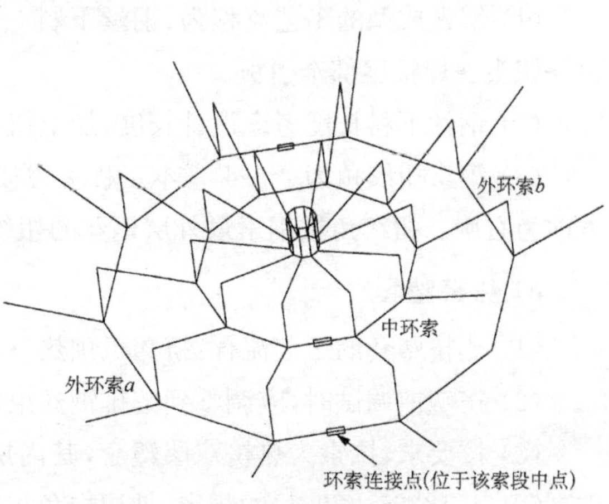


图 3-86　环索分段点示意图

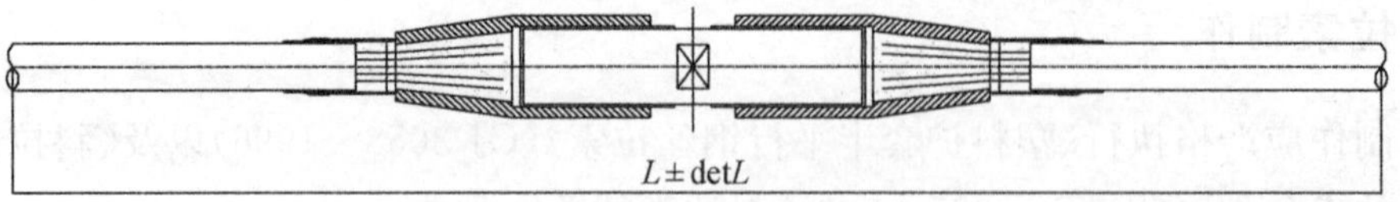


图 3-87　环索索头和连接示意图

**2）镀锌钢丝进厂及验收**

（1）镀锌钢丝按《桥梁缆索用热镀锌钢丝》(GB/T 17101—1997)规定执行，光面钢丝的主要性能不低于《预应力混凝土用钢丝》(GB 5223—1995)的规定。

（2）钢丝进厂有质量保证单，按单进行验收，每批按同一炉号抽检 5%的盘数(不少于 3 盘)，进行抗拉强度、延伸率、弯曲次数等关键力学指标做试验，合格后方可进入生产线。

（3）镀锌钢丝厂应提供松弛试验和疲劳试验的报告。

**3）聚乙烯(PE)护套料进场及验收**

（1）内层耐老化黑色 PE 以及表层彩色的高密度聚乙烯护套料，其性能不低于《斜拉桥热挤聚乙烯拉索技术条件》(GB/T 18365—2001)以及《塑料护套半平行钢丝拉索》(CJ 3058—1996)中规定。

（2）购进的 PE 护套料有质量保证单和合格证，黑色 PE 采用进口 PE 料，应有商检部门提供的检测报告。

**4）热铸锚具及填料进厂及验收**

（1）热铸锚组件的性能和尺寸应符合《斜拉桥热挤聚乙烯拉索技术条件》(GB/T 18365—2001)以及《塑料护套半平行钢丝拉索》(CJ 3058—1996)中的规定。

（2）锚杯和螺母无裂缝和明显缺陷，并有超声波探伤和磁粉探伤证明书。

（3）热铸填料使用低熔点的锌铜合金，其原料均应符合标准，并有合格证明。

**5）编索成型**

（1）编索成型的工艺流程为：钢丝下料→排列、梳编、并拢成型→焊接牵引板→扭绞缠包→切头→焊接尾部牵引板。

（2）钢丝下料长度考虑设计长度，加上扭绞增加的长度，钢索切头长度。

（3）钢索扭绞角为 2°～4°。本工程考虑按扭绞角为 2.5°生产，扭绞方向为左旋，缠包机方向为右旋。扭绞角按钢索最外层钢丝的扭绞角为准。

**6）热挤塑套**

（1）热挤塑套的工艺流程：挤塑机预热→挤塑→冷却→第一层外包装→牵引到位。

（2）挤塑前调试时，应调整到密排钢丝束位于芯部，四周的塑料层厚度均匀。

（3）按要求，拉索为热挤双层塑套，其内层厚度应符合《斜拉桥热挤聚乙烯拉索技术条件》(GB/T 18365—2001)的规定，外层白色护套厚度为 2.5 mm。

**7）精下料**

(1) 为保证设计索长的要求，索体制作后精下料的流程为：计算→复核→测量→检验→标记。

(2) 精下料用 50 m 钢尺量测，精下料长度计算考虑钢丝设计长度，断索预留余量以及钢尺校正系数。

(3) 精下料切割线用锯痕表示，锯痕两边用油漆笔标上箭头，并写上缆索编号。

**8）锚具组装**

(1) 锚具组装的程序为：断索→第二层包装→装锚→剥头→穿丝→封堵预热→浇铸→冷却→顶压。

(2) 拉索精下料后，尽快按切割线切断。

(3) 钢丝进入锥体内散开应均匀，必要时用铁丝辅助分离。

(4) 对于热铸锚：浇铸锌铜合金填料时，热铸锚的锚杯应预热，浇铸应密实，浇铸温度宜控制在(450±10) ℃范围。

(5) 热铸锚头冷却后，将索头置于反力架上，用千斤顶对锥塞进行顶压，顶压力为 0.2 倍标称破断力，持荷 5 min，以消除锥塞体的收缩间隙。

**9）张拉卷盘包装**

(1) 每根成品索在出厂前必须有超张拉，合格后方可出厂。

(2) 张拉按工艺卡的要求分步进行，张拉前对千斤顶、油泵、油压表等进行标定。

(3) 拉索出厂前检验时超张拉力取 1.2～1.4 倍设计索力，拉索总承载力满足静载下不小于公称破断索力的 95%。

(4) 由于实际使用中，拉索在张力下会伸长，索夹的位置亦随之在变动。为确保使用状态下，各撑杆目视基本平行，因此，采取在工厂制索过程中，对槽道内的成品索出厂前进行超张拉时，按使用荷载下的索力值在塑料 PE 套管上用油漆笔标出每个索夹的安装位置。

(5) 成品拉索盘绕出厂时，按正常采用索盘盘筒直径不小于 20 倍索径，并不小于 1.8 m。拉索成盘后，对锚头进行防锈处理并定位可靠，系上合格证、编号、质量保证单等。

### 3.5.7 索夹设计与抗滑验算

**1）索夹设计**

索夹采用铸钢件，材质为：GS－20Mn5QT，热处理状态为调质(参照德国规范 DIN17182)。其材性指标见表 3-16 和表 3-17。

为保证索夹与环索之间不相对滑动，索夹与环索接触的内侧面应用电焊条拉毛刺，毛刺高度应为 1～2 mm。另外，上、下索夹之间的螺栓在拉索张拉后二次拧紧。索夹的拧紧螺栓采用内六角沉头螺栓，材质为 12.9 级高强螺栓。上、下索夹应配对制孔，螺栓孔具体尺寸须与相应的螺栓匹配。

表 3-16　铸钢件化学成分表(%)

| 牌号 | C | Si | Mn | P | S |
|---|---|---|---|---|---|
| Gs-20Mn5QT | 0.17～0.23 | ≤0.6 | 1.0～1.5 | ≤0.020 | ≤0.020 |
| | Cr | Mo | Ni | Ceq | |
| | ≤0.3 | ≤0.15 | ≤0.40 | ≤0.45 | |

注:Ceq=C+Mn/6+(Cr+Mo+V)/5+(Cu+Ni)/15(%)。

表 3-17　铸钢件力学性能表

| 牌号 | 热处理状态 | 铸件壁厚(mm) | 屈服强度(MPa) | 抗拉强度(MPa) | 断后伸长率(%) | 冲击功(J) |
|---|---|---|---|---|---|---|
| Gs-20Mn5QT | 调制 | ≤50 | ≥300 | 500～650 | ≥22 | ≥55 |
| | | >50<br>≤100 | ≥260 | 500～650 | ≥22 | ≥55 |
| | | >100<br>≤160 | ≥260 | 500～650 | ≥22 | ≥40 |
| | | >160 | ≥240 | 500～650 | ≥22 | ≥40 |

脊索索夹采用外六角螺钉连接,选用外环 M27 和中环 M20 10.9 级螺钉,螺钉孔上、下索夹应配对制孔,其具体尺寸须与相应的螺钉匹配。螺栓的拧紧力矩由摩擦试验确定。脊索索夹上下合成的孔 $\phi$48.6,以及两端扩大的孔 $\phi$64 采用铸造后合成镗孔精加工成孔。折点处及端口部需打磨圆滑。索夹分类及编号详见图 3-88,索夹具体尺寸详见加工制作图(图 3-89～图 3-91)。

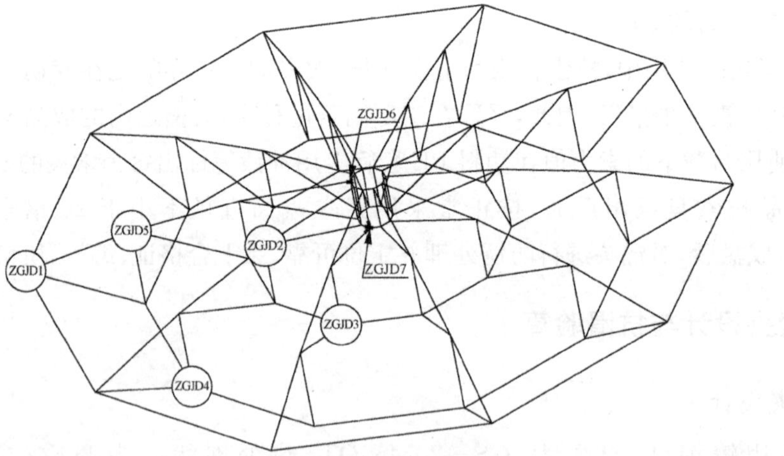


图 3-88　索夹分类及编号图

**2) 抗滑力验算**

由设计院提供的预应力平衡态下的上弦脊索索力分别为:648.34 kN, 455.89 kN, 375.59 kN,由于荷载态下,脊索索力是不断减小的,可得 ZGJD5 最大滑移力为 192.45 kN, ZGJD2 最大滑移力为 80.3 kN。

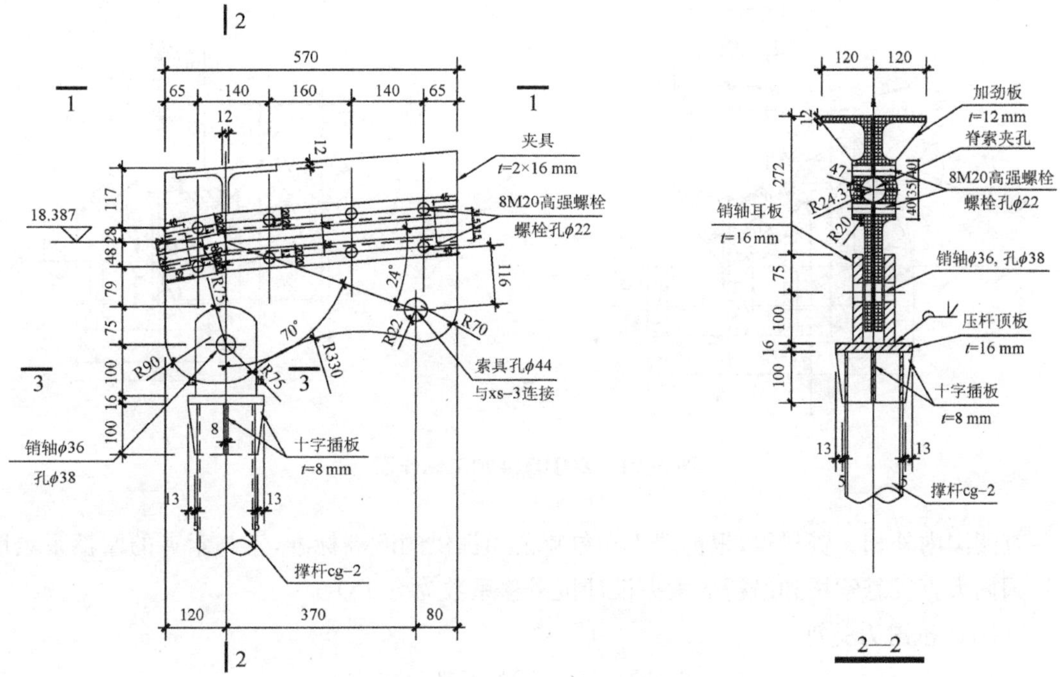


图 3-89　ZGJD2 加工制作图

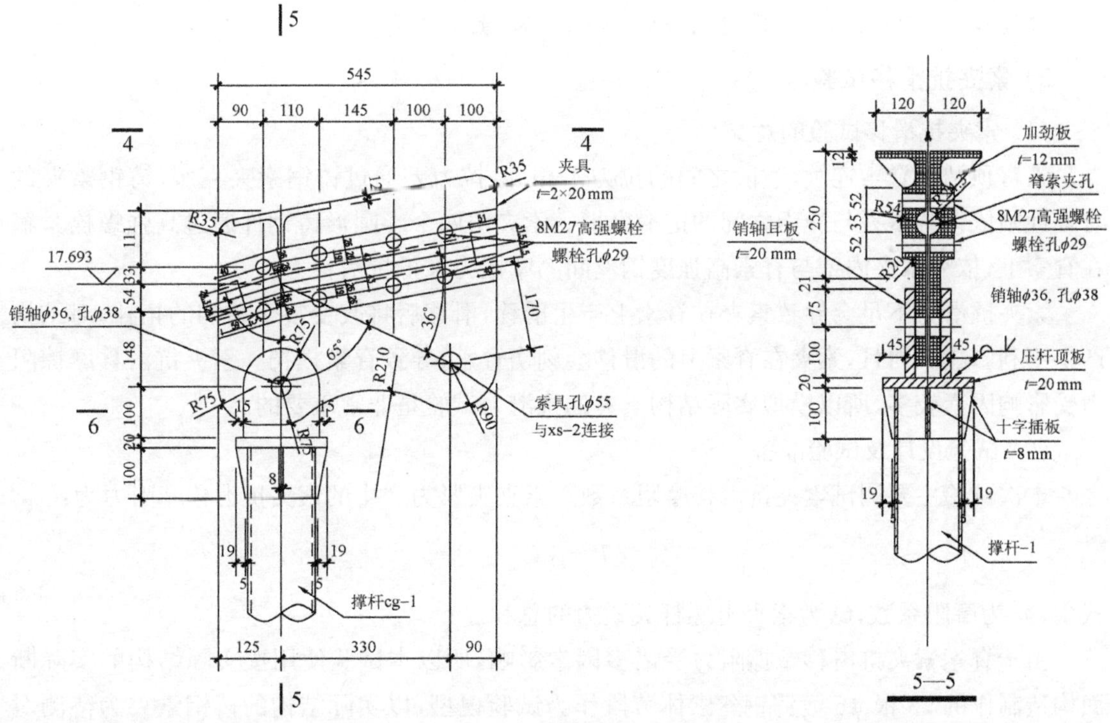


图 3-90　ZGJD5 加工制作图

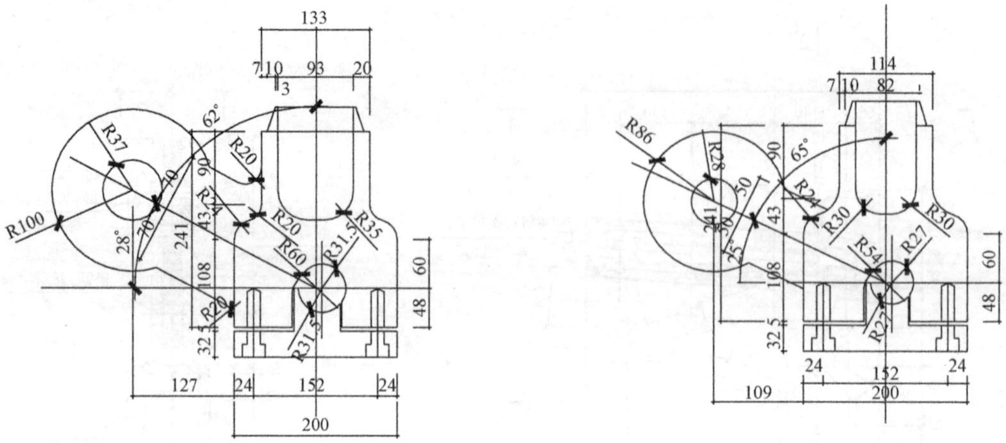


**图 3-91 ZGJD3、4 加工制作图**

查阅国内外相关资料得，根据瑞士布鲁克公司提供的欧洲标准，索与索夹的摩擦系数取 0.1(国内大直径悬索桥和吊桥的索夹设计抗滑移系数为 0.15)。

ZGJD5 抗滑力验算：

8M24：$P=8\times225\times0.1=180\ \text{kN}<192\ \text{kN}$，不满足要求。

8M27：$P=8\times290\times0.1=232\ \text{kN}>192\ \text{kN}$，满足要求。

ZGJD2 抗滑力验算：

8M20：$P=8\times155\times0.1=124\ \text{kN}>80.3\ \text{kN}$，满足要求。

### 3) 索夹抗滑移试验

(1) 索夹抗滑移试验的意义

索穹顶结构脊索连续，索段之间的拉力不相等，拉力差通过铸钢索夹克服，铸钢索夹的有效性则依赖各索夹与脊索之间的抗滑摩擦。索夹由两个半圆形铸钢件通过高强螺栓紧箍在脊索上，依靠索夹内壁与脊索高强度钢丝间的摩擦力来抵抗滑移力。

索夹抗滑力不足会导致索夹在脊索上产生滑移，滑移后将改变整个结构的拓扑，对结构产生不利影响。而且，索夹在脊索上的滑移会刻伤脊索，导致脊索损伤。索夹抗滑移摩擦阻力受影响因素较多，所以模拟实际结构索夹的抗滑力试验是非常重要的。

(2) 试验设计及试验准备

本次试验主要测试索夹抗滑移摩阻系数。索夹夹紧力产生的索夹抗滑移摩阻力为：

$$F=\mu Q$$

式中，$\mu$ 为摩阻系数；$Q$ 为索夹上螺杆夹紧力的总和。

由于脊索索夹抗滑移摩擦阻力受诸多因素影响，所以本试验使用按实际结构的实际断面构造制作的 73 根 $\phi5$ 镀锌钢丝索体节段作为试验模型，以实际结构的铸钢索夹为待测对象，用组合千斤顶的顶推力模拟脊索的滑移力来检验索夹的抗滑性能。

在试验中测得索夹开始滑动时的千斤顶的顶推力 $F$，根据 $F=\mu Q$，求得实际摩擦系数

$\mu=F/Q$。

试验脊索穿过推力千斤顶，千斤顶采用配套的精密压力表标定，使用两个试验索夹夹紧成型，一个作为试验索夹，一个作为制动索夹。制动索夹的夹紧力大于另一个不同拧紧力矩的试验索夹(图 3-92)。

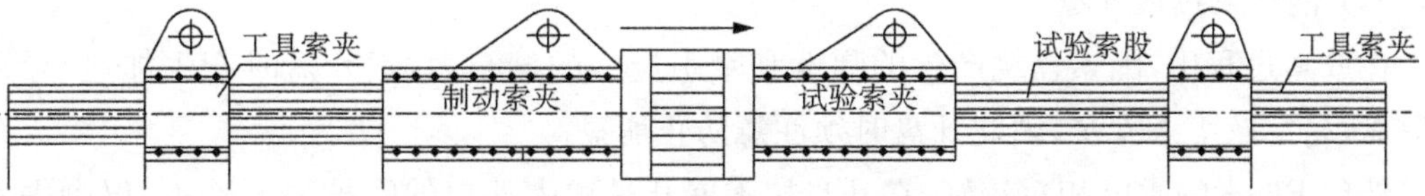


**图 3-92　索夹抗滑移试验装置**

按照试验要求组装试验索和索夹，并采用螺栓预紧器先将工作索夹的螺栓预紧，按设计预紧力的 20%～30%预紧试验索夹，用千斤顶顶推试验索夹，以消除因钢丝的弯曲所造成的不稳定。

索夹的抗滑移试验中，较难控制的是高强度螺栓的预紧力，而预紧力的精确程度与抗滑移摩擦系数直接对应。本次试验采用 300 N・m，400 N・m，500 N・m，600 N・m，700 N・m，800 N・m 扭矩测量法测量螺栓预紧力下的抗滑移力，制订工地索夹的拧紧力矩，依据试验结果指导实际施工。

### 3.5.8　拉索施工

拉索现场施工内容主要包括三部分：拉索的安装、牵引提升和张拉。

**1) 拉索的安装**

(1) 拉索安装总体原则和顺序

a. 所有构件尽量在近地面进行无应力安装；

b. 自内向外、自上而下对称同步安装相同位置的构件；

c. 自下而上依次进行钢拉索的放索；

d. 拉索及索夹安装前，先测量定出结构在地面上的投影点位置，并考虑结构安装偏差，调整索长；

e. 拉索安装顺序：工厂里拉索在初始预张力条件下，按照有应力长度进行生产，并在脊索及环索索皮表面标记索夹位置→拉索运输至现场→开盘放索→安装脊索索夹→安装脊索→安装压杆及环索索夹→安装环索→安装斜索，并根据节点安装误差和拉索生产误差，调节各圈斜索的初始长度，并预紧。

(2) 拉索生产和索皮表面标记索夹位置

脊索及环索在初始预张力条件下，按照有应力长度进行生产，并在索皮表面标记索夹位置。在工厂里对拉索首先进行编号，然后将拉索平铺，下垫滚轴。对于脊索及环索，在两端施加设计初始预张力，用油漆在两端索头螺牙处标记拉索起始位置，在索皮表面标记索夹位置；对于斜索，则直接在调节套筒处用油漆做好标记。根据这些标记以及现场量测的节点坐标，在现场进行拉索及索夹的安装和索长的调节。

拉索施工时初始态无应力长度能否精确确定，是影响张拉结果的重要因素，因此拉索在出厂前必须量测并标定索长。拉索生产单位须提供拉索实际生产长度，以便于拉索安装单位通过调节装置来调整索长。

(3) 钢丝束拉索开盘

在放索过程中，因索盘绕产生的弹性和牵引产生的偏心力，索开盘时产生加速，导致弹开散盘，易危及工人安全，因此开盘时须注意防止崩盘。

外包PE索的柔度相对较好，在开盘拉索展开过程中外包的防护层不除去，仅剥去索夹处的防护，在牵引索安装索球张拉索的各道工序中，均注意避免碰伤、刮伤索体。

(4) 压杆安装

压杆安装的空间位置和角度应尽量保证拉索可以进行无应力安装，压杆可能处于倾斜状态，因此考虑设置临时的稳定缆风绳，牵引提升时拆掉。

(5) 环索及索夹安装

a. 地面上定出压杆下节点索夹的投影位置，并安装索夹上半部分。

b. 地面临时放置滚轴，进行环索的铺设和牵引。

c. 安装连接螺杆时，尽量放长连接螺杆，以方便安装环索索夹的下半部分及斜索。

(6) 拉索及撑杆安装注意事项

a. 压杆下料时严格控制精度，安装前按实际位置对每根压杆编号。

b. 焊接下节点前，应仔细核对节点的位置和方向，特别要注意与径向斜索相连节点的耳板方向。

c. 在工厂里对拉索进行严格编号和精确标记。按照初始预张力和各索段长度，在索皮上标记索夹的位置以及索头螺杆的位置。安装前尚需量测实际关键节点的安装偏差，根据这些标记和节点安装偏差，在现场进行拉索及索夹的安装，并调节索长。这样既便于实际安装，更重要的是为了压杆下节点索夹的精确定位和拉索初始态索长的确定。

d. 拉索安装前，需对径向拉索的调节套筒、环索连接螺杆等涂适量黄油润滑，以便于拧动。

e. 斜索安装前应测定径向钢拉索索长的生产误差，根据这些误差值，调整索长，确保压杆下节点位置的准确。

现场操作实景如图3-93所示。

**2) 牵引及提升**

(1) 牵引及提升设备的能力

牵引及提升设备应具有足够的能力保证整个施工过程中结构和设备的安全性，牵引及提升设备的能力有施工过程模拟计算确定。

(2) 牵引及提升设备的安装就位

牵引及提升设备应在结构进行地面组装时同时或提前进行安装就位，并进行调试和检验，检查设备能否正常工作。

(a) 地面安装拉力环

(b) 空中安装压杆

**图 3-93　拉索的安装实景**

(3) 牵引及提升的原则

a. 对称同步进行牵引与提升；

b. 避免部分构件出现非常大的平面外刚体位移；

c. 避免部分构件产生过大应力。

(4) 牵引及提升的顺序

先牵引脊索，并伴随中心拉力环的提升，后牵引最外圈斜索，并伴随中心拉力环的提升，当斜索与支座连接后，可以拆除牵引及提升设备，进行预应力张拉。

(5) 同步牵引的技术措施

为了保证牵引的同步，要求分步牵引。牵引时，所有油泵统一指挥，在牵引过程中尽量使千斤顶给油速度同步，同时测量牵引钢绞线的长度，同一级牵引完成时，测量复核，满足同步要求后，再进行下一步牵引。

现场操作实景如图 3-94 所示。

(a) 牵引

(b) 同步提升

**图 3-94　牵引及提升施工实景**

**3) 拉索的张拉**

(1) 张拉总体原则

a. 采用同步张拉外环斜索法,即仅主动张拉外环径向斜索,而脊索、环索和撑杆为被动张拉。

b. 分级同步对称张拉。

c. 张拉点和千斤顶数量。

d. 同步张拉 10 根外圈斜索,则共需要 20 个千斤顶。

e. 模拟张拉过程,进行施工全过程力学分析,预控在先。

f. 拉索张拉控制采用双控原则:控制结构内力和变形,其中以控制张拉点的索力为主。

(2) 牵引提升及张拉前的准备工作

a. 拉索张拉前支座坐标应严格控制,节点上与索相连的耳板方向也应严格控制,以免影响拉索施工和结构受力。

b. 拉索安装、调整和预紧。

拉索安装工序并进行张拉前的初步调整将会大大影响拉索张拉的进程和施工质量。拉索正式安装前,首先对脊索、环索索夹进行编号,特别要精确定好拉索初始无应力长度,对脊索和环索还应确定好索夹位置和各索段的长度,并做好标记。拉索安装基本就绪后,对施工现场主要节点位置进行实测,根据测定的实际安装偏差对拉索索长及索夹位置进行微调。

每一环拉索安装后,即将该环拉索初步预紧,预紧力保证拉索的索段不过度下垂即可。待所有拉索预紧后再实施正式张拉。

c. 拉索正式张拉前铸钢索夹应夹牢索体,防止索夹和索皮之间的相对滑动(用扭力扳手控制沉头螺栓的拧紧力矩)。待拉索张拉完毕后螺母须二次拧紧。

d. 拉索安装前,需对径向拉索调节螺杆、环索连接螺杆、撑杆螺杆螺母等涂适量黄油润滑,以便于拧动套筒。

e. 拉索张拉前,为方便工人张拉操作,事先搭设好安全可靠的操作平台、挂篮等。

f. 拉索张拉时应确保足够人手,且人员正式上岗前进行技术培训与交底。设备正式使用前需进行检验、校核并调试,确保使用过程中万无一失。

g. 拉索张拉设备须配套标定。

- 采用 0.4 级精密油压表。
- 千斤顶和油压表须每半年配套标定一次,且配套使用。标定须在有资质的试验单位进行。
- 根据标定记录和施工张拉力,计算出相应的油压表值。现场按照油压表读数精确控制张拉力。

(3) 同步分级张拉的程序

为控制结构的整体形状,保证径向钢拉索力的均匀性,径向钢拉索同步分级张拉。

同步张拉细分为三级(初紧状态→50%→75%→100%)。

（4）张拉施工要点及注意事项

为保证拉索张拉施工顺利实施，确保拉索施工质量，需采取以下几点措施：

a. 为保证同环索力的均匀，避免同环拉索由于先后张拉的影响，同环拉索同步张拉。

b. 为保证同环拉索张拉的同步性，同步张拉应分级进行。

c. 在千斤顶张拉过程中，油压应缓慢、平稳，并且边张拉边旋转连接螺杆或套筒。

d. 千斤顶与油压表需配套校验，标定数据的有效期在 6 个月以内。严格按照标定记录，计算与环索张拉力一致的油压表读数，并依此读数控制千斤顶实际张拉力。油压表采用 0.4 级精密压力表。

e. 在张拉过程中，每个张拉点由一至两名工人看管，每台油泵均由一名工人负责，并由一名技术人员统一指挥、协调管理。

f. 拉索张拉过程应停止对张拉结构进行其他项目的施工。

g. 拉索张拉过程中若发现异常，应立即暂停，查明原因，进行实时调整。

现场操作实景如图 3-95 所示。

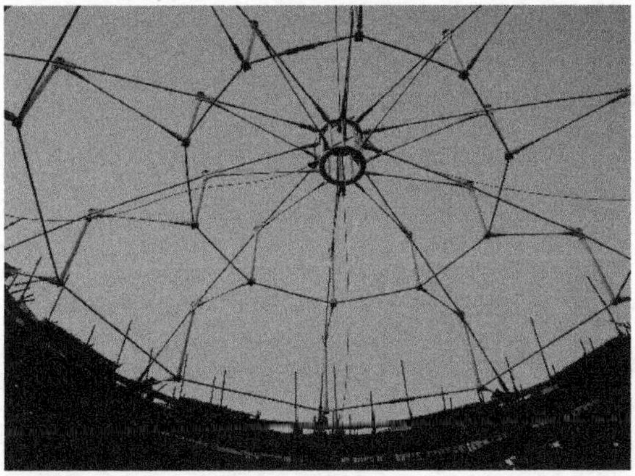

(a) 仰视

(b) 俯视

**图 3-95　索穹顶张拉成形后实景**

### 4）张拉应急措施

（1）索张拉的风险

索张拉的风险主要有：

a. 张拉设备故障，包括油管漏油，设备故障；

b. 现场突然停电；

c. 张拉过程不同步；

d. 张拉后结构变形、应力、伸长值与设计计算不符；

e. 张拉后支座位移发生较大偏移；

f. 天气影响。

(2) 张拉设备故障

张拉过程中如油缸发生漏油、损坏等故障,在现场配备三名专门修理张拉设备的维修工,在现场备好密封圈、油管,随时修理。同时在现场配置 2 套备用设备,如果不能修理立即更换千斤顶。

(3) 张拉过程断电

张拉过程中,如果突然停电,则停止索张拉施工。关闭总电源,查明停电原因,防止来电时张拉设备的突然启动,对屋盖结构产生不利影响。同时在张拉时把锁紧螺母拧紧,保证索力变化跟张拉过程是同步的;在突然停电状态下,在短时间内,千斤顶还是处于持力状态,并且油泵回油还需要一段时间,不会出现安全事故。处理好后在现场值班的电工立刻进行原因查找,以最快的速度修复。为了避免这种情况,在现场的二级箱要做到专用,三级箱按照要求安装到位。

(4) 张拉过程不同步

由于张拉没有达到同步,造成结构变形,可以通过控制给泵油压的速度,使索力小的加快给油速度,索力比较大的减慢给油速度。

(5) 张拉时结构变形、伸长值预警

某根索张拉结束后未达到设计力,可以通过个别施加预应力进行补偿的方法。如果结构变形、伸长值与设计计算不符,超过 20%以后,应立即停止张拉,同时报请设计院,找出原因后再重新进行预应力张拉。

(6) 张拉后支座位移发生较大偏移

张拉前应比较张拉时结构支座布置及约束情况是否与设计模型相符,应尽量避免由于索张拉造成结构支座发生较大的偏移。如果张拉后支座的确存在较大的偏移,应组织相关单位讨论解决。

(7) 天气情况的影响

由于室外高空作业,遇到下雨和大风天气,停止张拉安装工作。

**5) 拉索防护**

成品拉索在生产制作过程中采取诸多防护手段,在出厂前对索体进行了三道包装防护(图 3-96)。但在索盘运至施工现场后,必须在整个安装全过程中注意索的防护。

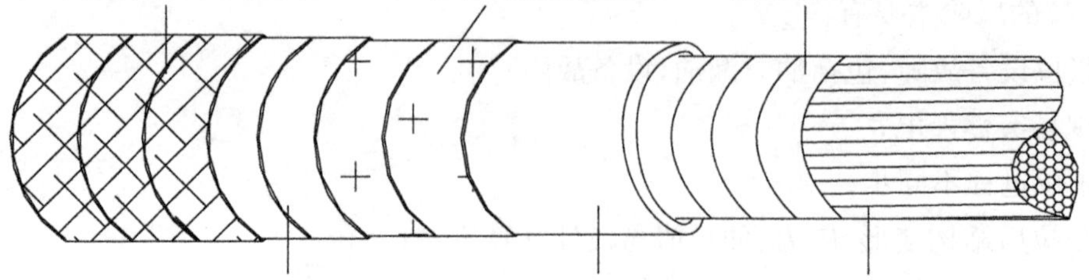


**图 3-96　拉索出厂的三道防护示意图**

在牵引安装、张拉等各道工序中，均注意避免碰伤、刮伤索体。不允许有任何焊渣和熔铁水落在索体上及用硬物刻划索体，以免损坏索的 PE 护套。另外，不允许任何单位和个人污染索体，以免改变索体颜色。拉索进场后卸车用吊机装卸，钢丝绳与拉索接触点用硬物隔开；拉索堆放地应远离现场通道以防止进场汽车碰伤拉索；拉索放开时其外包装包皮先不剥落，等拉索安装完成后再剥落；安装拉索过程中要注意安装通道的障碍物以防止碰伤拉索；若现场拉索有破损严重的地方，应联系生产厂家由厂家用专用设备焊接修补。

### 3.5.9　基于 BIM 的预应力施工过程分析

**1）分析软件和方法**

（1）分析软件

采用大型有限元分析软件 ANSYS 进行分析。构建三维结构专业 BIM 模型。

考虑到结构具有双重非线性（几何非线性和材料非线性）的特点，分析中考虑几何大变形和应力刚化效应。

（2）单元类型

a. 拉索采用仅受拉的索单元，不受压，不受弯。

b. 撑杆采用两端铰接杆单元。

（3）材性

a. 钢材：弹性模量为 $2.06\times10^{5}$ MPa，泊松比为 0.3，温度膨胀系数为 $1.2\times10^{-5}$。

b. 钢丝束索：弹性模量为 $1.95\times10^{5}$ MPa，泊松比为 0.3，温度膨胀系数为 $1.2\times10^{-5}$。

（4）荷载

施工分析荷载，根据施工过程考虑结构自重。

钢构件的重力密度为 $7.85\times10^{3}$ kg/m$^{3}$。

拉索线重根据拉索规格，参考有关规范和生产厂家说明。

**2）设计状态**

（1）拉索设计初始预张力

根据设计计算模型，拉索的初始预张力如表 3-18 所示。

**表 3-18　拉索设计初始预张力**

| 项次 | 类别 | 索杆编号 | 预应力平衡态下索杆内力(kN) |
|---|---|---|---|
| 1 | 脊索 | js-1 | 648.340 |
| | | js-2 | 455.890 |
| | | js-3 | 375.590 |
| 2 | 斜索 | xs-1 | 400.000 |
| | | xs-2 | 190.856 |
| | | xs-3 | 78.540 |

（续表）

| 项次 | 类别 | 索杆编号 | 预应力平衡态下索杆内力(kN) |
|---|---|---|---|
| 3 | 环索 | hs-1 | 572.313 |
| | | hs-2 | 278.918 |

**3）施工过程分析计算**

（1）施工过程分析内容

根据施工方案，跟踪施工全过程，分析结构的关键响应随施工过程的变化数据。

按照以下三大步进行施工张拉过程分析：

a. 提升中心拉力环钢绞线和牵引外脊索，整个索杆结构缓慢提升，外环脊索安装就位。

- 脊索牵引至10.5 m，中心钢绞线提升至4.5 m；
- 脊索牵引至10.5 m，中心钢绞线提升至3.5 m；
- 脊索牵引至8.5 m，中心钢绞线提升至2.5 m；
- 脊索牵引至6.5 m，中心钢绞线提升至1.5 m；
- 脊索牵引至4.5 m，中心钢绞线提升至1 m；
- 脊索牵引至2.5 m，中心钢绞线提升至0.5 m；
- 脊索牵引至0.5 m，中心钢绞线停止提升；
- 脊索安装就位。

b. 撤除中心拉力环提升钢绞线，牵引安装外环斜索(外环斜索调长200 mm)。

- 距安装到位1 500 mm；
- 距安装到位1 400 mm；
- 距安装到位1 200 mm；
- 距安装到位1 000 mm；
- 距安装到位800 mm；
- 距安装到位600 mm；
- 距安装到位400 mm；
- 距安装到位200 mm。

c. 张拉外环斜索，结构成形(分六级)。

- 距张拉到位160 mm；
- 距张拉到位120 mm；
- 距张拉到位80 mm；
- 距张拉到位40 mm；
- 距张拉到位20 mm；
- 张拉成形。

（2）施工过程分析结果

a. 提升中心拉力环钢绞线，整个索杆结构缓慢提升，外环脊索安装就位，其状态如

表 3-19 和表 3-20 所示。

**表 3-19　索穹顶结构在施工过程中的受力状态**

| 施工过程 | | 外环脊索牵引索索力(N) | 中心拉力环提升索索力(N) |
|---|---|---|---|
| 1 | 脊索牵引至 10.5 m<br>中心钢绞线提升至 4.5 m | 4 703 | 7 202.5 |
| 2 | 脊索牵引至 10.5 m<br>中心钢绞线提升至 3.5 m | 4 290 | 9 320 |
| 3 | 脊索牵引至 8.5 m<br>中心钢绞线提升至 2.5 m | 4 193 | 9 980 |
| 4 | 脊索牵引至 6.5 m<br>中心钢绞线提升至 1.5 m | 3 105 | 11 867.5 |
| 5 | 脊索牵引至 4.5 m<br>中心钢绞线提升至 1 m | 3 628 | 12 065 |
| 6 | 脊索牵引至 2.5 m<br>中心钢绞线提升至 0.5 m | 5 579 | 7 445 |
| 7 | 脊索牵引至 0.5 m<br>中心钢绞线停止提升 | 9 504 | 3 680 |
| 8 | 脊索安装就位 | 18 112 | 0 |

**表 3-20　索穹顶结构在施工过程中的标高状态**

| 施工过程 | | 外环撑杆顶标高(mm) | 中环撑杆顶标高(mm) | 内环撑杆顶标高(mm) |
|---|---|---|---|---|
| 1 | 脊索牵引至 10.5 m<br>中心钢绞线提升至 4.5 m | 3 019 | 2 532 | 5 331 |
| 2 | 脊索牵引至 10.5 m<br>中心钢绞线提升至 3.5 m | 3 179 | 3 690 | 6 808 |
| 3 | 脊索牵引至 8.5 m<br>中心钢绞线提升至 2.5 m | 5 237 | 5 490 | 8 431.2 |
| 4 | 脊索牵引至 6.5 m<br>中心钢绞线提升至 1.5 m | 7 356.2 | 7 551.9 | 10 310.3 |
| 5 | 脊索牵引至 4.5 m<br>中心钢绞线提升至 1 m | 9 403.4 | 9 175.8 | 11 432.7 |
| 6 | 脊索牵引至 2.5 m<br>中心钢绞线提升至 0.5 m | 11 516.0 | 11 768.7 | 12 821.5 |
| 7 | 脊索牵引至 0.5 m<br>中心钢绞线停止提升 | 14 282.0 | 14 922.8 | 15 112.4 |
| 8 | 脊索安装就位 | 15 483.3 | 16 176.97 | 16 444.32 |

b. 撤除中心拉力环提升钢绞线，牵引安装外环斜索过程计算分析，其状态如表 3-21 和表 3-22 所示。

表 3-21　索穹顶结构在施工过程中的受力状态

| 施工过程 | | 外环斜索的索力(N) |
|---|---|---|
| 1 | 张拉至 1 500 mm | 1 228 |
| 2 | 张拉至 1 400 mm | 2 606 |
| 3 | 张拉至 1 200 mm | 4 648 |
| 4 | 张拉至 1 000 mm | 5 690 |
| 5 | 张拉至 800 mm | 6 692 |
| 6 | 张拉至 600 mm | 7 839 |
| 7 | 张拉至 400 mm | 9 354 |
| 8 | 张拉至 200 mm | 11 752 |

表 3-22　索穹顶结构在施工过程中的标高状态

| 施工过程 | | 外环撑杆顶标高(mm) | 中环撑杆顶标高(mm) | 内环撑杆顶标高(mm) |
|---|---|---|---|---|
| 1 | 张拉至 1 500 mm | 15 550.01 | 16 206.52 | 16 408.65 |
| 2 | 张拉至 1 400 mm | 15 506.70 | 16 188.07 | 16 438.00 |
| 3 | 张拉至 1 200 mm | 15 762.30 | 16 322.28 | 16 386.57 |
| 4 | 张拉至 1 000 mm | 16 041.49 | 16 513.12 | 16 453.90 |
| 5 | 张拉至 800 mm | 16 334.65 | 16 756.34 | 16 630.10 |
| 6 | 张拉至 600 mm | 16 643.98 | 17 057.17 | 16 921.60 |
| 7 | 张拉至 400 mm | 16 975.30 | 17 428.44 | 17 342.70 |
| 8 | 张拉至 200 mm | 17 336.69 | 17 896.22 | 17 959.14 |

c. 张拉外环斜索，结构成形过程计算分析，其状态如表 3-23 和表 3-24 所示。

表 3-23　索穹顶结构在施工过程中的受力状态

| 施工过程 | | 外环斜索的索力(N) |
|---|---|---|
| 1 | 张拉至 160 mm | 12 493 |
| 2 | 张拉至 120 mm | 13 379 |
| 3 | 张拉至 80 mm | 14 851 |
| 4 | 张拉至 40 mm | 122 932 |
| 5 | 张拉至 20 mm | 25 6507 |
| 6 | 张拉成形 | 397 390 |

表 3-24　索穹顶结构在施工过程中的标高状态

| 施工过程 | | 外环撑杆顶标高(mm) | 中环撑杆顶标高(mm) | 内环撑杆顶标高(mm) |
|---|---|---|---|---|
| 1 | 张拉至 160 mm | 17 413.64 | 18 005.34 | 18 169.50 |
| 2 | 张拉至 120 mm | 17 492.40 | 18 120.90 | 18 287.20 |
| 3 | 张拉至 80 mm | 17 573.10 | 18 243.40 | 18 475.60 |

（续表）

| 施工过程 | | 外环撑杆顶标高（mm） | 中环撑杆顶标高（mm） | 内环撑杆顶标高（mm） |
|---|---|---|---|---|
| 4 | 张拉至 40 mm | 17 642.25 | 18 337.20 | 18 607.00 |
| 5 | 张拉至 20 mm | 17 668.31 | 18 363.00 | 18 634.00 |
| 6 | D 张拉成形 | 17 693.4 | 18 387.60 | 18 659.80 |

（3）主要施工阶段结构内力和位移图

a. 中心拉力环提升至预定标高，待安装脊索，此时的结构内力和位移状态如图 3-97 所示。

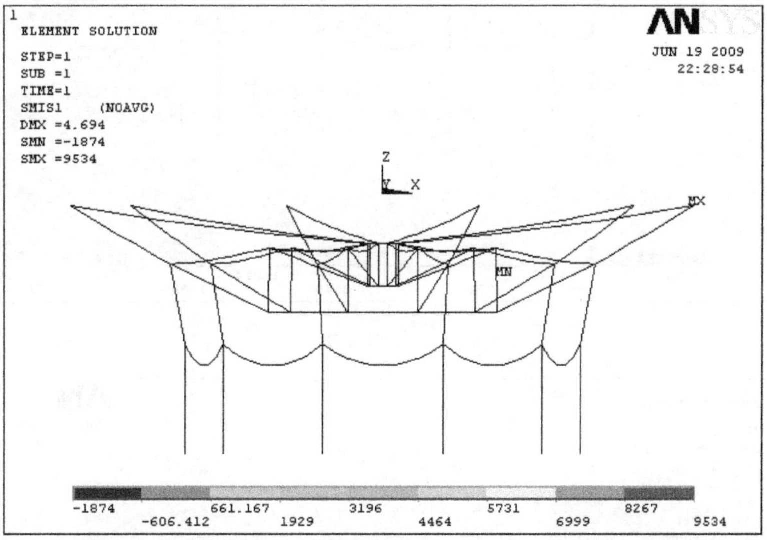


（a）结构内力

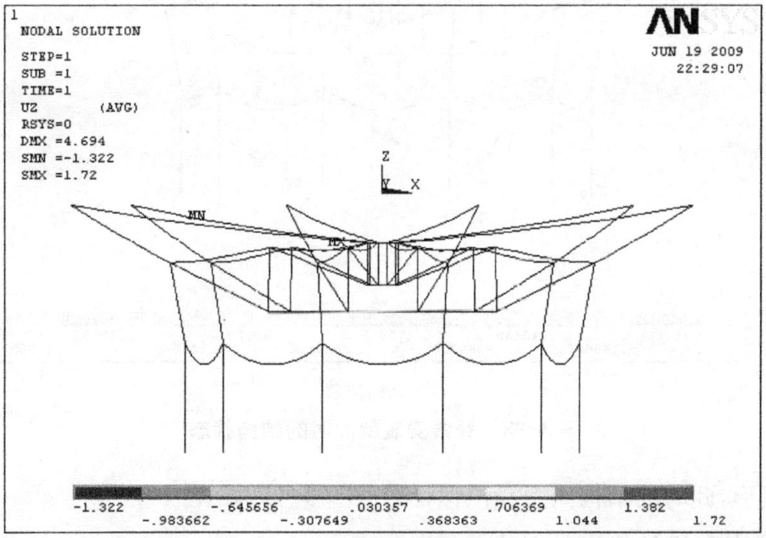


（b）结构位移

**图 3-97　中心拉力环提升到位时的结构状态**

b. 脊索安装就位，撤出中心拉力环提升钢绞线，此时的结构内力和位移状态如图 3-98 所示。

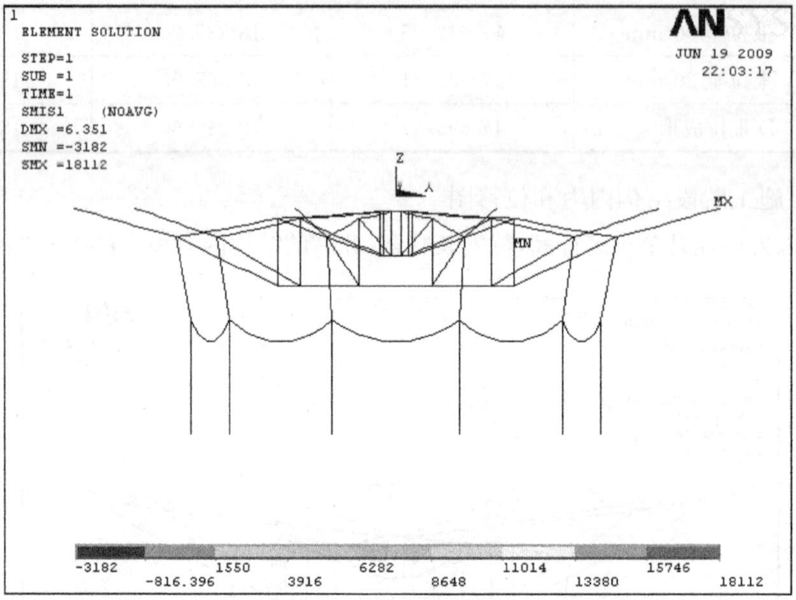


(a) 结构内力

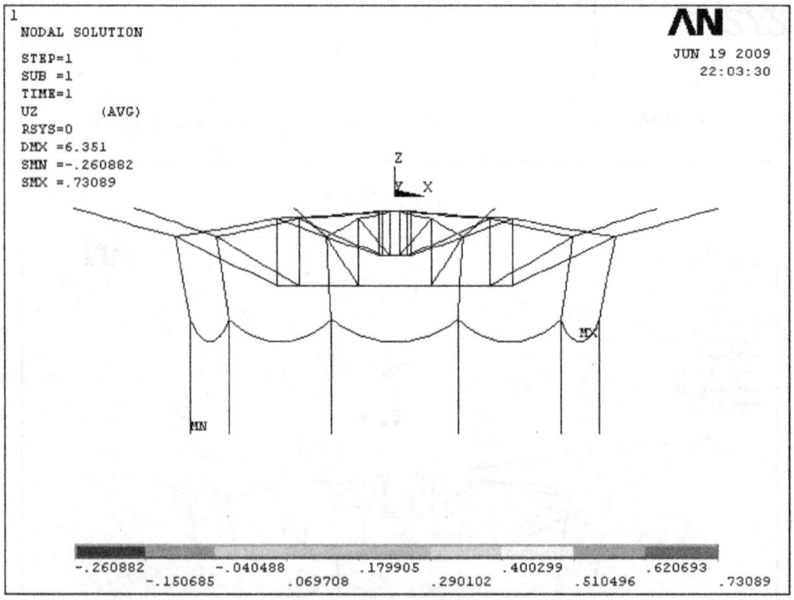


(b) 结构位移

**图 3-98 脊索安装就位时的结构状态**

c. 张拉成形，此时的结构内力和位移状态如图 3-99 所示。

**4) 施工状态和设计状态的对比**

综合设计状态和施工状态分析的结果，对比见表 3-25。

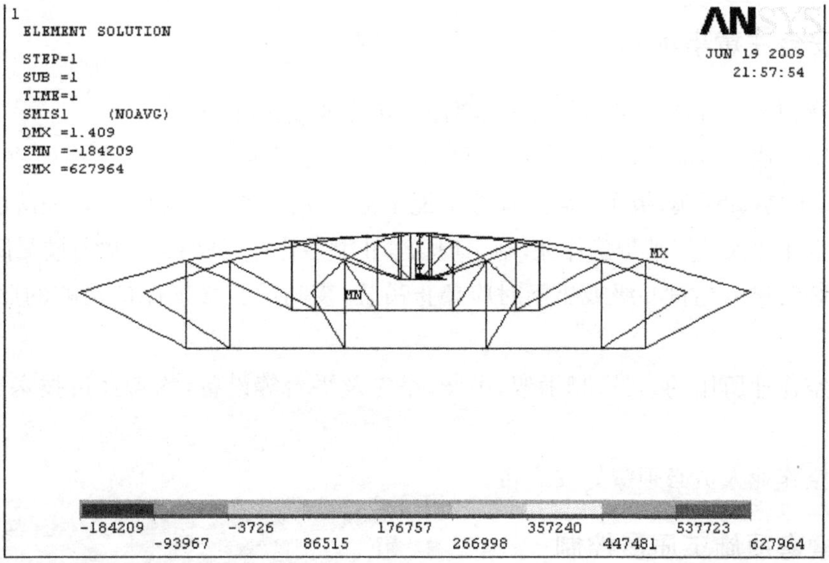


(a) 结构内力

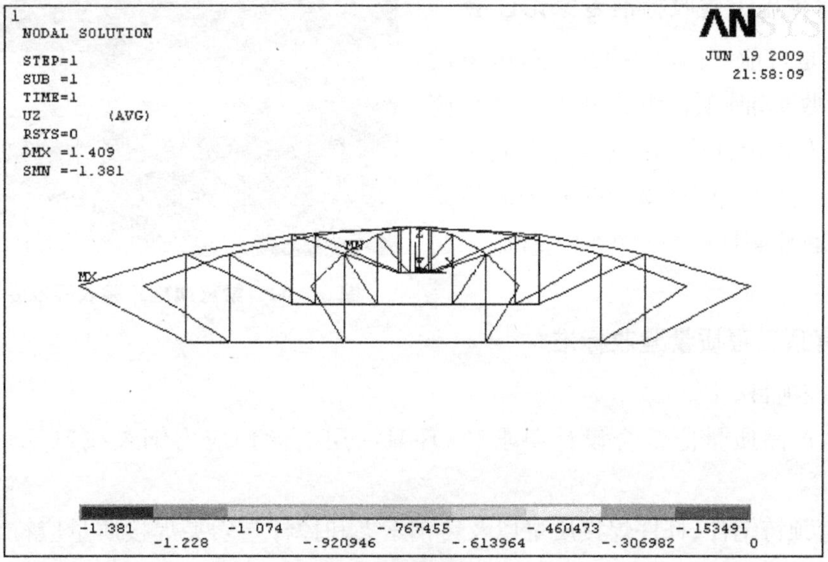


(b) 结构位移

**图 3-99　张拉成形时的结构状态**

**表 3-25　设计状态和施工状态对比**

| 结构状态 | 外环斜索索力（kN） | 外环撑杆顶标高（mm） | 中环撑杆顶标高（mm） | 内环撑杆顶标高（mm） |
| --- | --- | --- | --- | --- |
| 张拉成形 | 397.4 | 17 693.4 | 18 387.6 | 18 659.8 |
| 设计状态 | 400 | 17 693 | 18 387 | 18 659 |

根据施工全过程分析结果，相对设计状态，结构成形后的施工状态的索力略小，索穹顶结构撑杆顶标高略大。总体来说，施工状态与设计状态基本是一致的，差别较小。

### 3.5.10 安全注意事项

(1) 索穹顶施工在高空临边作业,应遵循临边作业安全守则。

(2) 高空作业人员应带好工具袋,工具应放在工具袋中而不得放在钢构件或易失落的地方,所有手工工具(如手锤、扳手、撬棍)应穿上绳子套在安全带或手腕上,防止失落伤及他人。

(3) 高空作业人员严禁带病作业,施工现场禁止酒后作业,高温天气做好防暑降温工作。

(4) 吊装时风力超过 6 级或雷雨时应禁止吊装,夜间吊装必须保证足够的照明,构件不得悬空过夜。

(5) 悬空作业所用的索具、脚手架、吊篮、吊笼及平台等设备,均需经过技术鉴定或验证方可作用。

(6) 悬空作业人员必须戴好安全带。

### 3.5.11 索穹顶施工质量控制

#### 1) 索穹顶施工验收标准专家论证会

索穹顶是目前境内唯一的一座,国家没有明确的验收标准,项目组召开了索穹顶施工验收标准专家论证会,在我国首次制定了索穹顶施工验收标准(图 3-100),为质检站提供了我国首座刚性屋面索穹顶工程施工验收标准依据。

图 3-100 索穹顶施工验收标准专家论证会

#### 2) 索穹顶工程质量验收标准

(1) 主控项目

a. 拉索产品质量应符合设计要求和《环氧涂层七丝预应力钢绞线》(GB/T 21073—2007)的规定。

b. 索穹顶铸钢件、杆件焊接质量以及铸钢索夹和撑杆与索夹焊接质量应符合设计要求和《钢结构结构施工质量验收规范》(GB/T 50205—2001)的规定。

c. 拉索安装应符合设计要求。

d. 外斜索的张拉力应符合施工技术方案的要求(表 3-26),并应符合规范规定。

表 3-26 外斜索理论和实际施工张拉力

| 径向钢拉杆张拉力(kN) | | |
|---|---|---|
| 外斜索同步张拉 | 计算状态 | 外环 |
| | 理论施工张拉力 | 400 |
| | 实际施工张拉力 | 420 |

注:①考虑预应力损失,超张拉系数取 1.05,实际施工张拉力为理论施工张拉力乘以超张拉系数;②按论证的控制要求,索杆内力误差控制在 5%以内。实际直接张拉外斜索,其张拉时的误差可控制在 5%。

e. 脊索采用连续索，中环索撑杆顶部索夹应满足抗滑力 80 kN 要求，外环索撑杆顶端索夹应满足抗滑力 192 kN 要求，并应符合规范规定。

(2) 一般项目

a. 拉索外观、长度的检查。

检查数量：全数检查。

检验方法：观察检查及钢尺实测。

b. 索夹的规格尺寸检查；铸钢件的几何形状、尺寸及偏差应符合设计图纸及规范要求。

检查数量：全数检查。

检验方法：钢尺实测。

c. 环索与索夹的连接安装应符合设计要求，按照环索索皮表面的标记，并考虑撑杆下节点安装偏差，调整环索各索段长度后进行安装。

检查数量：全数检查。

检验方法：观察检测。

d. 斜索与耳板、索夹的连接安装应符合设计要求。斜索安装前应检查索长的生产误差以及撑杆制作的安装误差，根据这些误差值，调整索长，确保撑杆下节点位置的准确。

检查数量：全数检查。

检验方法：观察检测和钢尺实测。

e. 索穹顶拉索预应力张拉施工完毕后，撑杆垂直度偏差符合表 3-27 规定。

**表 3-27　撑杆垂直度允许偏差**

| 撑杆位置 | 撑杆长度(mm) | 允许偏差(mm) |
|---|---|---|
| 外环 | 3 150 | 16 |
| 中环 | 2 500 | 14 |

注：按论证控制要求，撑杆垂直度偏差外环在 1/200 以内，中环在 1/180 以内。

f. 销轴连接状况的检查。

g. 脊索索夹紧固螺栓的检查。

h. 外斜索的张拉端调节端拧进状况的检查。

i. 撑杆上端点的坐标检查。

j. 屋面设计荷载作用下，索穹顶竖向变形应符合表 3-28 的规定。

**表 3-28　设计恒载作用下索穹顶竖向变形允许偏差**

| 序号 | 所在位置 | 允许偏差(mm) |
|---|---|---|
| 1 | 外环 | 26 |
| 2 | 中环 | 42 |
| 3 | 中心环 | 48 |

## 3.6 本章小结

本章基于BIM技术，采用倒拆迭代算法，利用计算机数值分析技术计算梅花形钢结构屋盖的制作安装预拱值，保证屋盖成型控制精确化，然后使用常规软件完成异型双曲梅花形钢结构屋盖从制作到施工方案的全过程可视化，确保屋盖成型控制精确化的实施。

梅花形钢屋盖安装完成后，进行现场测量1 031个控制点，钢结构单层网壳上所有控制点的坐标误差均小于±20 mm，从而为双曲金属屋面安装主次檩条提供足够的精度，最终为铝镁锰板防水层和蜂窝铝板装饰层的平滑安装奠定良好的基础。

从构件加工到桁架吊装，再到整个屋盖成形，全过程采用了严格的质量控制措施和合理的施工方法，安全而精确地顺利实现了梅花形双曲面钢屋盖的安装。屋盖钢结构验收时，检测了1 031个测量控制点的三维坐标，安装误差在±20 mm以内，满足屋面防水层和装饰层铝板的安装精度，为本工程创优打下良好的基础。

基于ANSYS的三维有限元模型分析，对梅花形的花蕊部位索穹顶进行创新建造，并制订了项目级的索穹顶施工质量验收标准，保证索穹顶施工过程中“力到形到”，达到力学与美学的和谐统一。

# 第 4 章　曲面玻璃幕墙工程建造关键技术

## 4.1　关于曲面点支式玻璃幕墙

点支式玻璃幕墙以其视觉通透、结构新颖、传力可靠和安全耐用等优良特性，近年来从建筑幕墙中脱颖而出。它不仅能与周围环境有机融为一体，而且能使幕墙内外尽情交流，更加贴近自然而受到人们的青睐，因而点支式玻璃幕墙在工程中的应用越来越广泛。点支式玻璃幕墙体系结构类型也越来越多，这些结构不仅轻巧通透、外形美观，而且充分发挥各种材料的承载能力，结构性能好，可减轻结构自重，方便施工。

通常，由于点支式玻璃幕墙外围护系统自成体系，独立于主体结构之外，幕墙体系与主体结构之间的连接，要求荷载传递路径明确，主体结构的荷载不会反作用于幕墙体系，主体结构的变形消化在连接节点之中，不会引起幕墙体系的变形而损坏幕墙面板。

然而，主体结构的传力体系与幕墙结构的传力体系相互独立，往往会使结构层和构造层占用较多的建筑面积，并且会影响玻璃幕墙的通透性。因此，在有些建筑中，尤其是异形建筑中，采用曲面点支式玻璃幕墙，将会考虑建筑美学与结构传力的有机统一，将幕墙结构体系融入主体结构中，这样的支撑体系往往是超静定结构支撑体系，该体系既承受主体结构传来的荷载，又承受幕墙系统的荷载，主体结构的变形将会影响幕墙面板的变形，引起一些新的问题。因而，在进行这种曲面点支式玻璃幕墙的设计时，需要将主体结构和幕墙结构体系结合在一起考虑。而且，在进行点支式玻璃幕墙支承结构设计时，幕墙设计人员通常的做法是只将支承体系本身取出进行分析计算，不考虑主体结构与幕墙系统的共同工作以及玻璃面板对支承体系的刚度贡献。实际上，主体结构与幕墙系统连接在一起、玻璃面板又通过驳接钢爪与支承体系连接，形成一个整体，玻璃面板对支承体系的刚度贡献是很明显的。尤其在对柔性支承体系结构设计时，往往是位移起控制作用，如果不考虑玻璃面板的刚度贡献，结构刚度很小，势必要通过增大构件截面或增加预拉力来解决，我们在结构设计时更有必要考虑玻璃面板对支承体系的刚度贡献。

总之，如何使曲面点支式玻璃幕墙设计与原主体较好地吻合，使施工安装完成后二者共同工作，这是曲面点支式玻璃幕墙设计与施工需要解决的一个新课题。

为了解决这一新课题，本章以无锡新区科技交流中心的梅花形曲面点支式玻璃幕墙为工程背景，首先对曲面点支式玻璃幕墙支撑体系实行多方案比选，从中优选最可行的方案；

然后对多工况条件下的超静定结构体系进行数值分析，以帮助完成幕墙支撑体系的设计，最后以数值分析和设计成果指导完成施工。

## 4.2 曲面点支式玻璃幕墙支撑体系的多方案比选研究

无锡新区科技交流中心建筑的周边裹以晶莹剔透的梅花形体点支式玻璃幕墙，其展开面积近 10 000 $m^2$，在 9 m 标高的景观走廊处将弧形玻璃幕墙分成上下两段：9 m 标高以上的幕墙部分挑出主体结构 5 m 左右；9 m 标高以下的幕墙部分向内缩进 2～3 m。曲面玻璃幕墙的设计与施工为本工程的特色和难点之一。

由于沿建筑周边设计了悬挑的景观走廊，科技交流中心的曲面玻璃幕墙支承体系的方案设计是一个技术难点。由设计院、业主、项目管理公司先后共提出过 4 种传力体系设计方案：方案一[图 4-1(a)]为拉索吊挂体系；方案二[图 4-1(b)]为桁架吊挂体系；方案三[图 4-2(a)]为钢柱支承体系；方案四[图 4-2(b)]为刚性挑梁支承体系。

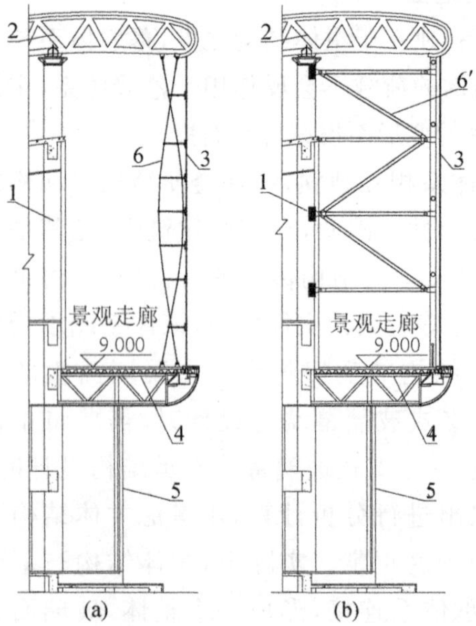


1—钢筋混凝土主体结构；2—屋面钢结构网壳；3—上部玻璃幕墙；4—钢平台；5—下部玻璃幕墙；6—预应力拉索吊挂体系；6′—桁架吊挂体系

**图 4-1　方案一和方案二**

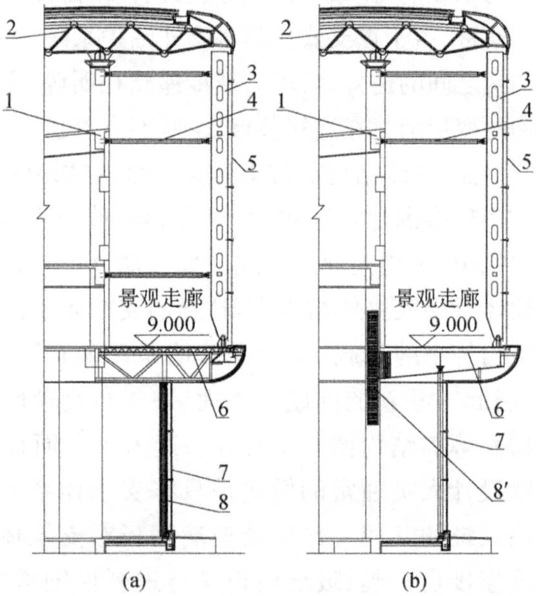


1—钢筋混凝土主体结构；2—屋面钢结构网壳；3—组合钢柱；4—水平风压杆；5—上部玻璃幕墙；6—钢平台；7—下部玻璃幕墙；8—钢柱支承体系；8′—钢骨牛腿刚性挑梁体系

**图 4-2　方案三和方案四**

针对点支式玻璃幕墙支承体系的 4 种设计方案，着重对比分析建筑效果(A)、结构传力(B)、幕墙变形(C)、施工难度(D)和工程造价(E)5 项内容。

首先，采用 0～4 评分法确定 5 项内容的权重系数。根据本工程的特点，可以确定基本条件为：A 比 B 重要得多，B 与 C 同样重要，A 比 D 重要，D 与 E 同样重要，E 比 B 重要。由此可计算 5 项内容的权重系数，如表 4-1 所示。

**表 4-1 权重系数的计算**

| | A | B | C | D | E | 合计 | 权重 |
|---|---|---|---|---|---|---|---|
| A | 0 | 4 | 4 | 3 | 3 | 14 | 0.35 |
| B | 0 | 0 | 2 | 1 | 1 | 4 | 0.1 |
| C | 0 | 2 | 0 | 1 | 1 | 4 | 0.1 |
| D | 1 | 3 | 3 | 0 | 2 | 9 | 0.225 |
| E | 1 | 3 | 3 | 2 | 0 | 9 | 0.225 |
| 合　计 | | | | | | 40 | 1 |

然后，组织专家评委对 4 个方案的 5 项内容进行分析并且评分，5 位专家的评分见表 4-2，综合分析内容见表 4-3，4 个方案的综合评分与排名如表 4-4 所示。

**表 4-2 4 种方案的评分情况**

| 方案 | 评比内容 | 评分 | | | | | |
|---|---|---|---|---|---|---|---|
| | | 甲 | 乙 | 丙 | 丁 | 戊 | 均值 |
| 方案一 | 建筑效果(A) | 10 | 9 | 9 | 10 | 10 | 9.6 |
| | 结构传力(B) | 6 | 7 | 5 | 5 | 6 | 5.8 |
| | 幕墙变形(C) | 4 | 5 | 5 | 4 | 5 | 4.6 |
| | 施工难度(D) | 6 | 5 | 5 | 5 | 6 | 5.4 |
| | 工程造价(E) | 6 | 6 | 6 | 5 | 5 | 5.6 |
| 方案二 | 建筑效果(A) | 6 | 6 | 6 | 6 | 6 | 6 |
| | 结构传力(B) | 9 | 9 | 10 | 9 | 9 | 9.2 |
| | 幕墙变形(C) | 9 | 10 | 9 | 9 | 9 | 9.2 |
| | 施工难度(D) | 10 | 10 | 9 | 10 | 10 | 9.8 |
| | 工程造价(E) | 9 | 9 | 9 | 9 | 9 | 9 |
| 方案三 | 建筑效果(A) | 8 | 8 | 7 | 9 | 9 | 8.2 |
| | 结构传力(B) | 8 | 8 | 8 | 7 | 8 | 7.8 |
| | 幕墙变形(C) | 6 | 6 | 7 | 6 | 6 | 6.2 |
| | 施工难度(D) | 7 | 7 | 7 | 6 | 6 | 6.6 |
| | 工程造价(E) | 8 | 8 | 8 | 7 | 7 | 7.6 |

（续表）

| 方案 | 评比内容 | 评分 | | | | | |
|---|---|---|---|---|---|---|---|
| | | 甲 | 乙 | 丙 | 丁 | 戊 | 均值 |
| 方案四 | 建筑效果(A) | 9 | 10 | 9 | 10 | 9 | 9.4 |
| | 结构传力(B) | 9 | 9 | 9 | 10 | 9 | 9.2 |
| | 幕墙变形(C) | 9 | 9 | 9 | 9 | 9 | 9 |
| | 施工难度(D) | 8 | 8 | 9 | 9 | 9 | 8.6 |
| | 工程造价(E) | 8 | 8 | 8 | 9 | 8 | 8.2 |

注：表内每项评分内容的满分皆为10分。

**表4-3　4种方案的综合分析**

| 方案 | 对比分析内容 | |
|---|---|---|
| 方案一 | 建筑效果(A) | 通透、轻巧、立面效果好 |
| | 结构传力(B) | 传力途径：景观平台→拉索→钢网壳→混凝土柱。传力效果：路径太长、效果差 |
| | 幕墙变形(C) | 变形很大、不可控 |
| | 施工难度(D) | 钢网壳不够“刚”，索很难获得理想的应力刚度，难施工 |
| | 工程造价(E) | 造价较高 |
| 方案二 | 建筑效果(A) | 斜撑杆件很多、凌乱、立面效果差 |
| | 结构传力(B) | 传力途径：景观平台→斜撑→混凝土柱(主体结构)<br>传力效果：路径短、效果好 |
| | 幕墙变形(C) | 变形小、可控 |
| | 施工难度(D) | 安装方便、难度小 |
| | 工程造价(E) | 造价较低 |
| 方案三 | 建筑效果(A) | 简洁、立面效果好 |
| | 结构传力(B) | 传力途径：景观平台→钢柱→混凝土梁(地下室顶板)<br>传力效果：路径短、效果较好 |
| | 幕墙变形(C) | 受钢柱和地下室顶板变形影响，变形较大、不可控 |
| | 施工难度(D) | 欲保证钢柱两端铰支且受力一致，难度较大 |
| | 工程造价(E) | 造价中等 |
| 方案四 | 建筑效果(A) | 简洁、立面效果好 |
| | 结构传力(B) | 传力途径：景观平台→钢挑梁→混凝土柱(主体结构)<br>传力效果：路径短、效果好 |
| | 幕墙变形(C) | 变形小、可控 |
| | 施工难度(D) | 重点保证钢骨牛腿的标高和角度位置，施工难度较小 |
| | 工程造价(E) | 造价中等 |

表 4-4　4 种方案的综合评分

| 方案 | 方案一 | 方案二 | 方案三 | 方案四 |
|---|---|---|---|---|
| 评分 | 6.875 | 8.17 | 7.465 | 8.89 |
| 排名 | 4 | 2 | 3 | 1 |

综合上述分析研究，方案四被选用为实施方案。依据方案四，将景观走廊的径向挑梁设计为实腹式钢梁，而且将根部刚节点按钢结构框架的刚节点（图 4-3）设计，使刚性挑梁同时承担景观走廊、上部幕墙和下部幕墙的荷载。钢平台的径向梁做“刚”，同时将根部节点做“刚”，使得悬挑的径向钢梁变形在规范的限值范围内，使钢平台上部和下部的玻璃幕墙不至于因变形而遭到破坏。沿建筑一周共设计 37 根牛腿形钢挑梁，施工技术要求：做好测量定位工作，不仅应控制好标高，而且应调整好径向角度，牛腿梁的轴线方向应与“梅花”的径向放射形轴线重合，还应做好固定措施，防止混凝土浇筑、振捣过程中发生移位。

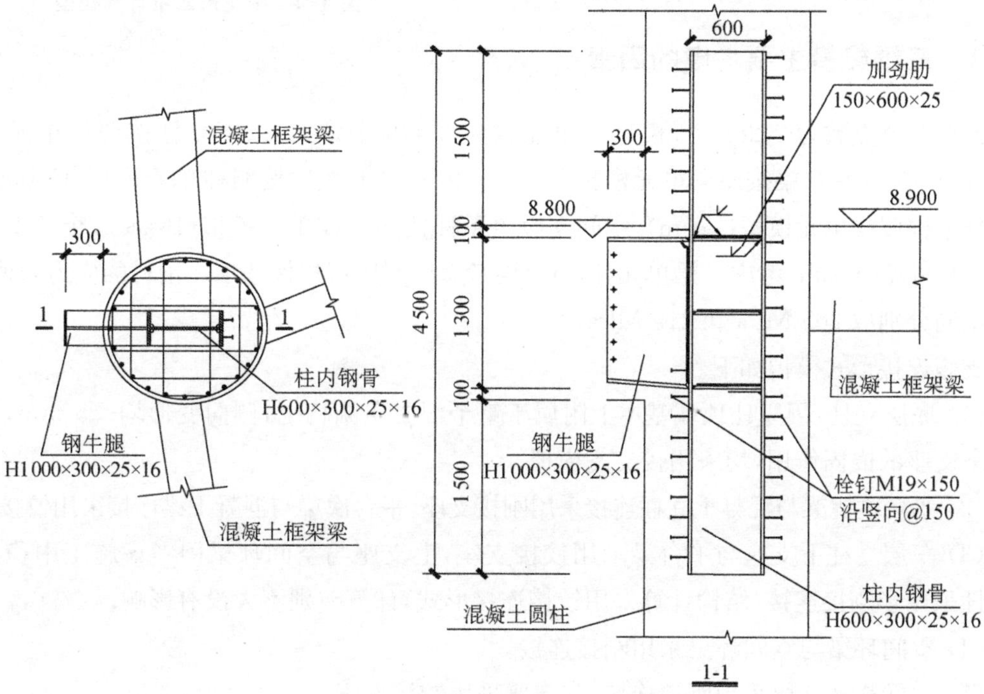


图 4-3　钢骨牛腿刚性节点图

对于造型复杂的大型公共建筑工程项目，幕墙体系对整个建筑的效果和造价影响较大，而且其支承体系的设计方案较多，因此应采取合适的方法进行方案比选。对于无锡新区科技交流中心幕墙的支承体系，采用 0～4 评分法确定其建筑效果、结构传力、幕墙变形、施工难度和工程造价 5 项内容的权重，然后综合评分确定最优方案。所选择的设计方案获得业主、上级主管部门、项目管理公司、设计和施工单位的一致认同。

## 4.3 玻璃幕墙超静定结构支撑体系的数值分析

通过前述的 0～4 评分法综合评分确定的最优方案为“刚性挑梁支承体系”，这种曲面玻璃幕墙的支承体系为超静定结构，景观走廊的悬挑钢梁和其下方的钢管柱是重要的受力构件，其变形将影响整个体系的受力和变形，由于悬挑梁和钢管柱沿梅花形周边布置，简化的平面计算模型无法准确计算各构件的受力和变形，因此，采用 SAP2000 有限元分析软件建立空间三维模型(图 4-4)进行整体分析[86]。

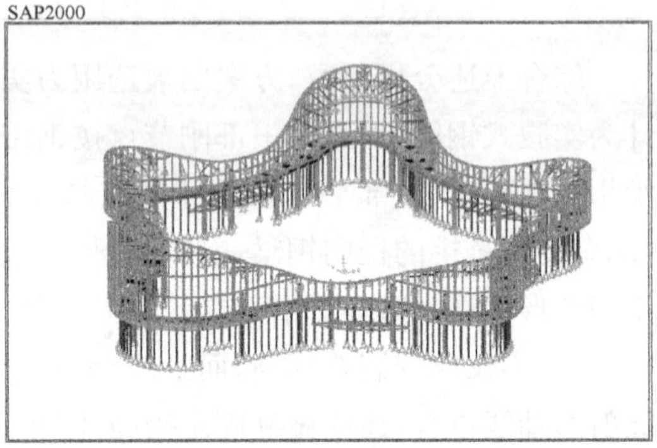


图 4-4 梅花形三维计算模型

### 4.3.1 三维建模主要考虑的因素

模型总节点数为 2 288 个，模型总单元数为 3 449 个，9 m 以下立柱按照柱单元模拟(Column)，9 m 平台梁按照梁单元模拟(Beam)，9 m 以上立柱按照柱单元模拟(Column)，空间环梁按照梁单元模拟(Beam)，空间支撑单系杆按照支撑单元模拟(Brace)，交叉支撑按照压弯构件梁(Beam)考虑。梁单元(Beam)均考虑按照压弯构件选项。钢材的应力限值，按板厚不同分别取 205 MPa 和 215 MPa。

支座连接形式模拟如下。

(1) 底层立柱：因立柱顶端基本上附属于整个混凝土结构上，侧向变形均$<$5 mm，不考虑上下支座的嵌固作用，均采用铰支座模拟。

(2) 平台主挑梁与混凝土立柱连接采用刚接支座，平台次梁与混凝土梁连接采用铰接座。

(3) 三层立柱下支座与平台梁采用铰接支座，上支座与空间环梁因考虑施工中稳定的稳定性采用半刚接连接，结构计算采用铰接连接形式，计算差别不大没有影响。

(4) 空间环梁与空间环梁采用刚接连接。

(5) 空间交叉支撑采用刚接连接，与支座采用铰接支座。

### 4.3.2 荷载的输入

(1) 结构的静荷载 G 杆件的自重、玻璃自重(包括配件自重)部分等效为线荷载。

(2) 结构活荷载：雨棚表面，取 0.50 kN/m$^2$；三层走廊地面，取 2.50 kN/m$^2$(局部入口位置，取 3.5 kN/m$^2$)；风荷载(计算主构件时 $\beta_{gz}$ 按照 $\beta_z$ 按照钢结构规范根据《建筑结构荷载规范》取，$\mu_s$ 按照 $\mu_{s1}=-2.0$ 考虑)。

(3) 风荷载计算公式：

$$W_K = \beta_{gz} \times \mu_z \times \mu_s \times W_0$$

式中　$W_K$ ——作用在幕墙上的风荷载标准值($kN/m^2$)；

$\beta_{gz}$ ——瞬时风压的阵风系数，按《建筑结构荷载规范》(GB 50009—2001/2006 版)取定；

$\mu_z$ ——风压高度变化系数，按《建筑结构荷载规范》取定，根据不同场地类型，按以下公式计算：

$$\mu_z^A = 1.284\left(\frac{z}{10}\right)^{0.24}$$

$$\mu_z^B = 1.000\left(\frac{z}{10}\right)^{0.30}$$

$$\mu_z^C = 0.544\left(\frac{z}{10}\right)^{0.44}$$

$$\mu_z^D = 0.262\left(\frac{z}{10}\right)^{0.60}$$

$\mu_s$ ——风荷载型型系数，按《建筑结构荷载规范》及概率统计理论的最大值(见湖南大学风工程试验研究中心之无锡新区科技交流中心风荷载试验研究报告)；

$W_0$ ——基本风压，取为 0.45 $kN/m^2$。

设计风压不利值三层以下取 1.00 $kN/m^2$、三层以上 1.53 $kN/m^2$。

(4) 温度荷载取 40 ℃。

### 4.3.3　荷载组合

考虑 7 种主要控制工况进行强度验算：

COMB1：1.2Dead+1.4Live；

COMB2：1.2Dead+1.4 WindX；

COMB3：1.2Dead+1.4 WindY；

COMB4：1.2Dead+1.2Live+1.2WindX；

COMB5：1.2Dead+1.2Live+1.2WindY；

COMB6：1.2Dead+1.2Live+0.6WindX+0.2T；

COMB7：1.2Dead+1.2Live+0.6WindY+0.2T。

### 4.3.4　变形验算控制

刚度验算时，按上述 7 种主要控制工况，分项系数均按 1.0 取用，恒载有利可取 0.9。结构位移限值：悬挑梁 $\Delta < L/400$ mm；环形钢构梁 $\Delta < L/400$ mm；景观走廊的幕墙组合钢柱 $\Delta < L/500$ mm；钢管柱 $\Delta < L/800$ mm；相对节点位移 $\Delta < 20$ mm。

## 4.3.5 空间稳定措施

为了确保梅花形玻璃幕墙的结构体系空间稳定，在景观走廊上空的混凝土环梁处设置水平钢结构支撑 ZC1 和 ZC2(图 4-5)，由于“梅花”的花瓣尖端附近结构受力复杂，因此在该处采取密布水平支撑的构造措施。

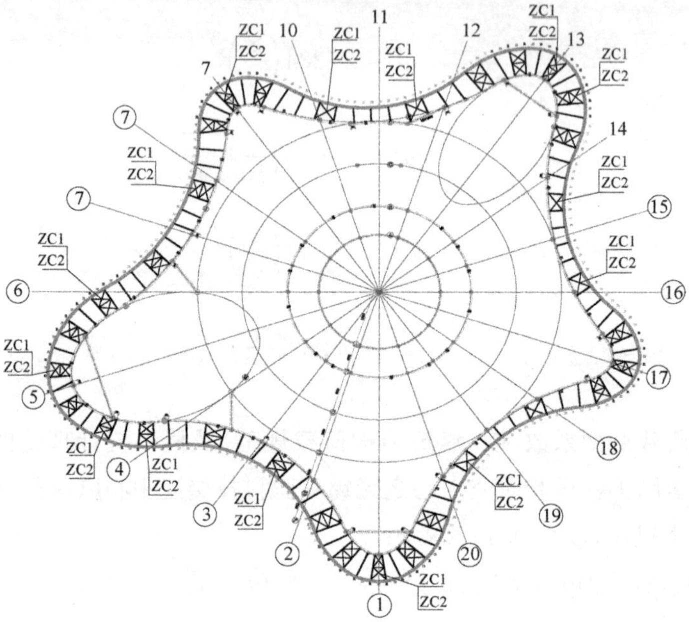


(a) 平面布置图

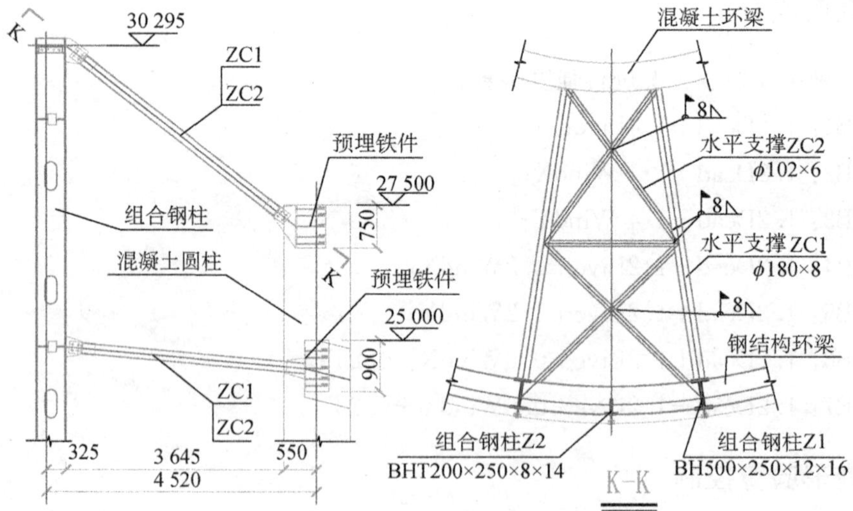


(b) 局部大样图

**图 4-5 幕墙钢结构的水平支撑**

## 4.3.6 数值分析的内力图主要结果

依据数值分析的内力结果(图 4-6～图 4-13),进一步对连接节点进行设计,确保钢结构支撑体系与混凝土结构的连接安全可靠。

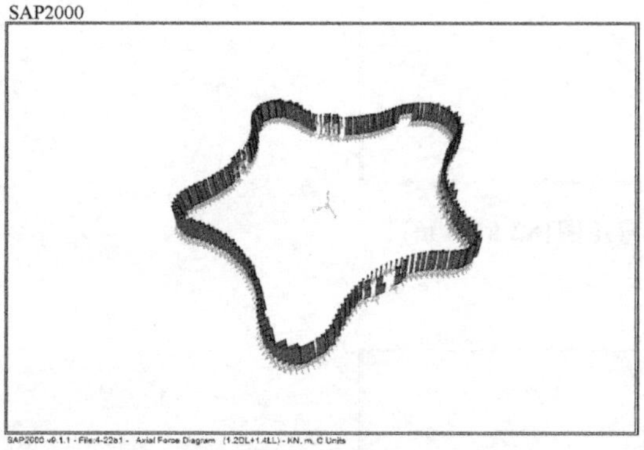


**图 4-6 底层柱 DL+LL 轴力图(最大 300 kN)**

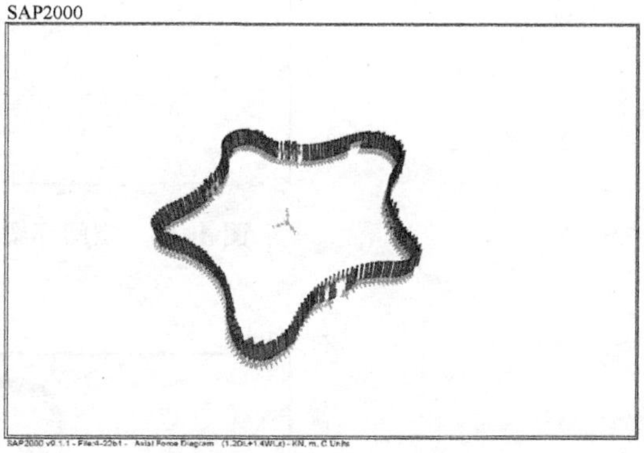


**图 4-7 底层柱 DL+WL 轴力图(最大 420 kN)**

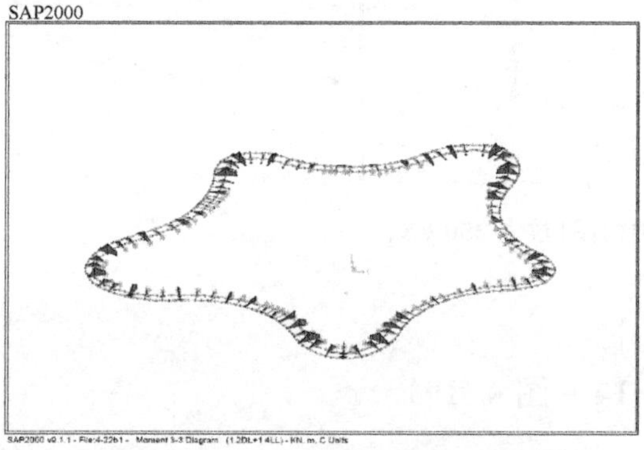


**图 4-8 三层走廊 DL+LL 弯矩图(最大 750 kN · m)**

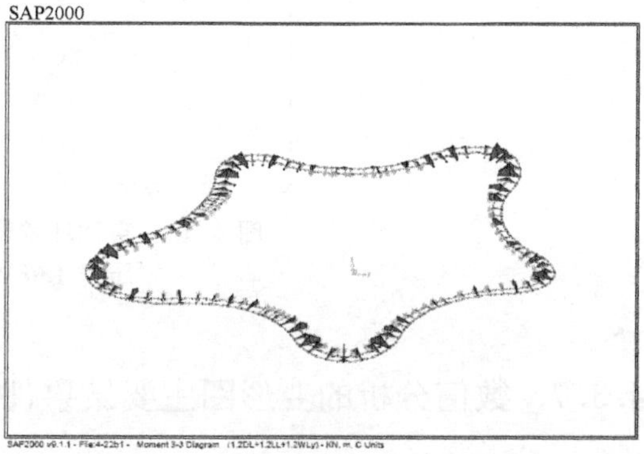


**图 4-9 三层走廊 DL+WL 弯矩图(最大 894 kN · m)**

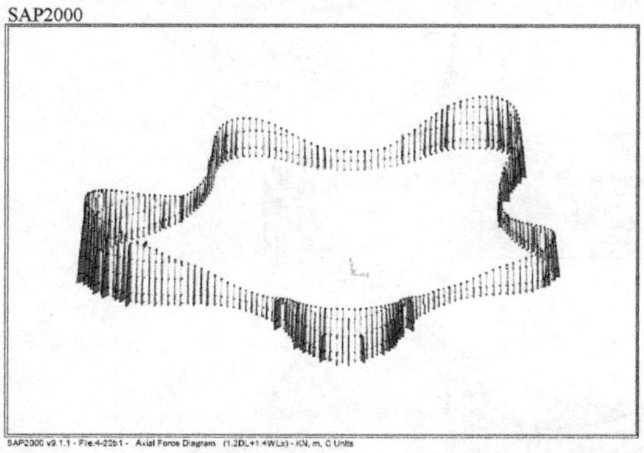


**图 4-10 上层立柱最大轴力图(最大 170 kN)**

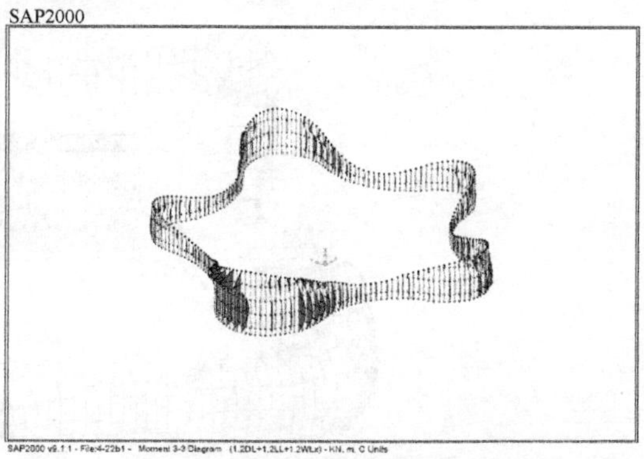


**图 4-11 上层立柱最大弯矩图(最大 143 kN · m)**

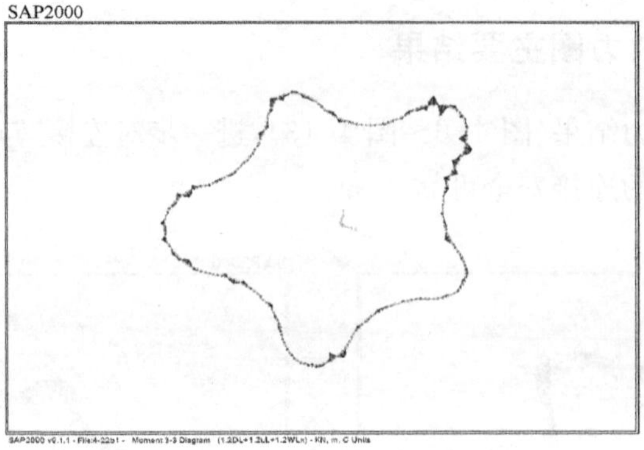


图 4-12　空间环梁最大弯矩图(82 kN · m)

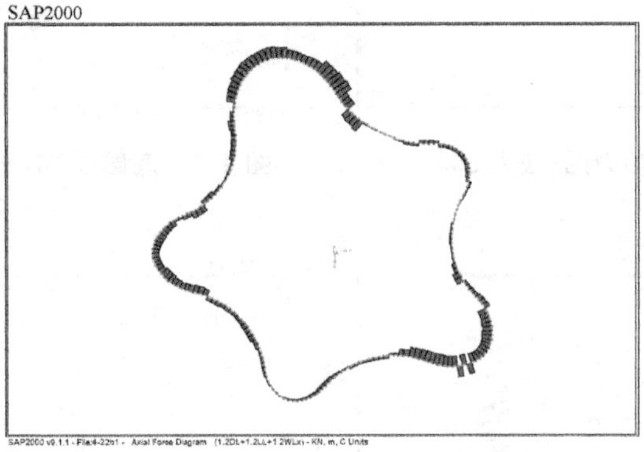


图 4-13　空间环梁最大轴力图(拉力 250 kN,压力 180 kN)

### 4.3.7　数值分析的变形图主要结果(图 4-14～图 4-19)

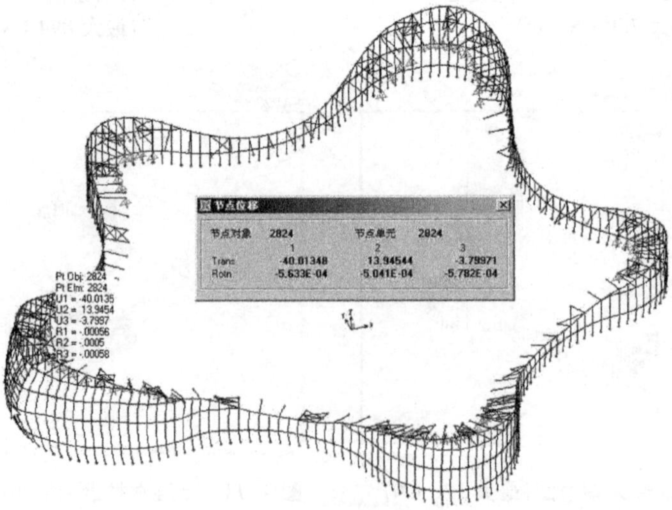


图 4-14　上层柱 DL+WLy 最大变形图(40.01 mm)

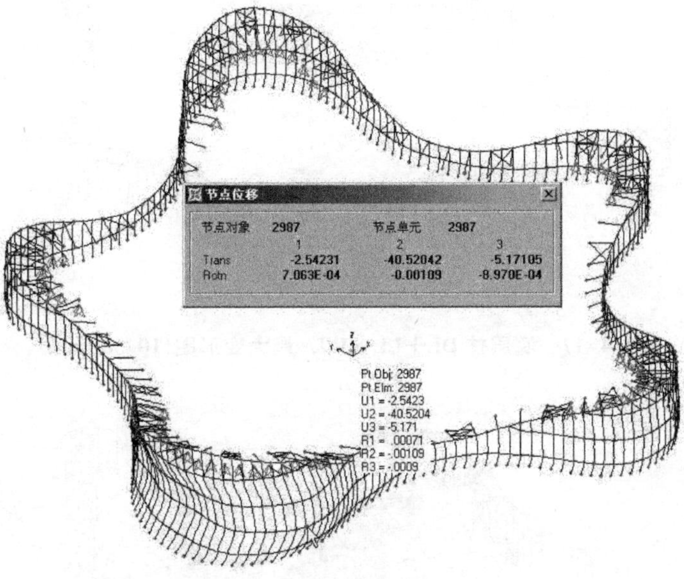


图 4-15　上层柱 DL+WLx 最大变形图(40.52 mm)

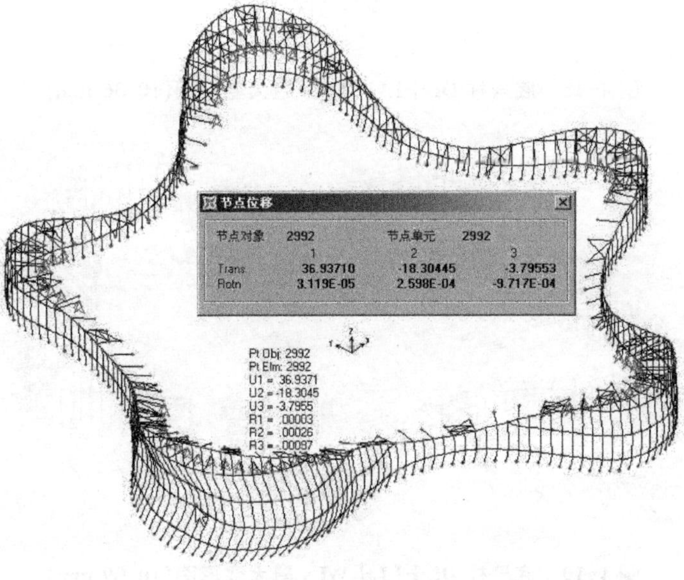


图 4-16　上层柱 DL+WLx 最大变形图(36.94 mm)

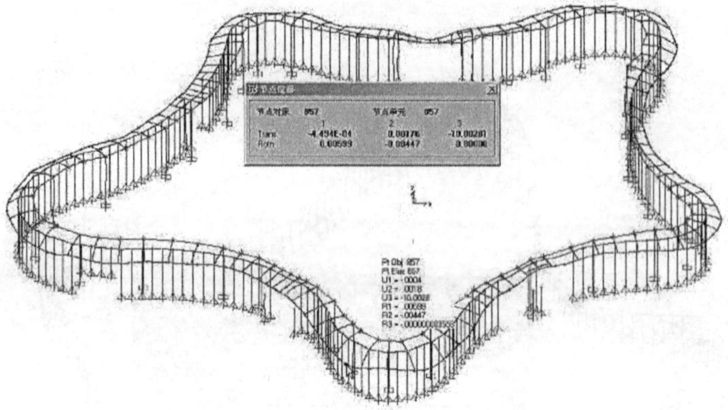

**图 4-17　底层柱 DL+LL+WLx 最大变形图(10.38 mm)**

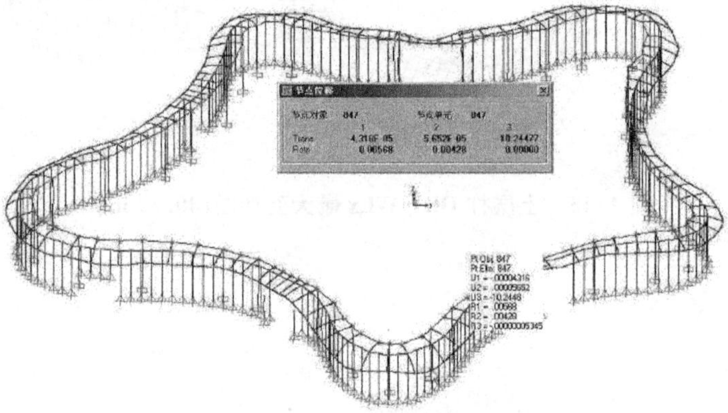

**图 4-18　底层柱 DL+LL+WLx 最大变形图(10.36 mm)**

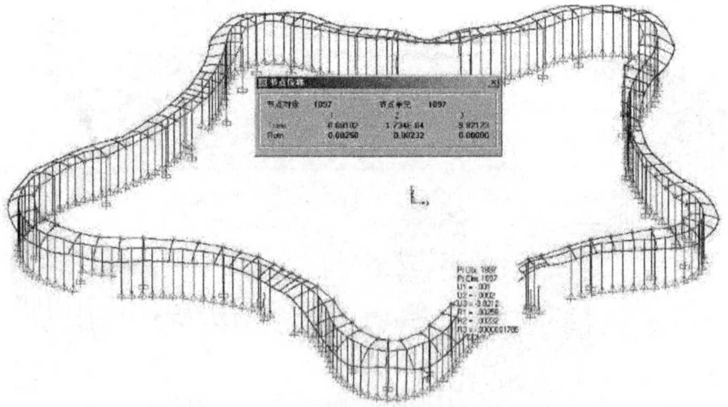

**图 4-19　底层柱 DL+LL+WLx 最大变形图(10.09 mm)**

依据数值分析的变形结果，进一步对玻璃面板系统进行设计。

梅花形玻璃幕墙的面板体系设计主要考虑因素和相应的选择：

(1) 考虑建筑效果的通透性，选择无框的点支式玻璃面板体系，玻璃基本分格尺寸设计为 $b \times h = 1\ 680\ \text{mm} \times 2\ 400\ \text{mm}$。

(2) 考虑建筑节能，设计选择中空 Low-E 玻璃，根据热工计算和力学计算，玻璃截面尺寸选择为(10＋12$a$＋10) mm。

(3) 考虑节材性和加工性，玻璃的固定形式采用夹板式。中空玻璃无须钻孔，可以节能节材，降低造价。

(4) 考虑“梅花”造型的逼真，设计采用弧形弯钢化中空玻璃以便与建筑外轮廓弧线吻合；同时考虑合理降低工程造价，在保证不影响视觉效果、保证弧线平滑过渡的前提下，部分采用平直玻璃。其选用原则为：弧线的矢高 $\delta$ 与弦长 $L$ 的比值 $\delta/L \geqslant 0.01$ 时，选用弧形弯钢化玻璃；$\delta/L < 0.01$ 时，选用平直玻璃。根据实物放样确定，在“梅花”的每个花瓣尖端约 40 m范围内采用弧形弯钢化玻璃(图 4-20)，其他部位选用平直玻璃。

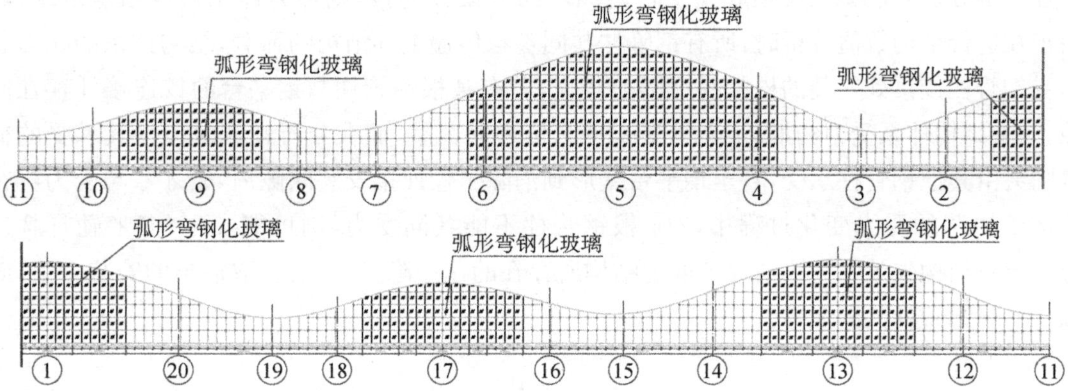


**图 4-20　9 m 标高以上幕墙展开图**

(5) 考虑中空玻璃沿弧形轮廓线安装，玻璃之间的夹角会发生变化，且玻璃面板在水平荷载作用下应能在夹板中产生较大的转动以释放弯曲应力，在不锈钢夹板中巧妙地设计了球铰装置(图 4-21)：其主要配件有前后夹头、前后夹板和紧固螺栓，后夹板的尾部安装在支撑结构上，紧固螺栓将前、后夹板紧固在一起，前后夹头为两个同心的半球体，铰接在夹板上。

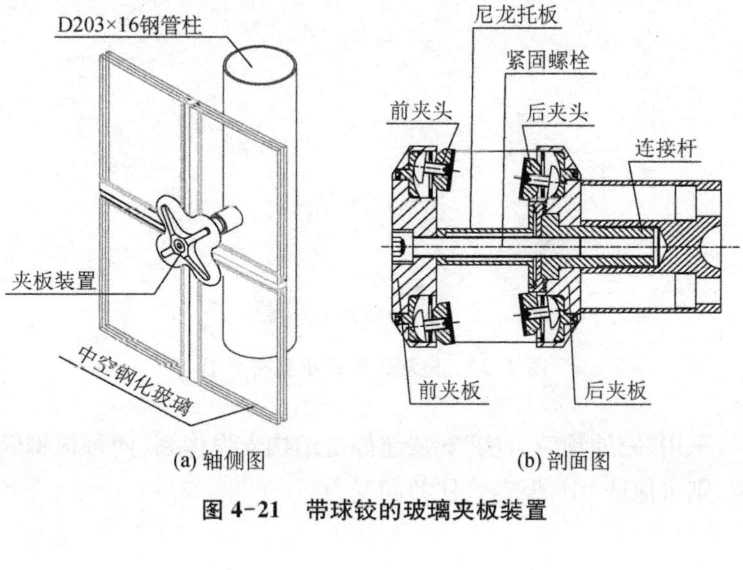


**图 4-21　带球铰的玻璃夹板装置**

## 4.4 超静定结构支撑体系的施工技术

标高为 9 m 处的景观走廊钢平台，由 37 根牛腿形径向主梁、74 根径向次梁和 2 圈环向主梁构成，如图 4-22 所示。其中内圈环向主梁下方有 216 根钢管柱支撑，作为 9 m 标高以下部分的玻璃幕墙支撑结构；外圈环向主梁支承着上方的 229 根组合柱，作为 9 m 标高以上部分的玻璃幕墙支撑结构；玻璃幕墙的荷载和景观走廊钢平台上方的荷载主要由 37 根牛腿形径向主梁和 216 根钢管柱传递给混凝土主结构，牛腿形径向主梁与混凝土柱刚性连接，钢管柱两端分别与混凝土反梁和钢平台内圈环向主梁铰连接，则传力体系构成超静定结构。由于在进行结构数值分析时，所有钢管柱共同参与传递上部结构的荷载，结构体系的受力状态受钢管柱铰接处安装的松紧程度影响较大：若有某根钢管柱与钢平台的铰连接处存在间隙，则在结构体系受力初期，不会承受钢平台传递的荷载，而在分析计算时应由其承受的荷载则会由其他钢管柱承受，直至钢平台变形到消除了铰连接安装间隙后，它才参与受力。在这样不协调的受力变化过程中，216 根钢管柱不能共同受力，则可能发生"多米勒骨牌效应"，导致结构失效。为了消除超静定结构所存在的这一隐患，则需采取适当的安装方法，确保 216 根钢管柱共同受力。

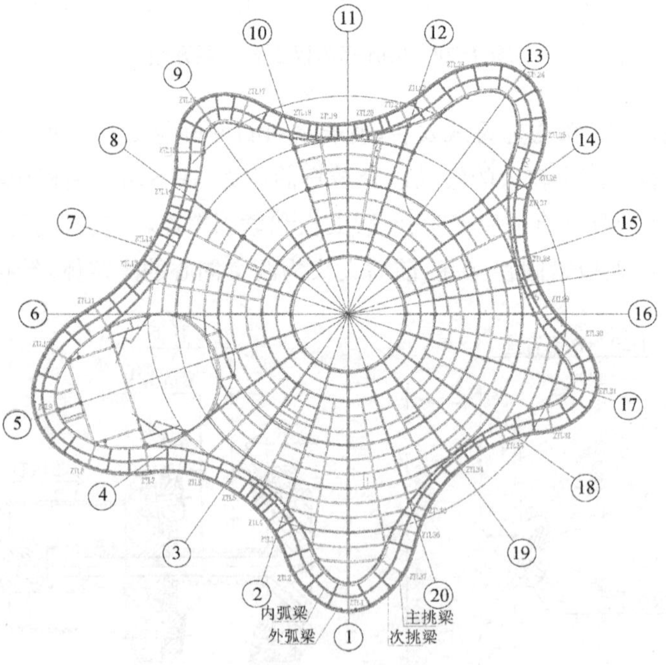


图 4-22 景观走廊钢平台布置图

经分析研究，采用"施加预应力法"安装超静定结构支撑体系，使每根钢管柱的铰连接处不存在安装间隙，则可保证 216 根钢管柱共同受力。

**1）“施加预应力法”的实施条件和准备工作**

（1）搭设满堂脚手架，在 9 m 标高处混凝土圆柱上安装 37 根牛腿形径向主梁；

（2）将 74 根径向次梁和 2 圈环向主梁连接到牛腿形径向主梁上，从而形成钢平台骨架；

（3）测量放线，确定 216 根钢管柱的位置，并在内弧形梁的下方安装钢管柱的上端支座；

（4）切割下料 216 根钢管柱，连接钢管柱上端与内弧形环梁，使钢管柱铅直下垂，钢管柱的下端与混凝土地梁预埋钢板间的间隙保持在 1～3 mm 之间；

（5）在工厂加工楔形钢块，每根钢管柱配备 4 块楔块；

（6）在工厂加工方框形顶升夹具系统，采用 4 组高强螺栓副，能顶升相应的楔形钢块（图 4-23）；

（7）理论分析，D203×16 的钢管柱，承受 20 kN 的轴心力时产生的应变量为

$$\varepsilon = \frac{\sigma}{E} = \frac{\dfrac{20 \times 10^3}{9\ 399.6}}{2.06 \times 10^3} = 10.3 \times 10^{-6}$$

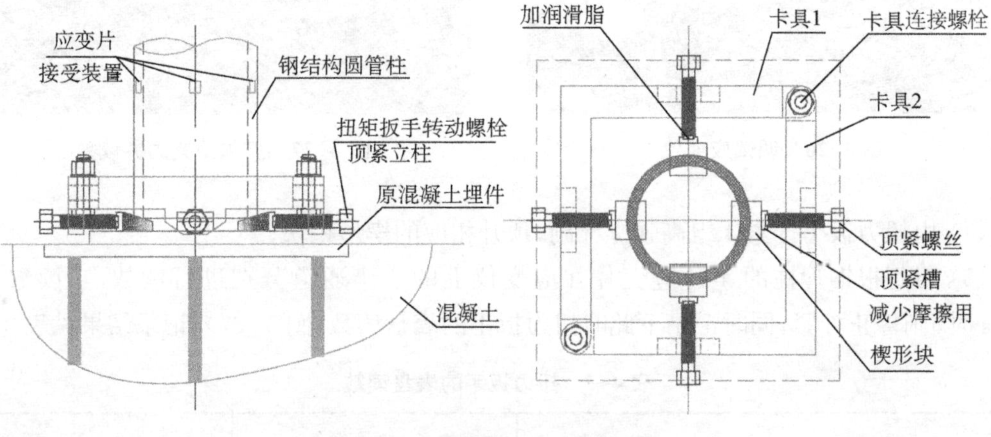


**图 4-23　楔形钢块顶升夹具系统**

**2）“施加预应力法”的标定试验**

（1）选择位于①轴、③轴和⑪轴不同位置的 3 根钢管柱进行标定试验，在钢管柱离地 1 m的截面处对称打磨 4 个点，丙酮清洗后，粘贴 4 片电阻应变片（图 4-24）；

（2）连接导线到接线端子（图 4-25），将 4 片电阻应变片连接到电阻应变仪上，采取半桥连接，并接温度补偿片；

（3）将 4 块楔形钢块对称均匀布置到钢管柱下端与混凝土地梁预埋钢板间的间隙之中，安装方框形顶升夹具系统，并调节应变仪（图 4-26）；

图 4-24　粘贴应变片

图 4-25　连接电线

图 4-26　调试应变仪

图 4-27　施加顶紧力并读数

(4) 由扭力扳手拧紧 4 组高强螺栓副，顶升相应的楔形钢块；

(5) 对每根钢管柱的 4 片应变片在应变仪上的 4 个通道分别进行读数，当读数达到 10 $\mu\varepsilon$ 时，则停止拧紧，同时记录下此时扭力扳手的表盘读数(图 4-27)，记录结果见表 4-5。

表 4-5　扭力扳手的表盘读数

| 钢管柱序号 | 钢管柱位置 | 应变仪读数($\mu\varepsilon$) | 扭力扳手读数(kg) |
|---|---|---|---|
| Z1 | 位于①轴 | 10 | 96 |
| | | 10 | 102 |
| | | 10 | 98 |
| | | 10 | 96 |
| Z4 | 位于③轴 | 10 | 100 |
| | | 10 | 97 |
| | | 10 | 99 |
| | | 10 | 105 |

（续表）

| 钢管柱序号 | 钢管柱位置 | 应变仪读数(με) | 扭力扳手读数(kg) |
|---|---|---|---|
| Z7 | 位于⑪轴 | 10 | 100 |
| | | 10 | 102 |
| | | 10 | 105 |
| | | 10 | 99 |
| 平均值 | | 10 | 100 |
| 结论：当扭力扳手拧紧至读数为 100 kg 时，钢管柱产生应变为 10 με，钢管柱承受轴向压力为 20 kN。 | | | |

### 3)"施加预应力法"的影响性试验

分别对位于②轴、③轴和⑪轴附近的 3 根钢管柱做影响性试验：测试先顶紧的钢管柱受其两侧后顶紧钢管柱的影响，而使得预应力降低的程度。试验数据记录见表 4-6～表 4-8。

**表 4-6　①轴附近的 3 根柱试验数据**

| 钢管柱序号 | 钢管柱位置 | 应变仪读数(με) | | |
|---|---|---|---|---|
| | | 中柱顶 20 kN | 两侧柱顶 16 kN | 两侧柱顶 20 kN |
| Z1 | 位于①轴 | 10 | 9 | 7 |
| | | 10 | 7 | 6 |
| | | 10 | 8 | 6 |
| | | 10 | 7 | 5 |
| Z2 | ①轴左侧 | 0 | 8 | 10 |
| | | 0 | 8 | 10 |
| | | 0 | 8 | 10 |
| | | 0 | 8 | 10 |
| Z3 | ①轴右侧 | 0 | 8 | 10 |
| | | 0 | 8 | 10 |
| | | 0 | 8 | 10 |
| | | 0 | 8 | 10 |
| 结论：随着两侧柱的顶紧，中柱的预应力下降，相邻 3 柱的同等程度预压力可控制在 16 kN 左右。 | | | | |

**表 4-7 ③轴附近的 3 根柱试验数据**

| 钢管柱序号 | 钢管柱位置 | 应变仪读数(με) | | |
|---|---|---|---|---|
| | | 中柱顶 20 kN | 两侧柱顶 14 kN | 两侧柱顶 20 kN |
| Z4 | 位于③轴 | 10 | 7 | 6 |
| | | 10 | 6 | 4 |
| | | 10 | 8 | 6 |
| | | 10 | 6 | 5 |
| Z5 | ③轴左侧 | 0 | 7 | 10 |
| | | 0 | 7 | 10 |
| | | 0 | 7 | 10 |
| | | 0 | 7 | 10 |
| Z6 | ③轴右侧 | 0 | 7 | 10 |
| | | 0 | 7 | 10 |
| | | 0 | 7 | 10 |
| | | 0 | 7 | 10 |
| 结论:随着两侧柱的顶紧,中柱的预应力下降,相邻 3 柱的同等程度预压力可控制在 14 kN 左右。 | | | | |

**表 4-8 ⑪轴附近的 3 根柱试验数据**

| 钢管柱序号 | 钢管柱位置 | 应变仪读数(με) | | |
|---|---|---|---|---|
| | | 中柱顶 20 kN | 两侧柱顶 16 kN | 两侧柱顶 20 kN |
| Z7 | 位于⑪轴 | 10 | 8 | 7 |
| | | 10 | 8 | 6 |
| | | 10 | 6 | 5 |
| | | 10 | 7 | 5 |
| Z8 | ⑪轴左侧 | 0 | 8 | 10 |
| | | 0 | 8 | 10 |
| | | 0 | 8 | 10 |
| | | 0 | 8 | 10 |
| Z9 | ⑪轴右侧 | 0 | 8 | 10 |
| | | 0 | 8 | 10 |
| | | 0 | 8 | 10 |
| | | 0 | 8 | 10 |
| 结论:随着两侧柱的顶紧,中柱的预应力下降,相邻 3 柱的同等程度预压力可控制在 16 kN 左右。 | | | | |

**4) “施加预应力法”的工程实施**

基于对现场钢管柱的标定试验和影响性试验，可以大量地进行工程实施，仅仅通过对扭力扳手的读数，可以较为准确地控制 216 根钢管柱处于相近的预应力水平。具体实施步骤如下：

(1) 由扭力扳手拧紧方框形顶升夹具系统，对 37 根牛腿形径向主梁下方的钢管柱顶紧，读数控制为 100 kg，塞焊缝焊牢；

(2) 由扭力扳手拧紧方框形顶升夹具系统，对 74 根径向次梁下方的钢管柱顶紧，读数控制为 90 kg，塞焊缝焊牢；

(3) 由扭力扳手拧紧方框形顶升夹具系统，对剩余的 105 根钢管柱对称顶紧，读数控制为 80 kg，塞焊缝焊牢；

(4) 至此，可以近似地认为 216 根钢管柱都较为均匀地承受 16 kN 的预压力，快速而精确地完成超静定结构支撑体系的安装。

## 4.5　安装点支式玻璃面板的施工技术

采用传统的外脚手架对高低起伏的弧形玻璃进行安装，连墙杆布置甚密，将会导致许多玻璃在连墙杆处不能及时安装，只能等拆脚手架时补装，安装速度很慢，而且在拆架子时安装，安全隐患较大。针对这一实际情况，本项目改进脚手架的搭设方法，采用“替代连墙杆法”，如图 4-28 所示，充分利用不锈钢梅花夹具上的 M14 螺纹孔，将脚手架的连墙杆拉接在不锈钢梅花夹具上，将脚手架的侧向拉接点固定到玻璃幕墙内侧的钢结构上，正常安装玻璃面板，待玻璃面板安装结束后，依次用 M14 的不锈钢螺栓替代连墙杆件端的 M14 螺栓即可。通过采用该施工技术，可以将玻璃面板连续安装，不留孔洞，玻璃安装完成后，边拆架子边替代玻璃夹具上的螺栓(图 4-29)，从而节省玻璃面板的安装工期，减轻拆脚手架的安全隐患，并且保持玻璃缝的一致性，从而达到施工质量、施工安全、施工进度的完美统一。

图 4-28　连墙杆拉接在梅花夹具上

图 4-29　拆架子

## 4.6 弧形幕墙玻璃自爆和雨水渗漏的分析与处理

梅花形建筑在玻璃幕墙安装完成至工程总体竣工验收的一年期间内，出现玻璃自爆和雨水渗漏现象，参建单位技术人员进行了研究分析，并提出处理措施，可供类似工程借鉴。

### 4.6.1 现象与原因分析

**1）玻璃自爆**

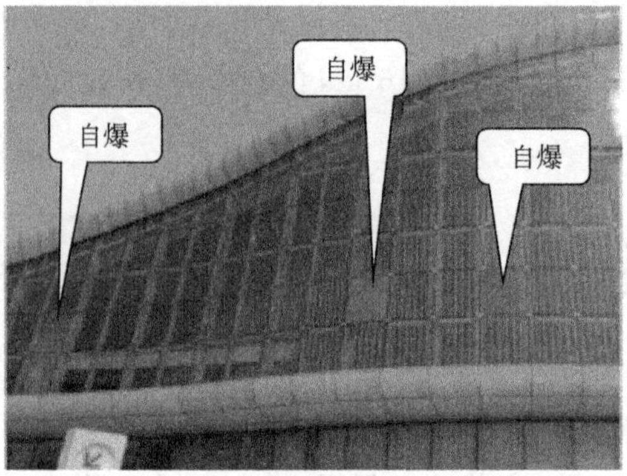


图 4-30 弧形幕墙玻璃自爆现象

如图 4-30 所示，梅花型的点支式弧形玻璃幕墙，采用中空 Low-E 玻璃分格尺寸为：高度 2.4 m、宽度 1.6～1.8 m、厚度为 8＋12A＋8 mm和 10＋12A＋10 mm 两种规格，总共有 2 500块弧形钢化玻璃，在 1 年内发生了 15 块玻璃“自爆”。该工程的玻璃自爆率达到 6‰，与通常控制指标玻璃自爆率 3‰相比，弧形玻璃幕墙的玻璃自爆率偏高。

针对这一现象，技术人员进行分析，弧形玻璃幕墙自爆率偏高的主要原因如下：

（1）与通常的平直玻璃幕墙相同，玻璃材料可能存在加工质量缺陷，例如玻璃厚薄均匀度、平整度、玻璃表面的缺陷、玻璃的边缘切割和边缘打磨质量缺陷等问题，常常引发使用过程玻璃自爆。

（2）弧形玻璃面板系统的安装定位很难，容易产生安装累积误差过大的现象，在同一个梅花爪件的驳接处，4 块玻璃不易调整到一个平整的平面内，很容易使得部分玻璃面板“强迫就位”，存在较大的附加安装应力。该种附加应力是弧形幕墙玻璃自爆率偏高的主要原因。

（3）弧形幕墙的钢结构支撑体系，在受风荷载作用和温度作用的工况下，不仅发生平面内的变形和位移，而且发生平面外的变形和位移，此种空间变形使得玻璃承受附加弯曲应力。此种附加应力是弧形幕墙玻璃自爆率偏高的另一个主要原因。

（4）弧形幕墙的玻璃夹板装置设计成带球铰的夹头，其目的是减轻以至消除钢结构支撑体系和玻璃面板体系变形引起的附加应力。然而，在安装过程中，存在密封胶污染球铰装置的可能，使得球铰不能正常发挥作用，从而使玻璃面板角部的弯曲应力集中，产生“自爆”。

**2）雨水渗漏**

如图 4-31 所示，弧形点支式玻璃幕墙出现一种奇怪的雨水渗漏现象，下雨时，大面的幕墙内侧并未见有雨水渗漏，而在幕墙的下部，尤其是靠近下封边处，出现一些的渗漏流水，甚至在室外雨停了，室内的幕墙下封边处还有雨水流出。

依据这一现象，对玻璃幕墙的节点构造进行分析，发现施工后的中空玻璃、泡沫棒与密封胶之间存在r角空腔(图4-32)，在梅花扣件处未能切断玻璃胶间的r角空腔，使得该空腔纵横两方向皆可能贯通，形成空腔网络。当玻璃幕墙顶端(挑檐内)玻璃幕墙板块连接处某封口不严，有雨水漏入r角空腔，则会使得雨水渗漏下面梅花扣件处溢出室内，或通过泡沫塑料r角空腔继续竖向、横向分流(图4-33)，使得檐口渗漏的雨水可能通过r角空腔汇集到幕墙的下封口处，造成幕墙的下部多处溢水。

图4-31　弧形幕墙室内雨水渗漏现象

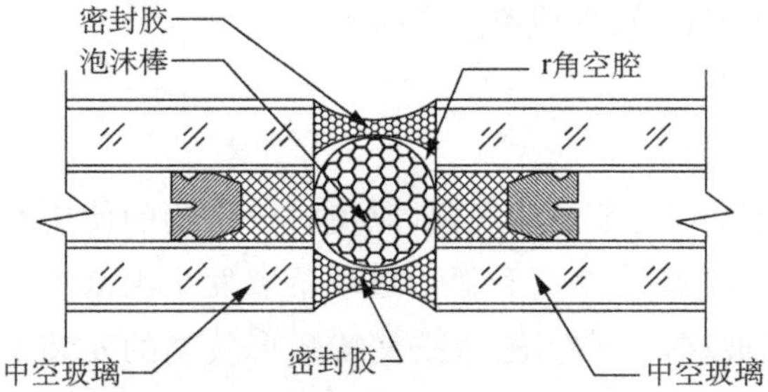


图4-32　玻璃幕墙剖面图

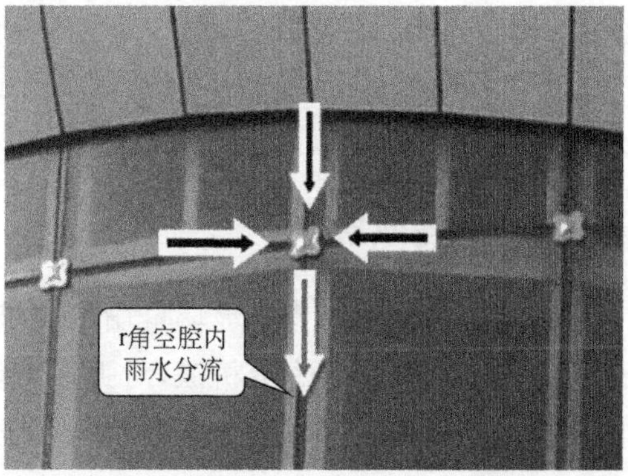


图4-33　雨水在胶缝内分流示意图

## 4.6.2　处理措施

### 1) 处理自爆弧形玻璃的措施

(1) 根据施工图纸加工弧形玻璃，控制尺寸误差，符合《建筑幕墙规范》(GBT 21086—2007)的技术要求，边长误差不允许超过±2 mm，对角线误差不允许超过±3 mm。

(2) 可采用长臂汽车吊更换已“自爆”的玻璃(图4-34)：松开梅花形不锈钢爪的盖板，割开已爆玻璃四边的密封胶，取下已爆玻璃，清理胶缝，吊上替换玻璃。

图4-34　汽车吊更换“自爆”玻璃

(3) 仔细检查玻璃的夹板装置，确保夹板上的半球形夹头能够较灵活地在夹板腔内滑动。若夹板腔内有污染物，则必须清理干净，使得玻璃安装后，能够形成有效的球铰，使夹头顺应玻璃的变形，减少玻璃角部的弯曲应力。

(4) 认真调节玻璃在夹板中的安装位置，保证玻璃缝隙宽窄一致，偏差不超过 2 mm，并且重点保证竖缝相邻两侧玻璃表面的平面度，采用 2 m 靠尺检验，原则上偏差不允许超过 2.5 mm。当无法调整平面度至许可偏差范围内时，可调节夹头背后的球铰螺杆组件，使得夹板上的 4 个夹头能均匀施力于 4 块玻璃的角部，不至于使得新替换的玻璃“强迫就位”，从而消除附加安装应力。

**2）处理雨水渗漏的措施**

(1) 用记号笔标识幕墙的雨水渗漏处；

(2) 检查渗漏处所对应的竖向胶缝，发现破损，则进行修补；

(3) 同时，依次打开渗漏点所对应竖缝上的梅花形不锈钢夹板，沿着此处 4 块玻璃所形成的十字缝注胶，形成一道防水，同时堵塞由中空玻璃、泡沫棒与密封胶之间所形成的 r 角空腔，依次切断纵横两个方向贯通的流水通道；

(4) 安装好前夹板，并沿前夹板一周注密封胶，形成一道防水；

(5) 在室内，沿着梅花爪件的后夹板一周注密封胶，形成第三道防水。

### 4.6.3 处理效果

为了减少弧形点支式玻璃幕墙出现玻璃自爆和雨水渗漏现象，以免对建筑物的使用产生严重影响。采用观察分析法，对弧形幕墙玻璃自爆率偏高和弧形玻璃幕墙发生雨水渗漏的现象进行分析。基于研究分析，更换“自爆”玻璃，正确实施球铰夹持弧形玻璃的安装工艺，避免玻璃“强迫就位”，从而消除附加的安装应力，减少弧形玻璃自爆；在梅花形爪件周围补注密封胶，切断胶缝中存在的贯通空腔，从而切断纵横胶缝中的水流通道，并在前后夹板周边注胶形成三道防水措施。该项处理工作完成后，至今未再发生玻璃自爆和雨水渗漏现象，说明该工程的处理措施得当，可为类似工程提供参考。

## 4.7 本章小结

本章的研究成果通过在无锡新区科技交流中心梅花形体曲面点支式玻璃幕墙工程中的成功应用，实现了幕墙超静定结构体系与主体结构的完美结合且受力合理，既实现了建筑设计的意图，又方便了施工。其关键技术及创新点如下：

(1) 采用 0～4 评分法，对曲面点支式玻璃幕墙的超静定支撑体系进行多方案分析比选，综合考虑建筑效果、结构传力、幕墙变形、施工难度和工程造价 5 项内容，从而选定适合本建筑工程的超静定结构支撑体系。

(2) 应用 SAP2000 有限元分析软件，进行多工况条件下的数值分析，并且考虑施工预顶力对超静定结构的作用，确保超静定结构体系的变形控制在玻璃面板变形的限制范围内。

(3) 采用“施加预应力法”安装超静定结构支撑体系，确保结构整体变形协调，使结构整体达到设计分析模型所假定的受力状况，同时采用应变仪数据采集系统由试验标定楔块顶升系统的扭力矩，以达到快速精确安装超静定结构支撑体系的目的。

(4) 采用“替代连墙杆法”安装曲面玻璃幕墙，确保玻璃缝隙均匀一致，既减轻了结构变形对玻璃面板系统的影响，又大大节省玻璃面板的安装工期。

(5) 分析研究了弧形玻璃幕墙的玻璃“自爆”和渗漏现象，采取相应措施解决了梅花形建筑的大面积点支式玻璃幕墙使用过程的隐患。

# 第5章 地下室长墙施工期裂缝防治综合技术

## 5.1 引言

现浇混凝土结构在正常使用前，即在施工期间经常产生裂缝（除特别说明外，报告中所指裂缝均指通常条件下混凝土结构产生的肉眼可见裂缝），此时，结构通常尚未承受正常使用情况下的全部荷载，这种裂缝多因间接作用如非荷载变形（收缩、温度等）所引起。国内外的调查资料表明："工程实践中结构物的裂缝原因，属于变形变化（温度、收缩、不均匀沉陷）引起的约占80%以上；属于由荷载引起的约占20%。"混凝土施工期间裂缝多发生在混凝土浇筑后的数天或十几天的时间段内，也有在浇筑完毕的几个月后仍主要因间接作用产生裂缝的，但与后续正常使用状态的长时期相比，施工期间裂缝可称作"早期裂缝"。

根据1991—2006年的统计资料，高层建筑地下室底板出现裂缝的数量约占被调查工程总数的10%，地下室外墙出现裂缝的数量约占被调查工程总数的85%以上。近年来，武汉地区的调查表明，地下室外墙在施工期间产生裂缝的约占被调查工程的70%。在上海市的另一项调查中，发现地下室外墙产生裂缝的工程占被调查工程的68%，其中绝大多数裂缝发生在施工期间，在拆模时即发现。虽然以上调查数据并不完全相同，但均可以说明现浇混凝土结构产生施工期间间接裂缝已经成为较为普遍的现象。

预拌混凝土的早期收缩及环境温度、湿度等间接作用对混凝土施工期间裂缝及结构性能的影响与结构在正常使用期间因荷载作用等的影响在成因、危害及防治措施等方面均不相同。

对于间接作用对施工期间混凝土开裂的研究在近几年才受到关注。有关研究多集中在某单一环节，对诸多因素综合考虑的研究还不多。对于施工期间主要因混凝土早期收缩引起的混凝土开裂研究则主要体现在两个方面：混凝土基本收缩性能试验及理论研究；建立在工程实践基础上的混凝土裂缝控制研究。

国内外有关文献资料颇多，但一般是只考虑特定条件下的研究成果，且多零散地发表在一些刊物上。关于混凝土收缩，系统的成果集中体现在混凝土收缩的估算方法上。

前期对混凝土早期裂缝防治的研究主要集中在材料性能、设计措施、施工措施方面等单一方面，多方面措施综合分析尚不足。前期研究认为混凝土的早期裂缝是由收缩引起，高强混凝土的开裂大部分由自收缩引起。该裂缝对混凝土的力学性能没有大的影响(仅使其抗拉强度稍微降低),但早期裂缝会明显增加混凝土表面的渗透性,导致表面裂缝附近碳化深度明显增加。建议完善养护制度,采取措施在混凝土凝结前提供早期养护水,对混凝土进行表面养护,以改善早期开裂情况,研究中没有明确最适宜的补水养护时机。

混凝土的原材料:骨料、胶凝材料、外加剂等对混凝土早期收缩影响较大。粗骨料的岩石种类和骨料品质(吸水率、比重)对混凝土收缩性产生影响;低吸水率(低孔隙率、高比重)粗骨料混凝土的弹性模量比较高,而收缩性比较低。通常认为:石英岩、石灰岩、白云岩及花岗岩等骨料属低收缩型的,而砂岩、黏板岩、玄武岩等的骨料属高收缩性的;但有些岩石(如花岗石、石灰岩、白云岩)的可压缩性变化较大,影响到混凝土的收缩性也随着变化较大。骨料的清洁程度(洗与不洗)能影响混凝土拌和水量,所以也能影响混凝土的收缩性能,影响幅度可达20%。水泥品质影响水泥凝胶的组分、结构和数量,所以也影响水泥石毛细孔、凝胶孔的形状、尺寸和数量,并进而影响到混凝土的收缩性能。

环境湿度是影响混凝土收缩性能的重要因素,温度高低、风力强弱也都有一定的影响。前期文献提供了反映环境湿度对混凝土极限收缩率影响的经验公式。国外各种技术标准或技术文件基于不同的试验研究和经验,提出了不同的混凝土收缩估算公式。

## 5.2　地下室长墙施工期裂缝控制的难点分析

梅花形建筑的地下室结构轮廓:南北向长143 m,东西向长约140 m(图5-1)。地下室为筏板基础,地下室墙体为钢筋混凝土剪力墙,柱截面尺寸600 mm×600 mm,间距8.1 m,为明柱,地下外墙厚350～500 mm,内墙厚200 mm。采取合适的措施来控制裂缝的出现和开展,是一个非常复杂和困难的问题。地下室长墙裂缝控制的难点及关键点如下:

(1) 工程地下室长墙结构复杂多变,体系复杂,约束变化大;

(2) 混凝土原材料质量不稳定,施工过程动态控制难度大;

(3) 地下室混凝土长墙施工期环境不利。

工程建设过程将跨越2个雨期、2个冬期。无锡市气候特点为春季风大,夏季多雨高温(七、八月雨水占全年一半雨水降水量以上,平均气温26 ℃,极端最高气温超过40 ℃),秋季时间短,冬季北风频吹潮湿寒冷(最冷月平均气温在0 ℃以下,极端最低气温在−10 ℃以下)。地下室施工在夏、秋季节,环境影响大。

以上因素导致本工程地下室长墙施工期裂缝控制难度大,需要从结构及构造措施优化、原材料优选、配合比优化及施工过程控制等方面综合采取措施,对基于数值分析和动态控制的地下室长墙施工期裂缝控制技术进行研究并综合应用。

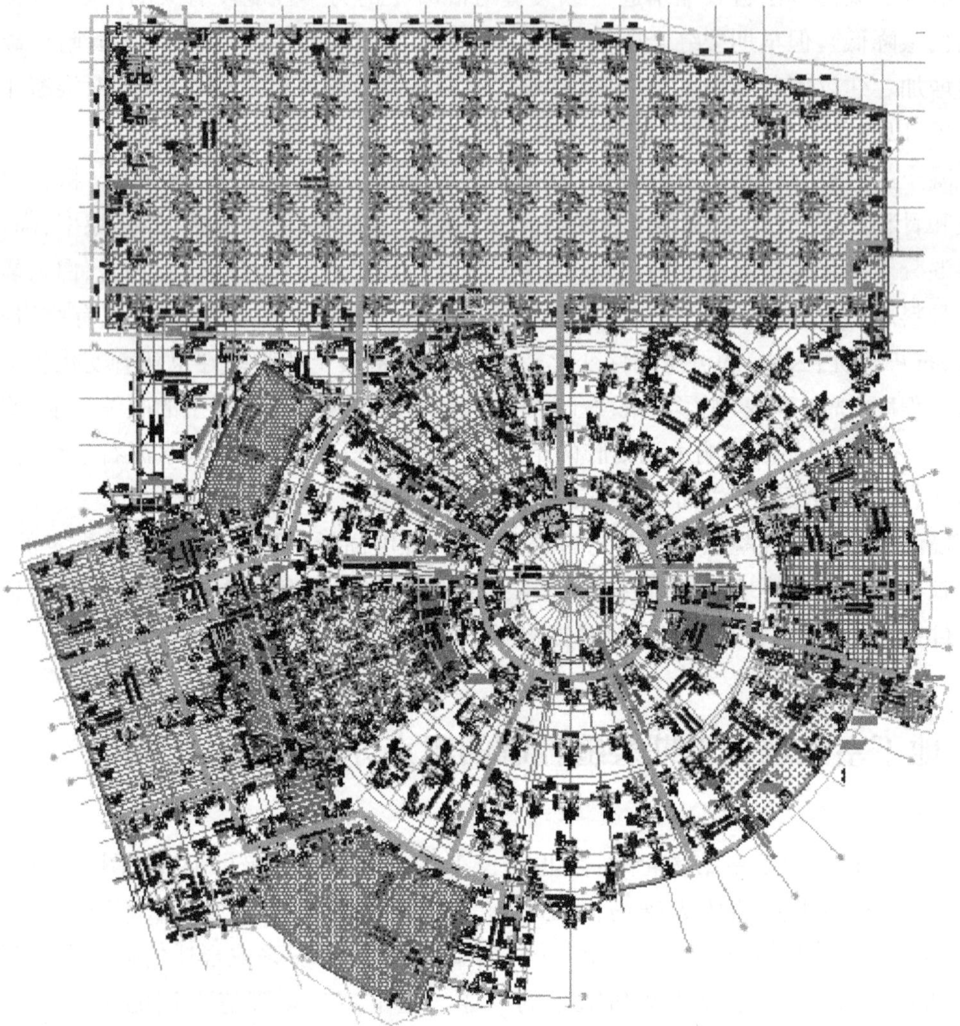

**图 5-1　无锡新区科技交流中心地下长墙结构图**

（南北向长 143 m，东西向长约 140 m）

## 5.3　地下室混凝土结构施工期开裂机理分析

可以较粗放地将预拌混凝土施工期间开裂简单描述如下：混凝土主动收缩、温度变形等作为“作用”使处于一定约束条件下的混凝土结构或构件产生效应（内力和变形），当此作用效应超出混凝土结构或构件所能承受效应的能力（结构抗力）时，可以认为混凝土即开裂。

细部区分，预拌混凝土施工期间裂缝主要可分为三大类，各类裂缝的研究尺度、机理、防治措施有不同。

**1）初始微裂缝**

混凝土凝结硬化过程中，由于胶凝材料水化，浆体中的固体和液体绝对体积减少以及水化热散失冷却会引起水泥石胶体体积缩小，这种体积缩小受阻于体积稳定的骨料，可能在骨料间的水泥石中引起拉应力，其中，部分拉应力可因胶体的流动而消解，另一部分则可能在固态的水泥石中或界面处产生裂缝。这些裂缝大多很短小，并且不连续，呈弥散状态，只存在于混凝土材料内部（图5-2），肉眼并不可见，对混凝土的受力性能影响不大，但这些裂缝可能是混凝土结构以后裂缝发展的基础。

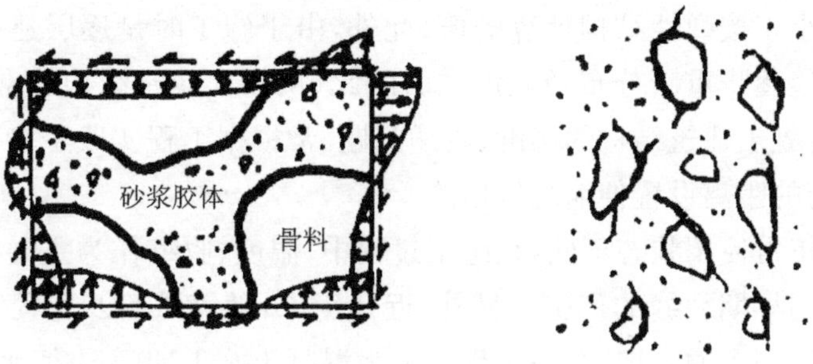


图5-2　混凝土中的内应力及裂缝

**2）塑性收缩、沉降收缩等引起的裂缝**

混凝土在终凝前处于可塑状态时，水分从混凝土表面迅速蒸发；同时，如果混凝土保水性能不良则混凝土可能泌水，水分也会从混凝土的下部迅速上升。混凝土表面水分蒸发、泌水水分上升，其表面干燥收缩，体积缩小，会使混凝土表面开裂，这种裂缝细小，分布较密，多在混凝土的表面，也可能深入其内部。

墙体构件中由于混凝土组分比重不同产生的沉降也可能引起开裂（图5-3）。墙体侧面的混凝土，裂缝沿着水平钢筋的方向。裂缝的深度一般从混凝土表面到达钢筋的外表面。

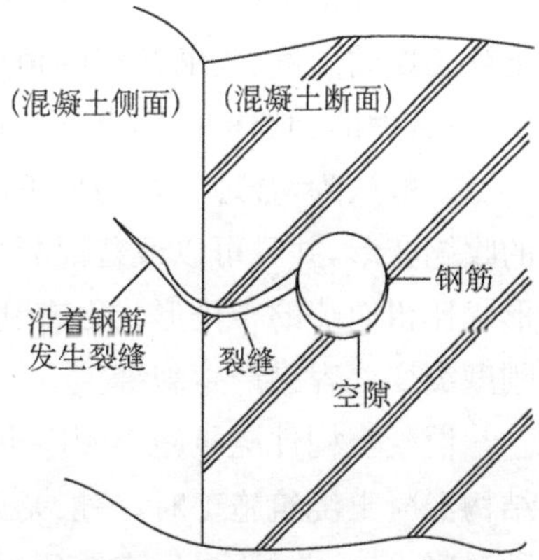


图5-3　墙体混凝土由于沉降沿钢筋侧面发生的裂缝

**3）混凝土墙由于温度、收缩应力过大引起的开裂**

混凝土主动收缩、温度变形等作为“作用”使处于一定约束条件下的混凝土结构或构件产生效应（内力和变形），当此作用效应超出混凝土结构或构件所能承受效应的能力（结构抗力）时，可以认为混凝土即开裂（图5-4）。

现浇混凝土结构在施工期间开裂，有些是由单一因素引起的，如，使用与环境条件：环境温度、湿度变化等；结构及外力：对温度、收缩等变形作用引起的应力考虑不足，没有采取构造措施或采取措施不当等；原材料及配合比：混凝土配合比不合理，各种原因导致的混凝土

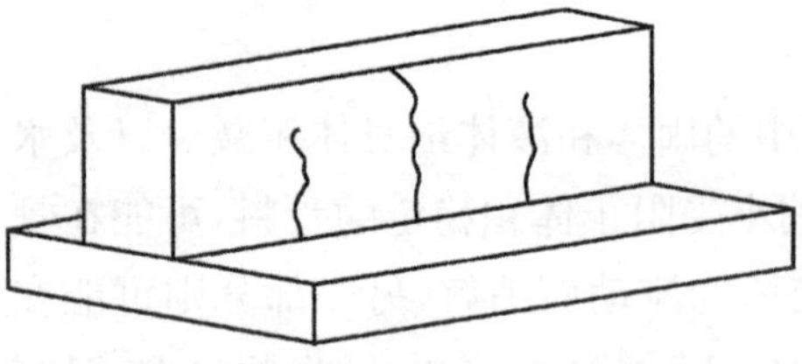

图 5-4　下部受约束墙体收缩裂缝

过大收缩变形等；施工过程：养护方案不合理等。但更多的裂缝不是由单一因素引起，而是上述多种原因的综合作用形成。

温度变化和混凝土收缩均会在建筑结构中产生水平方向和竖直方向的内力和变形，但在结构设计时一般没有对此进行计算和分析。主要是基于以下考虑：一方面，建筑结构的温度场分布和混凝土收缩参数很难确定；另一方面，混凝土既有塑性变形，又有徐变和应力松弛，温度和收缩产生的实际内力要远小于按弹性结构计算的值；此外，由于施工时是逐层建造，许多变形和内力在施工过程中已经逐步重新分布乃至消失。因此，从保证建筑结构正常使用状态的安全和适用性能考虑，混凝土建筑结构的温度、收缩问题，常根据工程实践经验，由构造措施来解决。例如，每隔一定的距离设置伸缩缝等措施。

但与建筑结构正常使用状态不同，在施工过程中，温度、收缩作为主导作用，直接导致了混凝土结构施工期间早期裂缝的产生。另外，近几年来，随着试验及工程实践的积累，对温度和收缩参数有了较深入的认识，在一定程度上为混凝土施工期间温度、收缩开裂的力学分析及计算提供了基础。

力学分析及计算的目的是在混凝土收缩、温度变化规律基本确定的情况下，从控制混凝土施工期间温度、收缩开裂的角度出发，探讨以下三个方面的问题：合理的配筋用量和配筋模式；合理的相邻构件约束条件；合理的施工顺序。

一般认为，合理的配筋虽不能阻止混凝土的绝对收缩，但可以在一定程度上抑制混凝土的收缩变形，并且可以改善混凝土的抗裂性能。钢筋用量一定的情况下，钢筋细而密的布排形式比粗而疏的布排形式更有利于温度、收缩裂缝的防治。工程实践表明，相邻混凝土构件刚度突变处容易产生裂缝。

混凝土构件浇筑施工顺序也在较大程度上影响混凝土构件的端部约束情况。如地下室结构混凝土浇筑施工时，一般是先浇筑底板混凝土，养护一定时间后，浇筑墙体、柱等竖向构件混凝土，再养护，最后浇筑顶板构件混凝土。这种情况下进行地下室墙体开裂的力学分析及计算时，可假定墙体受底板、两端柱三边约束，忽略顶板对墙体的约束作用。另外，有些地下室施工时，考虑到进度和经济性，也采用墙板和顶板一起浇筑的方案。这种方法施工时，地下墙体应考虑为受底板、两边柱和顶板的四边约束。这种方法使墙体较早地受到了顶板的约束，对墙板裂缝的控制不利。

## 5.4　数值分析应考虑的若干问题及试验研究

数值分析时应考虑的问题有：混凝土收缩随时间变化，是时间的函数；低龄期混凝土抗拉强度和弹性模量的合理确定；低龄期混凝土配筋率对混凝土早期收缩的影响；混凝土构件施工顺序对约束条件的影响等。

### 5.4.1　低龄期抗拉强度的确定

在温度、收缩应力一定的情况下，混凝土的抗拉强度直接制约混凝土裂缝的产生、开展。目前，国内对预拌混凝土低龄期抗拉强度的试验较少。中原工学院土木建筑工程系及郑州大学土木工程学院进行了商品混凝土低龄期抗拉强度试验，部分试验数据如表 5-1 所示。

**表 5-1　预拌混凝土各龄期抗拉、压强度比较**

| 强度 | | | 中原工学院(C40) | 郑州大学(C40) | 本书自做(C40) | 本书自做(C30) |
|---|---|---|---|---|---|---|
| 立方体抗压强度 | 3 天 | 强度($N/mm^2$) | 24.4 | — | 23.5 | 18.1 |
| | | 与 28 d 比值 | 52.7% | — | 49.9% | 48.8% |
| | 7 天 | 强度($N/mm^2$) | 34.1 | — | 36.1 | 27.1 |
| | | 与 28 d 比值 | 73.7% | — | 76.6% | 73.0% |
| | 14 天 | 强度($N/mm^2$) | 40.7 | — | 42.4 | 32.86 |
| | | 与 28 d 比值 | 87.9% | — | 90.0% | 88.57% |
| | 28 天 | 强度($N/mm^2$) | 46.3 | — | 47.1 | 37.1 |
| 劈裂抗拉强度 | 3 天 | 强度($N/mm^2$) | 1.54 | 2.39(轴心抗拉) | 2.08 | 1.58 |
| | | 与 28 d 比值 | 52.4% | 68.9% | 60.1% | 62.3% |
| | 7 天 | 强度($N/mm^2$) | 2.01 | 2.49(轴心抗拉) | 2.76 | 2.12 |
| | | 与 28 d 比值 | 68.4% | 71.8% | 79.8% | 82.9% |
| | 14 | 强度($N/mm^2$) | 2.72 | 2.74(轴心抗拉) | 3.23 | 2.52 |
| | | 与 28 d 比值 | 92.5% | 79.0% | 93.4% | 96.2% |
| | 28 | 强度($N/mm^2$) | 2.94 | 3.47(轴心抗拉) | 3.46 | 2.62 |

注：仅进行各龄期抗拉强度比较，不再说明混凝土原材料及配合比情况。

### 5.4.2　低龄期弹性模量的确定

预拌混凝土，特别是较高强度混凝土，弹性模量早期发展迅速，3 d 即达 28 d 强度的约 83%，7 d 达到 28 d 强度的约 95%，在混凝土收缩变形一定的情况下会产生较大的收缩变形应力。同时，立方体抗压强度和劈裂抗拉强度早期发展相对较慢，产生较大收缩应力时，强度没有等比例提高，对控制早期裂缝的发生、发展不利。各龄期弹性模量部分试验数据如表 5-1所示。

### 5.4.3　配筋对混凝土早期收缩影响的实验

为研究钢筋对混凝土早期收缩的影响，做了以下试验，试验组的配筋率如表 5-2 所示。

表 5-2 约束(钢筋)收缩、自由收缩实验组

| 试件编号 | 配筋情况 | 配筋率 $\rho$ | 个数 | 试件编号 | 配筋情况 | 配筋率 $\rho$ | 个数 |
|---|---|---|---|---|---|---|---|
| JC0S | — | 0 | 4 | JC0N | — | 0 | 4 |
| | | | | 1L7S(1L7N) | 1 根 7 | 0.385% | 2(2) |
| 2G6S(2G6N) | 2 根 6.5 | 0.664% | 2(2) | 1L9S(1L9B) | 1 根 9 | 0.636% | 2(2) |
| 1G10S(1G10N) | 1 根 10 | 0.788% | 2(2) | 2L7S(2L7N) | 2 根 7 | 0.77% | 2(2) |
| 4G6S(4G6N) | 4 根 6.5 | 1.328% | 2(2) | 2L9S(2L9N) | 2 根 9 | 1.272% | 2(2) |
| 2G10S(2G10N) | 2 根 10 | 1.57% | 2(2) | 4L7S(4L7N) | 4 根 7 | 1.54% | 2(2) |
| | | | | 4L9S(4L9N) | 4 根 9 | 2.544% | 2(2) |

本章试验用试模用有机玻璃粘接而成，试模内底衬有特氟纶，长方向的内侧衬有可抽式的侧板，端板留有安装预埋测头的孔。也可以测量自收缩，密封盖与试模之间设有密封垫，以保证测定自收缩时，试件与外界无介质交换(图 5-5)。试验用配筋的绑扎与安放情况详见图 5-6。

图 5-5 混凝土早起收缩试验试模

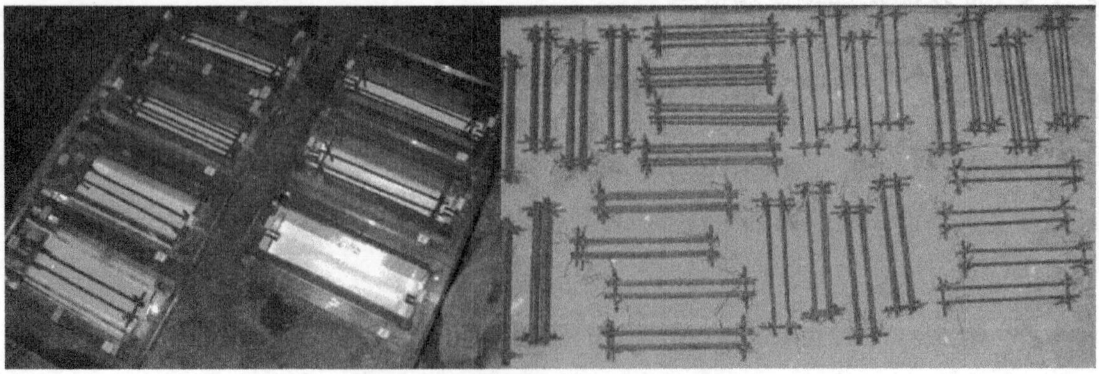

图 5-6 试验用配筋的绑扎与安放

从试验结果分析，可以得出以下结论：

(1) 与自由收缩对比，钢筋明显抑制了混凝土的收缩。在早期(1～3 d)，较小的配筋($\rho$ 为 0.385%)即可将同时点自由收缩量减少 48%、61%(图 5-7 和图 5-8)。

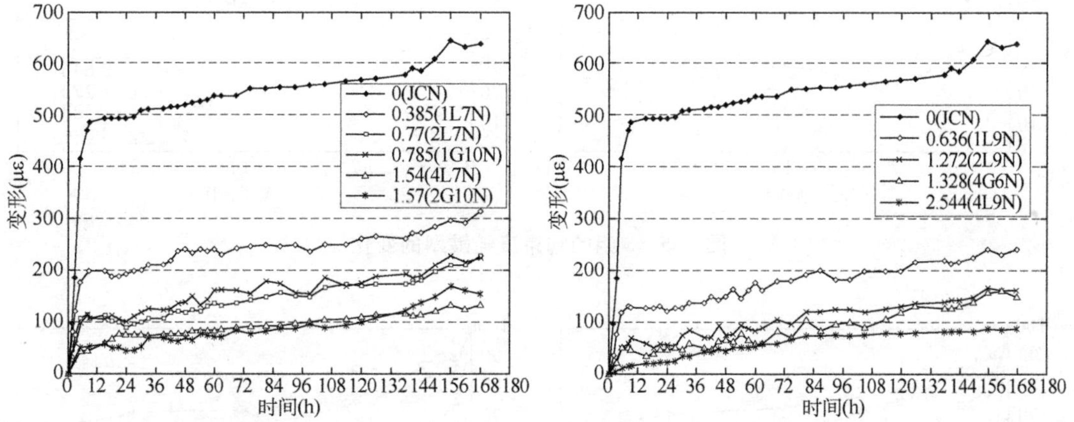


**图 5-7　S 组早期收缩**

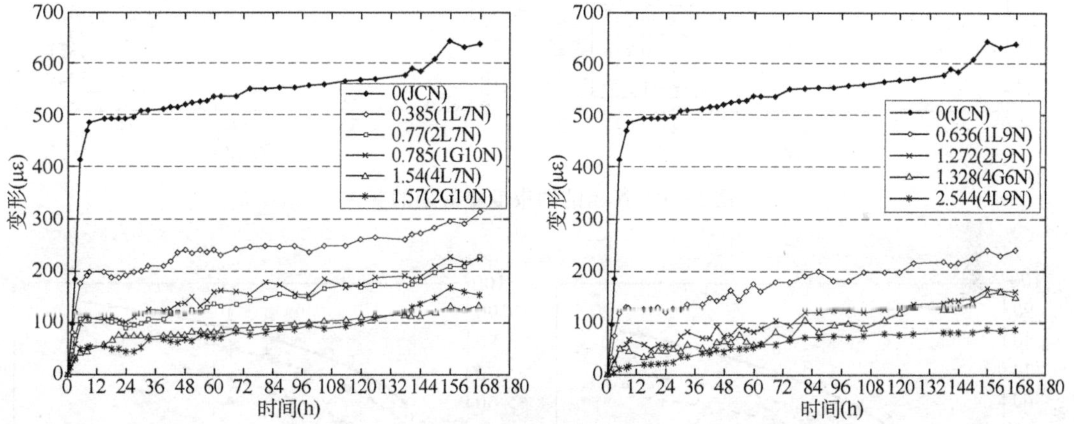


**图 5-8　N 组早期收缩**

(2) 不同配合比自由收缩值差异较大，N 组的 28 d 自由收缩值较 S 组的大了近 244 με，为后者的 1.51 倍，但在钢筋约束条件下两组试件最终收缩差异大致在 50 με 左右，钢筋的存在将混凝土的收缩差异减少了近 78%。

(3) 随着配筋率的提高，配筋混凝土的收缩量值降低。配筋率在 0.385%～2.54%的变化范围内，混凝土试件 28 d 收缩量只有自由收缩量的 30%～75%(S 组)、14%～60%(N 组)，详见图 5-7 和图 5-8。

(4) 从钢筋约束度比较可以看出，配筋率提高 S 组的约束度随龄期变化的差异逐渐变大，N 组的约束度随龄期变化的幅度非常均匀、无明显差异，详见图 5-9 和图 5-10。

(5) 随着配筋率的提高，钢筋的约束度也随着提高，如图 5-11 所示。

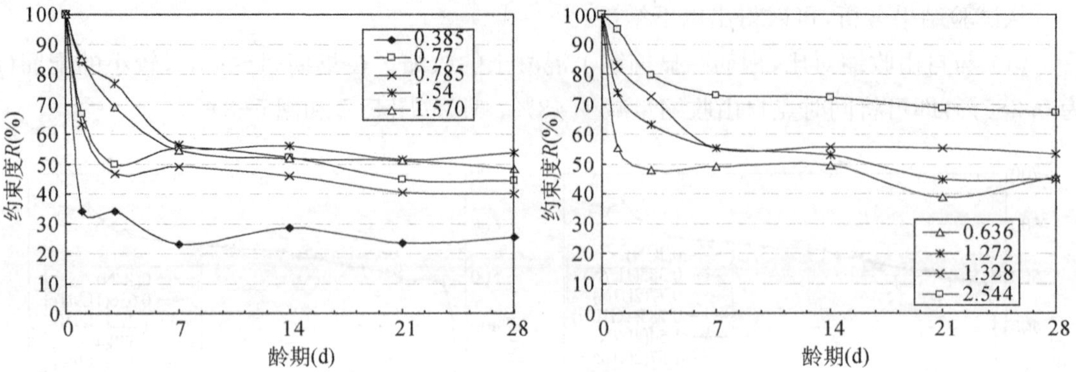


图 5-9 S组的约束度随龄期的变化

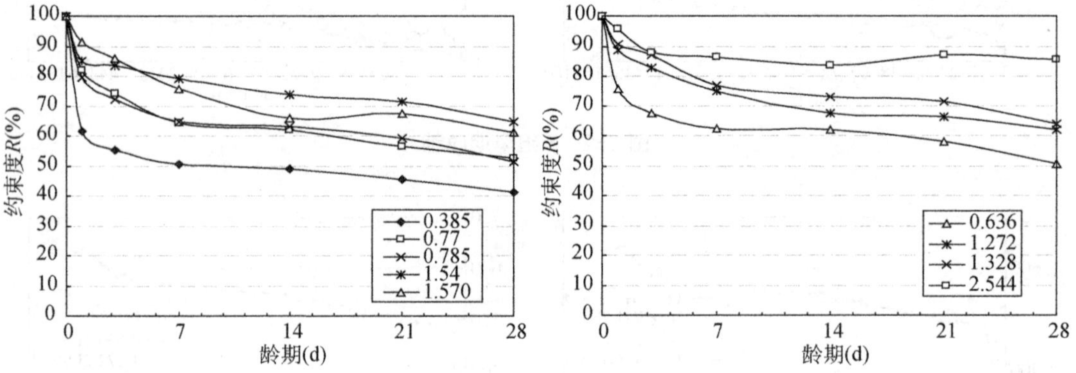


图 5-10 N组的约束度随龄期的变化

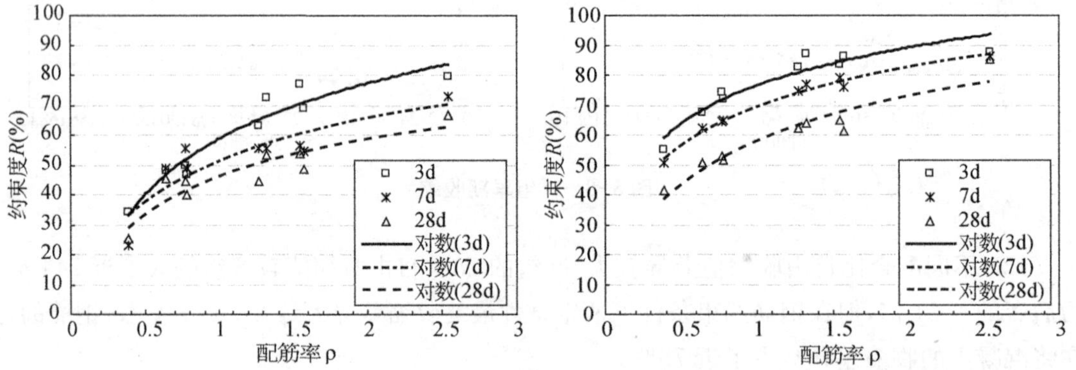


图 5-11 约束度随配筋率的变化

无锡新区科技交流中心工程地下长墙的配筋率为 0.574%，该配筋率下的混凝土早期收缩发展，混凝土约束度发展特点，都可从以上试验结果中得到体现。

从实验结果还可以看出，混凝土早期收缩和约束度的变化主要集中在混凝土浇筑后 7 d 的时间范围内，所以施工中混凝土浇注后 7 d 是裂缝防治的关键时期。

## 5.5　分析思路及基本过程

混凝土收缩按当量温差考虑，按式(5-1)计算：

$$T(t)=\frac{\varepsilon(t)}{\alpha_C} \tag{5-1}$$

式中　$\varepsilon(t)$——混凝土任意时间的收缩，按实测值或按经验公式确定；

$\alpha_C$——混凝土线膨胀系数，温度在 0 ℃到 100 ℃时，取为 $1\times10^{-5}$/℃。

基本分析过程如下：

(1) 定义单元类型与材料常数；

(2) 建立平面有限元模型；

(3) 据工程结构情况、混凝土施工顺序及模型简化条件，定义边界条件；

(4) 通过当量温差施加作用；

(5) 求解，得到分析结果，包括变形及应力等。

## 5.6　地下室混凝土结构裂缝防治数值分析计算

### 5.6.1　分析工具

根据结构特点，选用 ABAQUS 有限元分析软件进行模拟分析。

### 5.6.2　模型说明

选择工程具有典型代表意义的地下连续长墙的一个施工段作为分析对象。根据工程特点，选择 8.2×3 的墙长度进行建模分析。模型和材料选择如下。

(1) 墙体混凝土：选用 smeared crack concrete 材料模型，单元选用 20 节点六面体实体单元。

(2) 墙体分布筋：选用理想弹性材料模型，单元选用 3 节点桁架单元。

(3) 材料参数选择。

a. 钢筋：弹模 $E=2\times10^{11}\ \mathrm{N/m^2}$。

b. 混凝土：考虑结构施工期内的受荷载特征为主要承受温度变形和收缩应变所产生的应力分析，材料应变率处于相对较低的状态下，材料的弹模应该小于实验数据，但由于条件所限，工程无法提供早龄期低应变率弹模参数，故本书分析借用英国利兹大学 1968 年的轴拉全应力-应变材料本构模型，如图 5-12 所示。

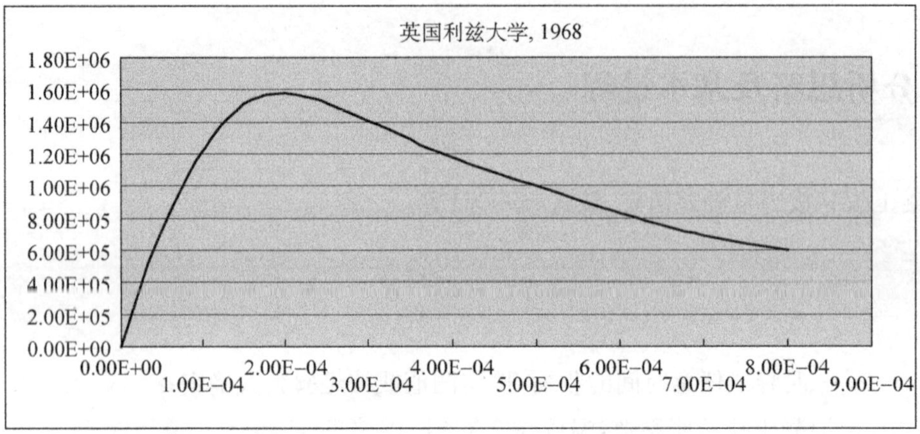


**图 5-12　轴拉全应力-应变材料本构模型**

(4) 模型简图。

a. 模型示意图:选择三跨墙的 1/4 对称部分建立模型,如图 5-13 所示。

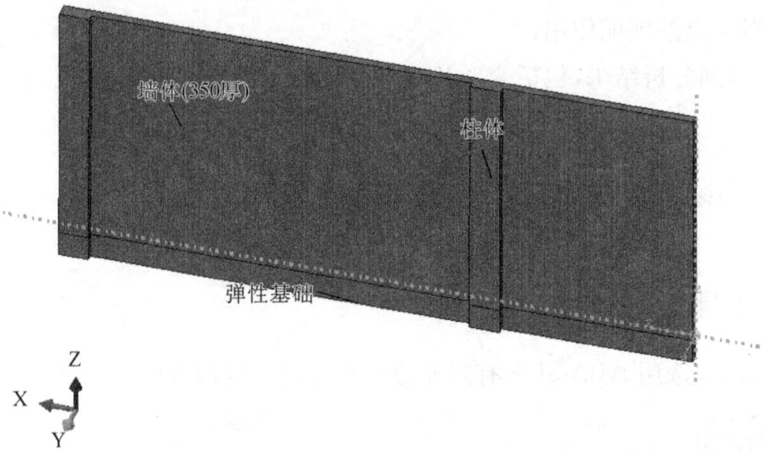


**图 5-13　无锡新区科技交流中心工程地下室墙体模型示意图**

b. 单元示意图:单元划分如图 5-14 所示。

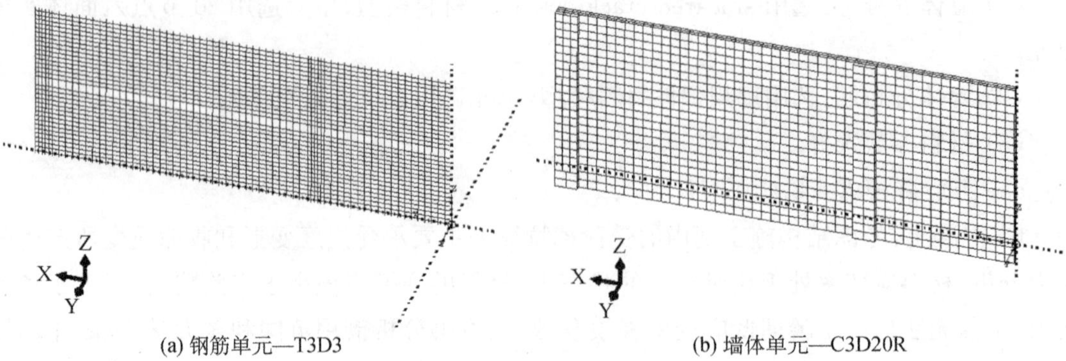


(a) 钢筋单元—T3D3　　(b) 墙体单元—C3D20R

**图 5-14　无锡新区科技交流中心工程地下室墙体单元示意图**

(5) 荷载说明。

a. 本书分析中考虑的工况为墙体施工过程中温度变化和材料收缩对结构体的影响效应，故作用效应考虑为温度变化效应＋混凝土材料收缩效应。

b. 温变。

根据墙板温变特征，选择以下的计算参数：

• 混凝土水化热导致墙升温，在浇筑 24 h 后达到峰值，96～120 h 后接近环境温度；模型分析中考虑到混凝土初凝时间一般为 12 h，混凝土此前尚处于塑性，因此，本书分析中简化以浇筑完毕 12 h 为计算起点，采用如图 5-15 所示的温变函数。

• 混凝土升降温过程中混凝土材料与钢筋材料温度传递可靠，可以认为在每一计算时点二者的温度完全相同；

• 由于墙板厚度有限，墙体内外温度相差不大，在本分析中对墙内部温度场模型采用简化的均布模式，即认为墙体范围内，在每一计算时点温度全体积相同。

c. 收缩。

根据混凝土材料收缩特征，选择以下的计算参数：

• 收缩只在混凝土材料内产生，浇筑前期(12 h)，混凝土处于塑性，模型分析时不考虑其变形对后期应力应变的影响；

• 收缩效应按收缩当量温差考虑：

$$T(t)=\frac{\varepsilon(t)}{\alpha_C}$$

收缩当量温差按如图 5-15 所示的函数选用。

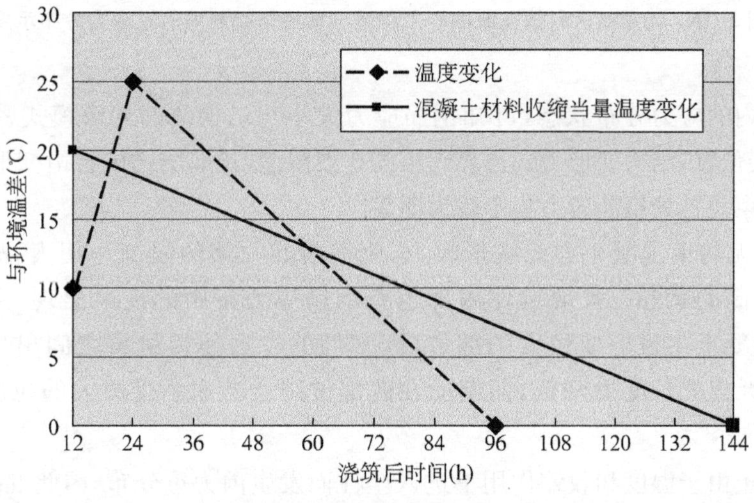


**图 5-15　温变和收缩作用函数**

(6) 计算过程。

计算里程根据工况特征,选择如下模式。

初始步(12 h)。

第一步(24 h):混凝土和钢筋升温 15 ℃,混凝土收缩 1.818 ℃。

第二步(96 h):混凝土和钢筋降温 25 ℃,混凝土收缩 10.909 ℃。

第三步(144 h):混凝土和钢筋温度场不变,混凝土收缩 7.273 ℃。

每一个计算步再细分为 50 个迭代步,进行非线性材料分析。

(7) 分析结果(图 5-16)。

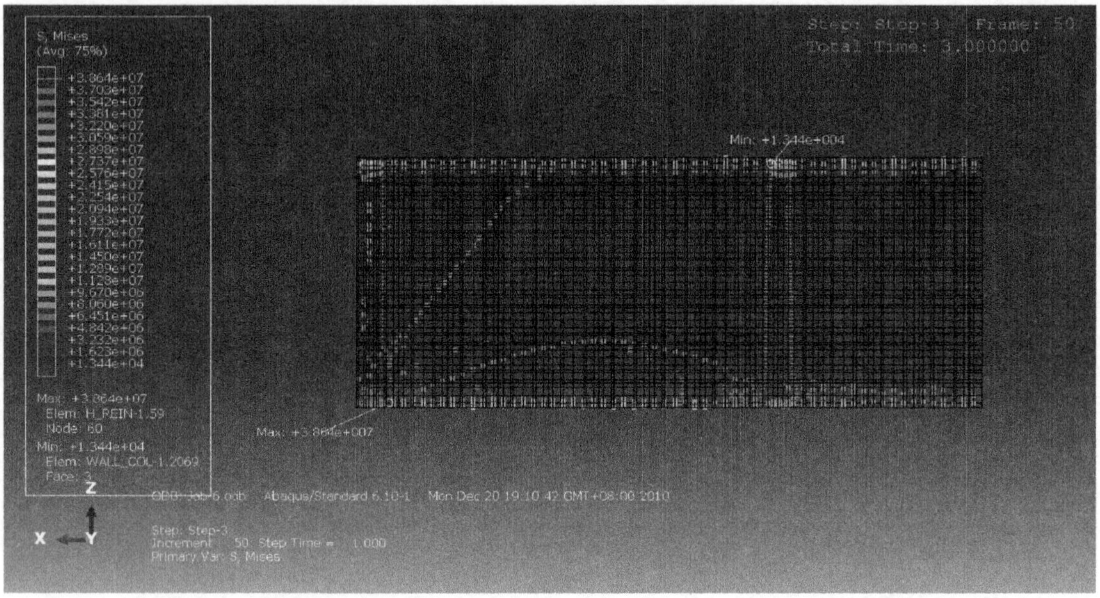


**图 5-16　无锡新区科技交流中心工程地下室墙体钢筋内的主应力分布示意**

根据钢筋内的应力分布状态,可知钢筋应力大小与结构体的约束模式密切相关,如柱边、与基础连接位置,结构变形受到边界约束的有效限制,长墙结构体自由变形受到约束,均导致了接近约束位置处钢筋应力集中较为明显。

长墙顶部无约束混凝土收缩变形较大,钢筋对其收缩的限制作用大,故钢筋应力也显现出相对较高的状态。长墙墙体内部也有钢筋应力集中的现象出现,主要的原因在于墙体内部混凝土主拉应变较大的部位,因塑性的发展使得材料之间出现了应力重分布的状态,混凝土受拉能力降低,而钢筋在此部位则会转而承受更大的拉应力(图 5-17 和图 5-18)。

墙体混凝土由于温度和收缩作用下进入塑性而发生内力重分布,因此混凝土的应力并不能直接表现出墙体内部的真实受力分布状态。但总体趋势也与钢筋应力集中的模式接近。

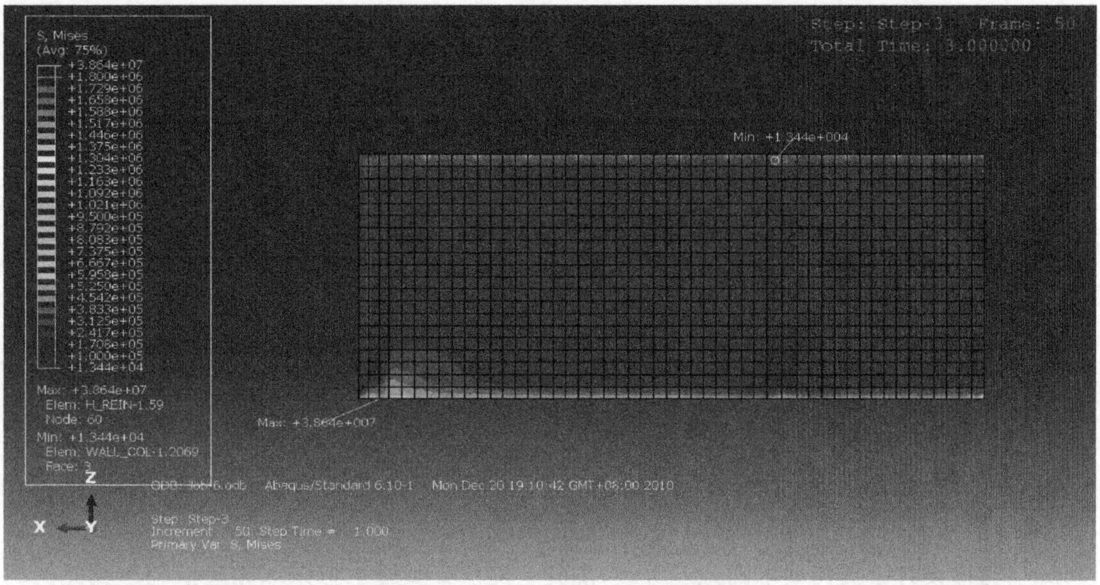


图 5-17　无锡新区科技交流中心工程地下室墙体钢筋层平面处混凝土的主应力分布趋势

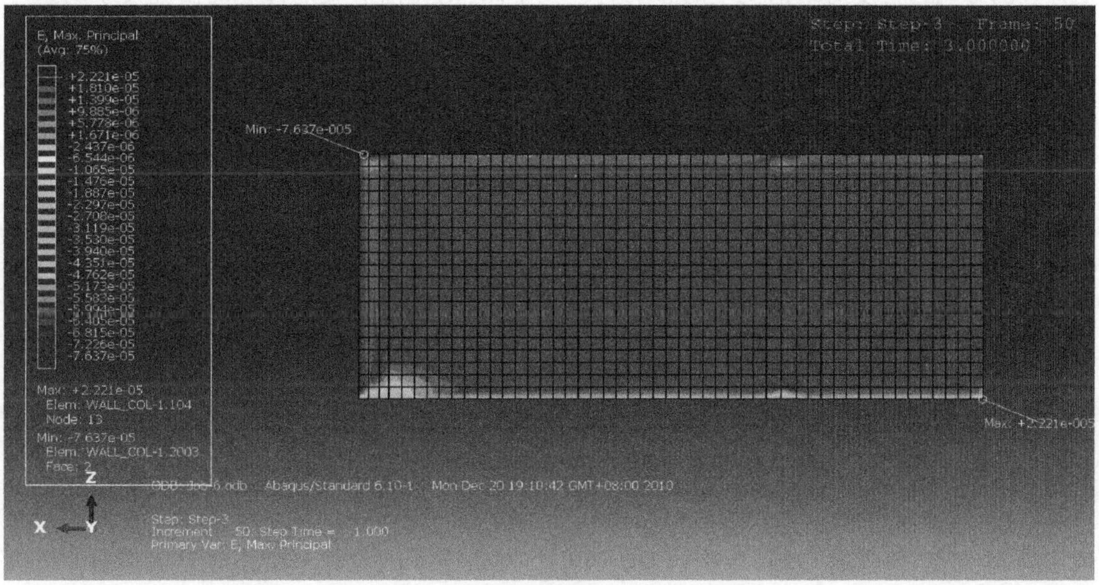


图 5-18　无锡新区科技交流中心工程地下室墙体钢筋层平面处混凝土的主应变分布趋势

## 5.7　地下室混凝土结构裂缝动态控制技术

### 5.7.1　地下室混凝土结构裂缝动态控制思路建议

预拌混凝土施工期间间接裂缝可在事前、事中从结构及构造优化设计、原材料优选、施工配合比抗裂优化设计、施工过程控制及施工过程监测等多方面采取措施进行综合预防控制。混凝土结构中裂缝的存在具有一定的绝对性，所谓“预防控制”只是应将其控制在符合规范要求的范围内，以不致发展成有害裂缝。

### 5.7.2 结构及构造优化设计建议

结构及构造优化设计是预防控制预拌混凝土施工期间早期开裂的重要措施之一，但在目前的早期开裂防治问题中，结构及构造设计方面所做的工作很少。虽然构造及设计优化措施不能减小混凝土的绝对收缩量，但可以起到改善混凝土约束条件及提高混凝土抗裂能力的作用。

设计方可在掌握混凝土收缩性能、施工条件的基础上进行基本分析计算，以改善约束条件，并提高混凝土的抗开裂能力。

在混凝土结构安全方面，设计方与施工方、混凝土提供方的联系可以靠单一指标——强度来进行，即设计方提出要求的强度等级，混凝土提供方及施工方采取相应措施达到此指标要求即可，而且强度指标的确定也有相对固定的时间点——28d 龄期，但混凝土收缩对其早期开裂的影响与强度对结构安全的影响有很大不同：①目前对收缩性能的研究及了解远不如对强度性能的研究及了解；②强度对结构安全的影响一般仅体现在对强度的量值要求上，即设计及规范对强度的要求一般是“不低于”即可，但收缩对早期开裂的影响除了有量值大小外，收缩随时间发展的变化规律也有重要的主导性影响。

对收缩引起的预拌混凝土施工期间早期开裂而言，外作用（混凝土收缩）、约束条件（如混凝土弹性模量的间接影响）及抵抗开裂的能力均是时间的函数，而且，时间的影响是关键性的，不能忽视。对收缩开裂问题的力学计算分析要比对强度引起的结构安全问题复杂。

预防控制预拌混凝土施工期间早期开裂时，对于重要性较高的有防裂要求的建筑（I级及II级），应在常规结构设计的基础上，另外进行结构抗裂设计，主要设计内容为以下三个方面：

**1) 一般要求（“概念设计”）**

(1) 要求混凝土具有足够的强度，较小的早期收缩变形及良好的抗裂能力。

(2) 对较长的建筑结构在设计时可采取分割措施。按设计规范要求结合工程经验设置伸缩缝（也可称收缩缝），其间距应合适。处于不利条件下的混凝土结构应当减小伸缩缝间距。当采取可靠措施后，也可适当放宽伸缩缝间距。

《混凝土结构设计规范》(GB 50010—2010)中提及的伸缩缝，主要是为了释放建筑平面尺寸较大的房屋因温度变化和混凝土干缩产生的结构内力，也称温度缝。此处提到的伸缩缝，也可称为收缩缝，主要是为了释放施工期间混凝土早期收缩产生的结构内力。收缩变形引起的开裂与混凝土的绝对收缩量、结构体系的约束条件、环境条件及施工状况等直接有关。混凝土收缩应变差别较大，约在百万分之 10($10\times10^{-6}$)到百万分之 1 000($1\ 000\times10^{-6}$)之间，确定收缩缝间距时应充分考虑这一变化幅度的影响。原有规范规定的伸缩缝间距一定程度上没有充分考虑混凝土收缩变化的影响。现实中有一些工程确因违反规范规定的最大间距规定而发生严重开裂的，但也有一些工程突破了规范的伸缩缝最大间距而未发生开裂的，同时还有一些工程没有违反规范规定的间距规定仍发生开裂的。虽然目前还不能就此总结出扩大伸缩缝最大间距的可靠经验，但仍可以得出以下两个结论：

a. 混凝土施工期间早期开裂问题的影响因素复杂，涉及混凝土原材料、配合比、施工过程状况、约束条件及环境条件等多方面，应当从以上方面综合采取措施进行施工期间裂缝控制，留置伸缩缝仅是其中一个方面的措施，且不具有关键性的影响；

b. 现规范在防治混凝土收缩裂缝方面关于伸缩缝间距的规定有不尽完善的地方，可以在理论分析、试验研究、工程经验方面对此进行重新积累，以期完善。

(3) 合理设置后浇带。

为了减少混凝土早期收缩的影响，设计时可合理设置后浇带。合理设置后浇带可适当增大伸缩缝间距，但后浇带不能完全代替伸缩缝。

后浇带的设置间距及浇筑混凝土的间隔时间应结合具体混凝土的收缩变形规律并考虑结构、施工条件合理确定。后浇带一般 30～40 m 一道、宽度 800～1 000 mm，浇筑混凝土的间隔时间不早于 1～2 个月。也可以在后浇带区段的中部设置一条膨胀混凝土加强带，以达到减少整个区段混凝土收缩量的目的。

(4) 避免相邻构件刚度变化过大。相邻构件刚度突变，会在相邻构件间产生较大的约束从而产生较大的收缩约束应力。

**2) 必要的结构计算**

按照预估或预先专门试验得出的混凝土收缩曲线，结合混凝土施工条件，对抗收缩开裂的配筋量及配筋模式进行必要的分析计算。

**3) 具体构造措施**

(1) 在板的收缩应力较大区域(如跨度较大并与混凝土梁及墙整浇的双向板的角部和中部区域；现浇单向板垂直于跨度方向的长度较长，如大于 8 m 时，沿板长度方向的中部区域等)宜在板未配筋表面配置控制收缩裂缝的构造钢筋。

控制收缩裂缝的钢筋可利用板内原有的钢筋贯通布置，也可另外设置构造钢筋网，并与原有钢筋可靠连接或在周边构件中锚固。

控制收缩裂缝的钢筋宜采用直径细间距密的方法配置。其间距及配筋率按工程经验及上述计算结果确定。

在温度、收缩应力较大的现浇板区域内，钢筋间距宜取为 150～200 mm，板的上、下表面沿纵、横两个方向的配筋率均不宜小于 0.1%。钢筋间距不宜大于 100 mm。

(2) 较长的现浇钢筋混凝土墙体是收缩裂缝的高发区，墙体中的钢筋除应满足强度要求外，应充分考虑混凝土收缩而加强，应有足够的配筋率，合宜的钢筋直径及钢筋间距。

配筋率及间距应考虑混凝土收缩变形规律，结合结构计算和工程经验确定。

钢筋混凝土剪力墙的水平和竖向分布钢筋的配筋率 $\rho_{sh}$($\rho_{sh}=A_{sh}/s_v=$，$s_v$ 为水平分布钢筋的间距)和 $\rho_{sv}$($\rho_{sv}=A_{sv}/s_h$，$s_h$ 为竖向分布钢筋的间距)不应小于 0.2%。结构中重要部位的剪力墙，其水平和竖向分布钢筋的配筋率宜适当提高。

剪力墙中温度、收缩应力较大的部位，水平分布钢筋的配筋率宜适当提高。

为控制现浇剪力墙结构因混凝土收缩和温度变化较大而产生的裂缝，墙体中水平分布钢筋除满足强度计算要求外，其配筋率不宜小于 0.4%，钢筋间距不宜大于 100 mm。

据调查，当混凝土墙的配筋率，尤其是水平向配筋率小于 0.1%时，墙上几乎都出现温度收缩裂缝；当配筋率在 0.2%～0.25%时，对温度收缩裂缝的开展有控制作用；当达到 0.3%及以上时，有明显抑制作用。

(3) 腹板高度较大的梁，其两侧面应沿高度方向配置纵向构造钢筋，每侧纵向构造钢筋(不包括梁上、下部受力钢筋及架立钢筋)的截面面积不应小于腹板截面面积 $bh_w$ 的 0.1%，且其间距不宜大于 200 mm。其中腹板高度对矩形截面，取为有效高度；对 T 形截面，取为有效高度减去翼缘高度；对 I 形截面，取为腹板净高。

### 5.7.3 原材料优选

为控制预拌混凝土施工期间收缩裂缝的发生，应对混凝土原材料进行优化选择。

(1) 从控制裂缝的角度考虑，水泥品种优先选择的次序宜为：低碱水泥、硅酸盐水泥、普通硅酸盐水泥；大体积混凝土宜选用低热水泥。无特殊要求时，不宜选用早强水泥、含碱量较大的水泥、较细的水泥。有条件的宜对水泥进行抗裂性能试验和评价(圆环法)。

(2) 在混凝土中宜加入一定量的粉煤灰或磨细矿渣(部分替代水泥)，掺量通过配合比设计、试验确定，以改善混凝土的抗裂性能。当混凝土中掺入矿粉时，矿粉细度宜与水泥的细度接近。掺加硅灰时，应有可靠的技术措施。有条件的也宜对混凝土掺合料进行抗裂性试验和评价。

(3) 加合适的外加剂有利于裂缝的防治，选择外加剂时，应注意外加剂之间的相容性以及与水泥的相容性。对于抗裂性要求高的混凝土，合适条件下宜选用具有减缩抗裂性能的外加剂。

(4) 宜选用级配良好的粗、细骨料。

(5) 在混凝土中掺入一定量的纤维、有机聚合物，可提高混凝土的抗裂性能。有机纤维如聚丙烯、尼龙类纤维，能提高混凝土塑性抗裂性能；钢纤维能提高塑性抗裂性能和硬化后混凝土抗裂性能。在纤维分散度良好的情况下，混凝土抗裂性能随着纤维掺量的提高而提高。

### 5.7.4 配合比抗裂优化设计

对严格要求施工期间不出现早期裂缝的结构(构件)或一般要求施工期间不出现早期裂缝的结构(构件)，应在优选原材料和常规配合比设计的基础上，进行抗裂配合比优化设计，使混凝土除具有符合设计和施工所要求的性能外，还具有抵抗收缩开裂所需要的性能。

混凝土常规配合比设计本质上是“粗略计算—试配调整”的过程。我国现行的混凝土配合比设计方法主要考虑满足结构安全要求的强度指标和施工方便要求的和易性指标，而没有考虑混凝土收缩抗裂等其他性能。设计计算时主要考虑三个基本参数：水灰比、单位用水量及砂率，分别控制混凝土的强度和和易性指标。

其中，水灰比主要用于控制混凝土的强度，按水灰比强度公式，可塑状态混凝土水灰比的大小决定混凝土硬化后的强度，并影响硬化后混凝土的耐久性。混凝土的强度与水泥强度成正比，与灰水比成正比，目前预拌混凝土几乎均掺用矿物掺和料，此处的"灰"指所有胶凝材料。

单位用水量和砂率主要用于控制混凝土拌和物的和易性。在水灰比一定的情况下，用水量反映胶凝材料浆体与骨料的组成关系，是控制混凝土拌和物流动性的主要因素。砂率表示细骨料(砂)和粗骨料(石)的组合关系，对混凝土拌和物的黏聚性和保水性有很大影响。

掺加外加剂和矿物掺和料时一般是在常规配合比设计的基础进行调整。

上述计算得出的配合比仅是粗略的结果，尚应试配调整，调整仍主要围绕硬化混凝土的强度和混凝土拌和物的和易性两个指标进行。首先试拌检查混凝土拌和物的和易性，在保证水灰比不变的情况下调整用水量或砂率，和易性满足要求时得到"基准配合比"。检验强度指标并校正混凝土密度后得到"设计配合比"。该"设计配合比"在考虑砂、石含水率的影响后得到"施工配合比"，直接用于指导施工。

在进行抗裂配合比优化设计时应遵循以下原则：

(1) 最小单位用水量或最小胶凝材料用量原则。在满足混凝土强度和工作性能的前提下，选择最小胶凝材料用量，增大骨料体积。

(2) 最大骨料堆积密度原则。使骨料堆积密度最大，即控制骨料的合理级配，减小骨料空隙率，以减少胶凝材料用量。

(3) 适当水灰比原则。水灰比过大或过小时均可能导致收缩加大、抗裂性能降低，应选择合适的水灰比，满足强度和耐久性的要求，不过大或过小，并进行配合比抗裂优化设计，具体设计步骤见附录A。

优化后选定的配合比尚应进行收缩、抗裂试验及评价，按此进行配合比抗裂优化设计的混凝土可以改善其收缩、抗裂性能。

无锡新区科技交流中心工程地下室长墙混凝土优化后的配合比详见表5-3。

**表5-3 无锡新区科技交流中心工程地下室长墙混凝土优化后的配合比**

| 水泥 ($kg/m^3$) | 粉煤灰 ($kg/m^3$) | 矿粉 ($kg/m^3$) | 水 ($kg/m^3$) | 砂 ($kg/m^3$) | 石 ($kg/m^3$) | 膨胀剂 ($kg/m^3$) | 泵送剂 ($kg/m^3$) | 砂率 | 水胶比 |
|---|---|---|---|---|---|---|---|---|---|
| 242 | 60 | 76 | 180 | 739 | 1 063 | 30.24 | 4.54 | 41% | 0.44 |

水：地下水(复验报告 W090001)；
水泥：盘固水泥，普通硅酸盐水泥 42.5(复验报告 N090025)；
粉煤灰：苏州永新，Ⅱ级(复验报告 F090014)；
矿粉：江阴华西(复验报告 K090010)；
砂：天然中砂，上海佳磐(复验报告 S090017)；
石：碎石，连续粒级(5～25)(复验报告 S090022)；
外加剂：泵送剂，巴斯夫(复验报告 W090027)；
外加剂：膨胀剂，HEA，武汉三源(复验报告 WP09005)

### 5.7.5 地下长墙跳仓间距[L]划分

(1) 跳仓间距[L]划分依据

超长混凝土墙体无缝施工，关键是对墙体结构裂缝的控制。短距离释放应力的无缝施工是在混凝土地面按垂直方向设置施工缝，用施工缝把超长混凝土墙按一定长度分为若干段，相邻段间隔浇筑(跳仓浇筑)，待先浇筑混凝土经过较大变形后，再连接浇筑成整体。根据温度收缩应力与结构长度呈非线性关系，利用混凝土早期(7～10 d)温差及收缩变形较大，采用短距离释放应力的办法应对早期较大的收缩，待混凝土经过早期较超大的温差和收缩后，各块浇注连接成整体，应对以后较小的收缩。这就要求分块后的混凝土在块内不得出现裂缝，也就是要求一次性浇筑块的裂缝最小间距不得小于跳仓间距。

对于超长混凝土墙体结构(以下简称混凝土长墙)跳仓间距的计算，可以通过混凝土结构伸缩缝间距公式来找到依据。

如果结构长度超过伸缩缝间距，那么伸缩缝间距就是裂缝间距，这个伸缩缝间距就是我们需要得到的跳仓间距。

"地基上长墙"受力模型计算分析是王铁梦教授于 1976 年推导完成，在大型基础设备的大体积混凝土分段浇筑、隧道支护混凝土分段浇筑等工程中得到了广泛的应用，实践证明该模型计算分析能满足工程要求，解决了大量的工程实际问题。

如前所述，裂缝是材料的一种特征，裂缝控制应当以满足工程要求为原则。通常的方法有两种：一是控制拉应力小于允许抗拉强度；二是控制混凝土的极限拉伸不超过允许值。

当结构承受水平应力 $\sigma_{x,\max}$ 超过混凝土抗拉强度，结构中部将出现裂缝，分为两部分，各部分各自重新应力分布，其图形与先前完全相似，只是最大值由于结构长度减小了一半而减少，如果此时水平应力 $\sigma_{x,\max}$ 仍大于抗拉强度值，则结构出现第二批裂缝，如此继续下去，直到最后水平应力 $\sigma_{x,\max}$ 小于或等于抗拉强度，裂缝稳定不再发展，如图 5-19 所示。

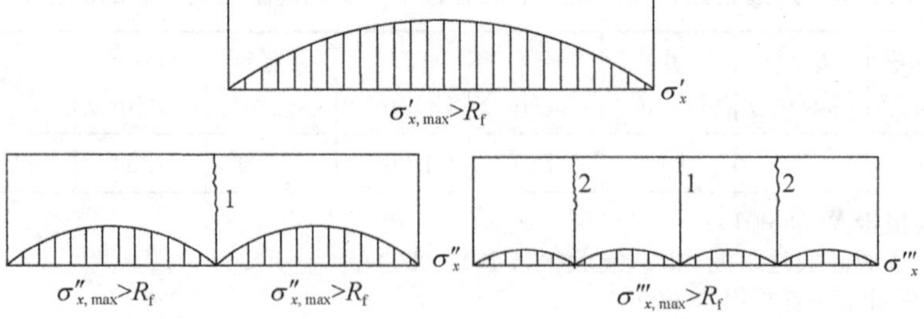


**图 5-19 无锡新区科技交流中心工程地下室墙体开裂过程图**

为此只要能够保证水平应力 $\sigma_{x,\max}$ 不超过混凝土抗拉强度，就能达到控制裂缝的目的。跳仓间距的划分依据分析见附录 B。

(2) 地下长墙跳仓间距[L]的划分

跳仓间距的计算过程见附录C。考虑柱网的布置(柱网间距为24.3 m),施工期间实际取24.3 m跳仓间距。

各方专家现场研究论证决定,取消原设计设置的伸缩缝和后浇带,采用短距离释放应力的无缝施工技术。跳仓间距经计算并考虑柱网的布置,钢筋混凝土地下长墙跳仓间距取为24.3 m,整个长墙被分为5个墙段进行跳仓浇筑,浇筑顺序如图5-20所示。混凝土采用现场搅拌泵送混凝土。所有跳仓块在每一施工块内一次性浇筑完毕,不允许出现冷接缝。相邻两块混凝土浇筑间隔7 d以上。

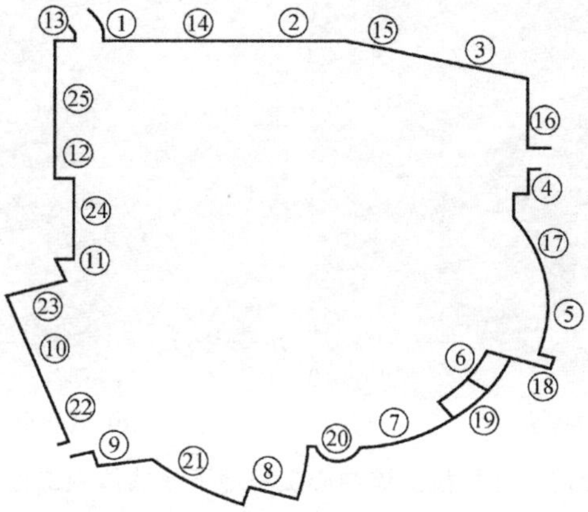


**图5-20　无锡新区科技交流中心钢筋混凝土长墙混凝土跳仓浇筑顺序**

## 5.7.6　施工过程监测及动态控制

施工过程控制及监测是预防控制预拌混凝土施工期间早期收缩开裂的重要措施。从混凝土分项工程的工作内容看,现场施工阶段也占了大部分工作内容。裂缝控制是从原材料优选、配合比抗裂优化设计到施工过程控制及监测、构造及结构优化设计的系统过程,其中任一环节控制不良,均可能导致裂缝控制达不到效果。所有控制措施也最终集中反映在现场施工阶段,应改变过去只从某一个或某几个方面采取措施控制裂缝并不理想的状况,精心组织、精心施工,将平时施工中不易做到、做好的工作一一落到实处,以达到良好的裂缝控制效果。

(1) 仪器选择

对现场钢筋混凝土墙体,主要针对其应力、应变进行测试。考虑现场测试环境的复杂、不确定性及测试周期较长的特性,选用振弦式钢筋计[图5-21(a)]、振弦式混凝土应变计[图5-21(b)]根据对现场拟测试长墙的钢筋、混凝土变形进行量测,配套使用读数仪[图5-21(c)]。温度裂缝是影响钢筋混凝土板早期收缩性能的关键因素之一,因此在测试墙中同时埋设测温点测试墙的温度,配套使用JDC-2型便携式建筑电子测温仪[图5-21(d)]。混凝土试块多龄期立方体抗压强度、弹性模量在材料性能试验室进行测试。

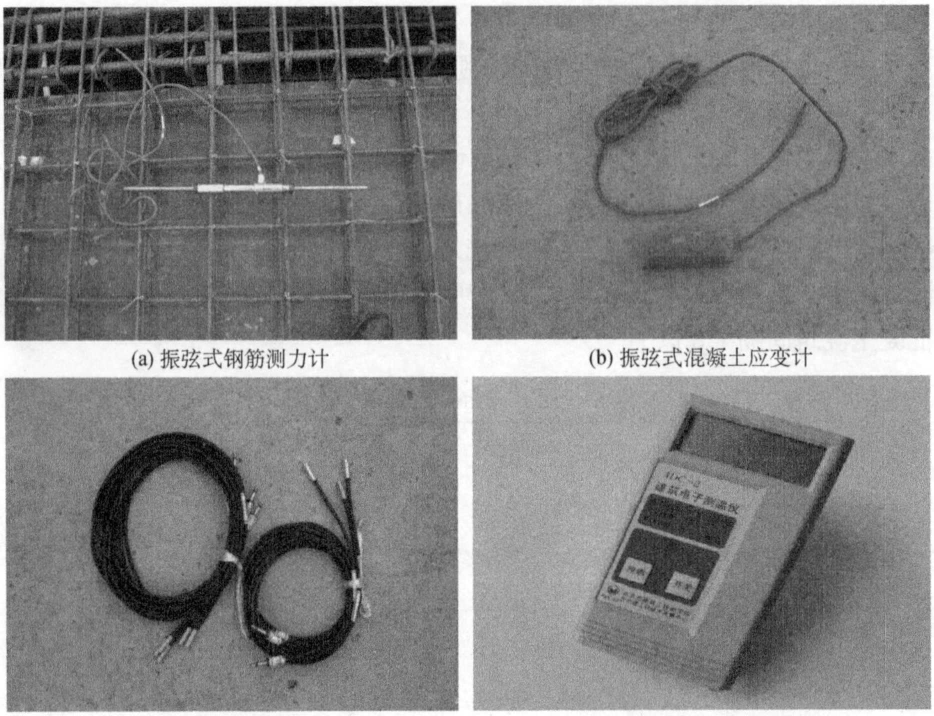

(a) 振弦式钢筋测力计　(b) 振弦式混凝土应变计

(c) 测温探头　(d) 建筑电子测温仪器

**图 5-21　无锡新区科技交流中心工程地下室墙体施工过程检测仪器**

(2) 测点布置及监测

500 mm/350 mm/200 mm 厚墙体的内、中、外点，下、中、上各一组，双面模板、内木模外砖模板及内木模板外支护直接作模板三种典型墙体设 9 点/墙×3 墙计 27 个温度传感器，如图 5-22 所示。

a. 测温导线的支撑物可采用 $\phi 12$ 圆钢制作，上面加焊短钢筋($\phi 8$)，将测温导线用扎丝与支撑物绑扎牢固；

b. 温导线传感器与支撑物之间采取隔热措施；

c. 温导线插头用塑料袋封装；

d. 温度记录从混凝土入模开始，至浇筑后 14 d 结束。

e. 首先记录混凝土入模温度；

f. 混凝土浇筑完成后 24 h 内，每 2 h 测一次；

g. 24～48 h：每 4 h 测一次；

h. 48～96 h：每 8 h 测一次；

i. 96 h～14 d，每 12 h 测一次；

j. 记录混凝土温度时同时记录环境温度、湿度，文字描述有无降雨及三级以上的风等情况。

(3) 测试

温度测试结果如图 5-23 所示。

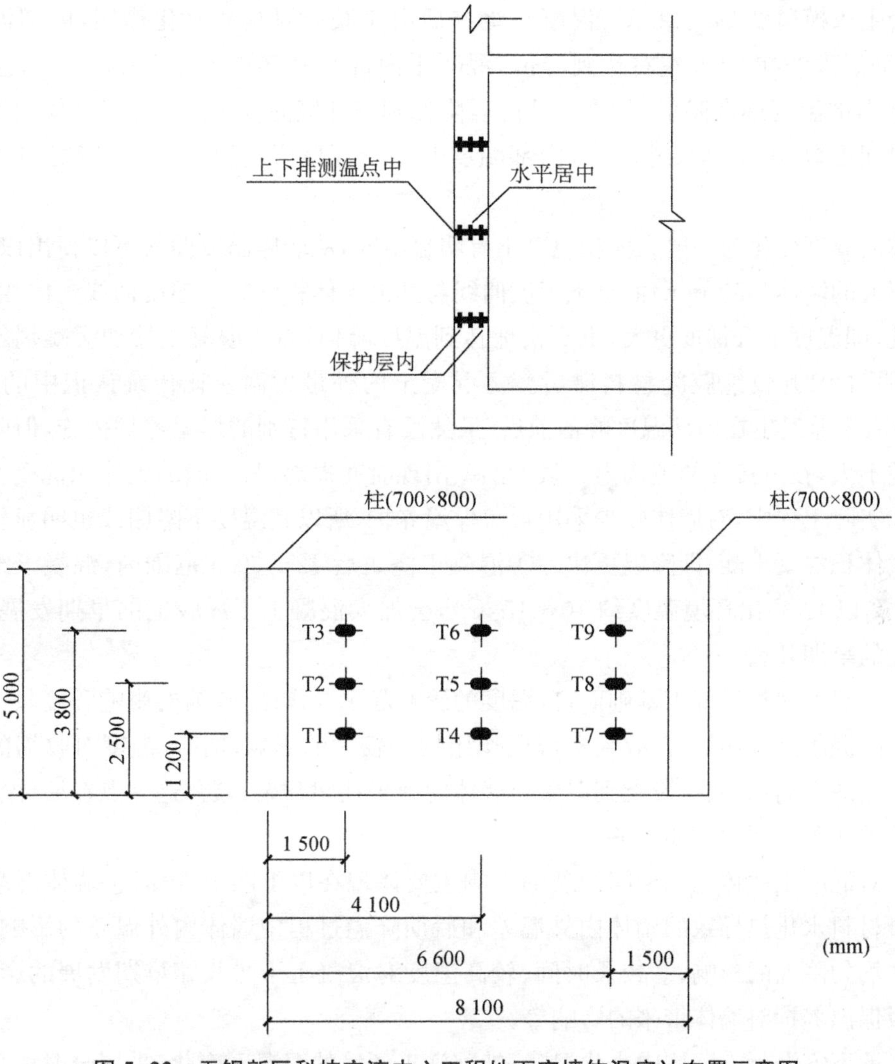


图 5-22　无锡新区科技交流中心工程地下室墙体温度计布置示意图

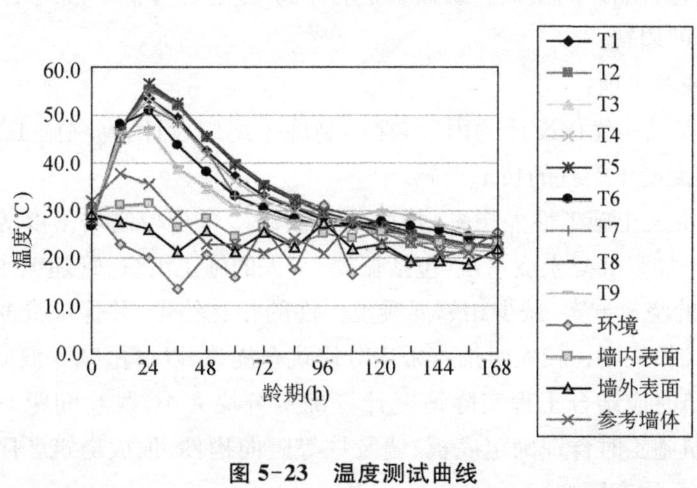


图 5-23　温度测试曲线

混凝土入模温度 27～28 ℃，混凝土浇筑后由于胶凝材料的水化作用，内部温度上升较快，内部温度约在 24 h 左右达到峰值，混凝土内部与外部最大温差 27.3 ℃，达到峰值后混凝土内部温度逐渐降低，约在 7 d 前后降低到与环境温度相同。参考墙体内部温度峰值到达时间更短，由于其尺寸较小，内部温度变化受环境影响更大，变化情况与环境温度相似。

墙体的温度变化与一般大体积混凝土有明显不同，从墙体温度曲线可以得出以下结论：①厚度不大的墙体(350 mm)混凝土温度曲线与其他大体积混凝土温度曲线走向相似，但上升段更陡，即温度上升梯度更大，也更快地达到温度峰值，由于混凝土掺加缓凝剂等因素的影响，混凝土温升较纯胶凝材料滞后。②混凝土内外最大温差比传统认识中的大，超过 25 ℃，最大温差发生在内部温度峰值前后，虽然没有采用特别的保温养护措施，但降温段的内外温差不大，在可接受的范围内。最大温差出现时间提前，与一般的大体积混凝土有明显不同。③实际工程中，对墙体较少采用覆盖保温养护，所以其温度下降曲线也明显较养护条件好的大体积混凝土陡，即降温更快。④混凝土浇筑后 12～60 h 范围内，混凝土维持较高温度(40 ℃以上，高出环境温度约 10～15 ℃)，会加大混凝土干燥收缩的早期发展，更易导致混凝土的早期开裂。

对于一般大体积混凝土基础而言，温度的影响起主导作用，收缩的影响程度较小。而对厚度不大的混凝土墙体而言，收缩和温度作用均有较大的影响，同时，温度对收缩的早期发展也有一定的影响，会间接影响到混凝土墙体的施工期间开裂问题，这一点在墙体裂缝控制中受到的关注和重视程度还不够。

温度对混凝土墙体施工期间开裂的影响主要体现在以下四个方面：①墙体混凝土浇筑初期胶凝材料水化热导致的墙体内外温差和后期降温过程中墙体内外温差的影响；②养护后期墙体均匀降温的影响；③较长时间、较高温度对混凝土干燥收缩早期发展的影响；④厚基础底板保温养护对墙体带来的影响等。

结合地下室混凝土墙体中水化温降、外部施工环境的温湿度变化，采用分时段局部拆模的方式，适时拆除超长墙体的模板。既减小了墙体的外约束、降低了混凝土早期收缩开裂风险，又加快了模板的周转。

其他措施及注意事项：

a. 结合构造及结构优化设计的内容，在编制施工组织设计、专项施工方案及进行技术交底时，明确控制混凝土裂缝的技术措施。

b. 合理确定混凝土施工性能指标，加强施工组织。合理控制坍落度等施工性能指标，坍落度不宜过大。加强混凝土浇水筑(包括振捣)工人的施工组织、管理工作。

c. 选择合理的浇筑方案，减少相邻混凝土构件的相互约束，并保证混凝土浇筑的连续、顺利进行。结构较长或面积较大时推荐采用分块跳仓浇筑，以尽量减少混凝土收缩的影响。采用分块跳仓浇筑时应结合工程实际情况计算确定分块大小、跳仓间距及浇筑时间间隔。地下室混凝土浇筑施工时合理确定底板、墙及柱等竖向构件、顶板浇筑顺序及时间间隔，尽量降低彼此的温度、约束影响。

d. 对约束条件复杂的底板基础等构件，施工中应采取措施减少外约束对收缩开裂的影响。

e. 对混凝土基础底板或墙体可预先计算，在预计可能产生裂缝的地方设置诱导缝，使变形能释放在指定位置处，用以控制裂缝产生。

f. 加强混凝土振捣。混凝土必须分层分段振捣，有效排除混凝土内的泌水，消除混凝土内部孔隙，确保混凝土的高密度，增加混凝土与钢筋的黏结力，增加混凝土材质的连续性和整体性，提高混凝土的强度，尤其要提高混凝土的抗拉强度。

g. 及时和充分养护。养护是防止混凝土产生裂缝的重要措施，应充分重视，制订养护方案，派专人进行养护工作。墙体混凝土浇筑完毕，混凝土达到一定强度（1～3 d）后，必要时可松动两侧模板，离缝 3～5 mm，在墙体顶部慢水喷淋养护；或带模养护，采用木模板，对两侧模板浇水养护。拆除模板后，可考虑在墙两侧覆挂麻袋或草帘等覆盖物，避免阳光直射墙面，连续喷水养护时间应足够长。提早松动模板淋水养护时，应注意浇水时机，不宜在墙体温度达到峰值时浇水，以免温度较高的混凝土被冷水喷淋引起混凝土开裂。

h. 适时拆模。未拆模处的应变增大，拆模处却由于模板的拆模、外约束减小，混凝土中的应变迅速降低。

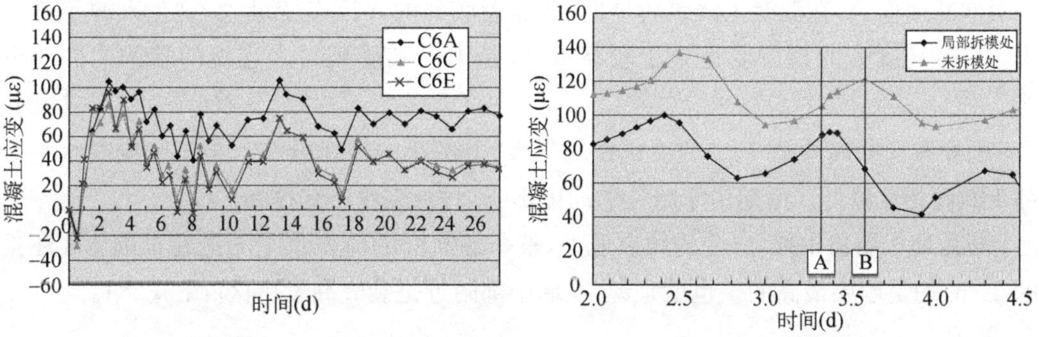


**图 5-24　无锡新区科技交流中心工程地下室长墙混凝土应变曲线**

与拆模前相比，在拆模 A 点前，测点混凝土应变的平均值大致为 80 με，拆模结束 B 点后应变的平均值降低到 55 με 左右，降低了应变水平 31%，如图 5-24 所示。

适时拆模（早拆的话会造成表面失水快，干缩大，开裂），所以要分季节和保湿、保温（洒水）养护结合起来，量化养护制度。

i. 洒水养护。防裂效果显著，如图 5-25 所示。

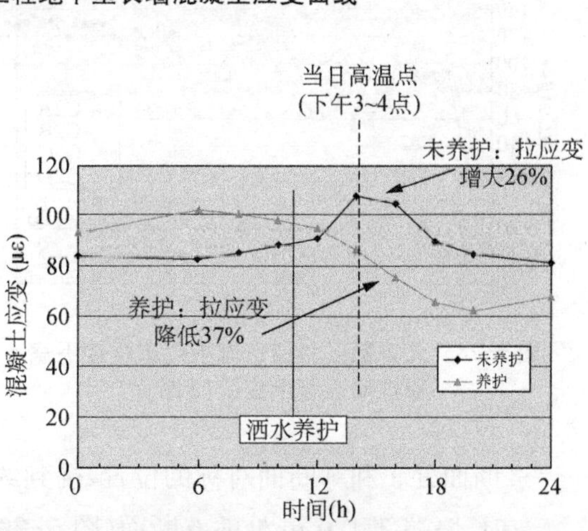


**图 5-25　无锡新区科技交流中心工程地下室墙体洒水养护对混凝土应变的影响**

(4) 混凝土应变应力的分析

根据实体墙中混凝土的应变实测数据绘

制如图 5-23～图 5-25 所示。

从原位墙混凝土应变曲线看出，混凝土浇筑早期，最初水化的过程中混凝土因温度的升高而产生膨胀，混凝土为压应变，随着温升进行，混凝土应变将出现压应变峰值，其后压应变逐渐变小至零，最终由零转为拉应变，拉应变在降温阶段不断增大，同时也受环境温度变化的影响(图 5-26)。

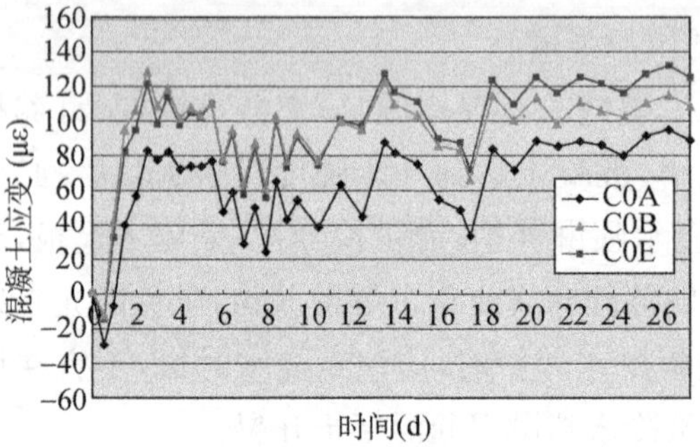


图 5-26 无锡新区科技交流中心工程地下室原位墙混凝土应变(0 断面)

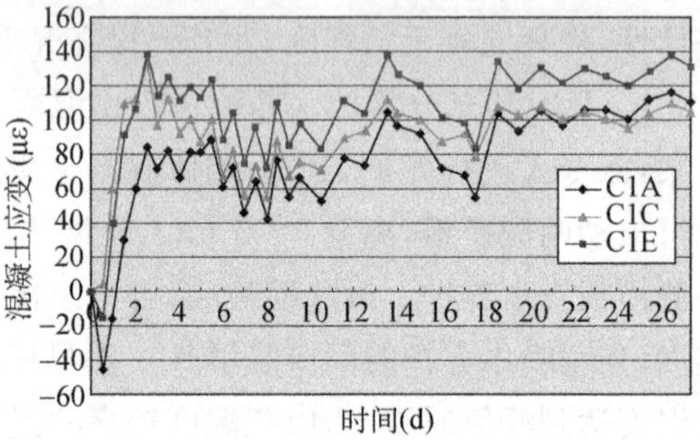


图 5-27 无锡新区科技交流中心工程地下室原位墙混凝土应变(1 断面)

对同断面而言，在混凝土浇筑后早期，墙靠近底部的 a 拉应变最大，这是来源于基底的约束，在 A 高度处的拉应变也处于较高水平，是由于其受到与之连接的暗梁构件约束的影响。

0 断面距 1 断面约 2.5 m，应变仍按底部大、上部小的规律分布。早期的应变水平与墙中部 1 断面相比略低。后期由于暗柱的约束影响加强，应变略有提高。

1 断面处于墙长中部，所受的约束最大，整个的断面的应变水平无论在早期 7 d 还是其后的 21 d，均是墙中最高的。也就是说，在墙中部附近是裂缝高发生区(图 5-28)。

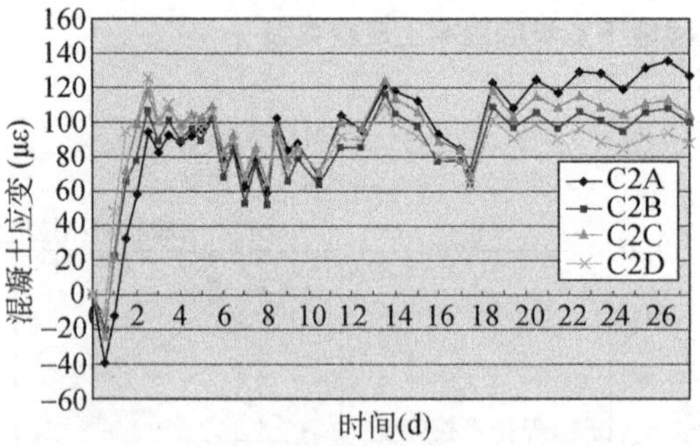


图 5-28 无锡新区科技交流中心工程地下室原位墙混凝土应变(2 断面)

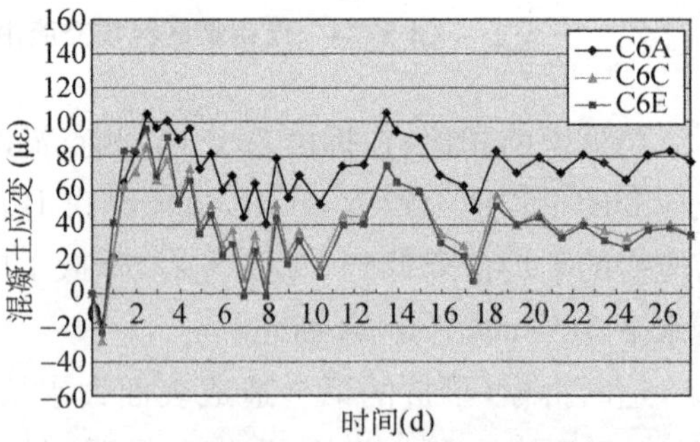


图 5-29 无锡新区科技交流中心工程地下室原位墙混凝土应变(6 断面)

2 断面处于和 0 断面对称的位置，受到约束相对较少应变水平较低，分布规律同 0 断面。

在长墙端部 1.9 m 处的 6 断面(图 5-29)，处于相对自由的状态，因此，温升后的拉应变降低很快，而上部的 A 高度处受到距离较近的两处纵向梁的强约束作用，拉应变较高。底部约束作用在墙端大幅减弱，墙的大部分截面均处于较低的应变水平。从 C、E 的应变看，墙的应变在中下部分布均匀。

(5) 钢筋内力的分析

根据实体墙中钢筋计的实测数据绘制钢筋内力与龄期关系(图 5-30、图 5-31)。

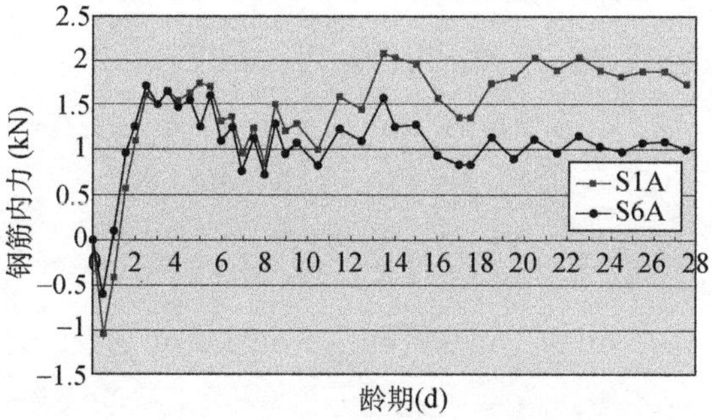


**图 5-30　无锡新区科技交流中心工程地下室原位墙钢筋应力沿墙长方向分布(A 高度)**

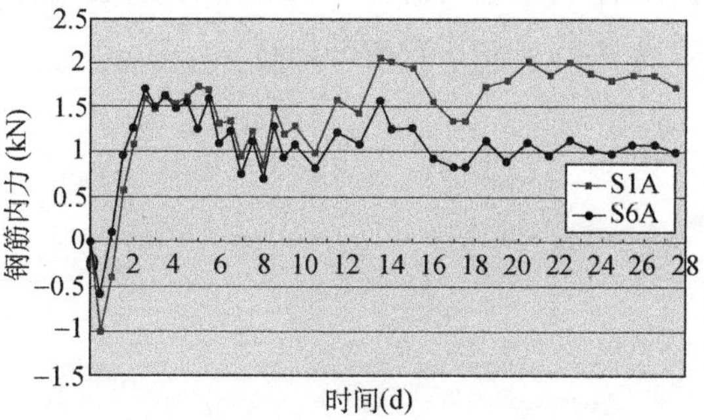


**图 5-31　无锡新区科技交流中心工程地下室原位墙钢筋应力沿墙长方向分布(C 高度)**

实测墙中钢筋的内力发展规律与混凝土中应变的发展情况一致。在混凝土浇筑后早龄期时间段，钢筋的内力值间的差异较小，主要是混凝土与钢筋之间变形的协调；在后期(7 d 开始)，钢筋内力有明显的调整过程，体现混凝土与钢筋共同受力，在实体结构中达到变形协调一致。

从不同高度上钢筋的内力分布来分析，靠近有约束的边界，即靠近上部暗梁的 A 高度处，早期钢筋的内力值差异不大，后期逐渐变大(图 5-30)；而墙高中部的 C 处，在早期钢筋的内力值差异较 A 高度更为明显(图 5-31)。

对比 1 断面与 6 断面的钢筋内力水平，A 断面的内力水平明显高于 6 断面。从钢筋内力的角度再次证明，长墙内的应力应变分布与墙的长度有关，在墙长中部处内力及应力应变最大。在混凝土墙浇筑后早期，应变水平较集中而且复杂，开裂风险高；到 7 d 后才按结构构件间的协调变形来调整，仍然是墙中部应力水平高，开裂风险大。

## 5.8　本章小结

(1) 综合控制技术实施效果良好。无锡新区科技交流中心工程地下室混凝土墙体无缝施工，采用基于数值分析及全过程动态控制，从结构及构造优化设计、原材料优选、施工配合比体积稳定性优化设计、施工过程控制及施工过程监测等多方面采取措施进行综合预防控制，取得了良好的控制效果，经江苏省专门机构检测，“剪力墙中混凝土的收缩和膨胀都在允许的范围内，所监测墙体没有发现肉眼可见裂缝”。

(2) 建立预拌混凝土施工期间裂缝防治全过程控制体系。从构造优化设计、抗裂计算分析、原材料优选、配合比体积稳定性优化设计、施工过程控制及施工过程监测等方面建立预拌混凝土施工期间裂缝防治全过程控制体系。该体系区分不同的防裂等级及要求，采取相应控制措施，以成功进行预拌混凝土施工期间裂缝控制。

(3) 结合地下室混凝土墙体中水化温降、外部施工环境的温湿度变化，采用分时段局部拆模的方式，适时拆除超长墙体的模板。既减小了墙体的外约束、降低了混凝土早期收缩开裂风险，又加快了模板的周转。

# 第 6 章　梅花形建筑机电专业创新建造技术

## 6.1　消防系统建造技术创新

### 6.1.1　消防系统设计的复杂性

科技交流中心复杂工程形体特殊、复杂多变，大空间办公用房、剧院及其他公共用房较多，人员流动多（图 6-1），消防安全隐患容易发生。因此，消防安全结构档次提高是必要的。

图 6-1　多功能服务中心实景

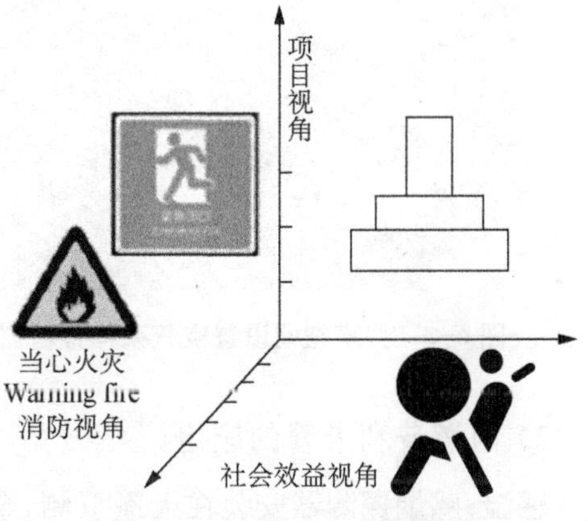


图 6-2　消防安全三维视角

### 6.1.2　消防系统施工管理的复杂性

由于梅花形建筑的大空间用房较多，并且呈异形分布，建筑的消防系统比常规建筑的施工管理更具复杂性，从而导致施工技术的复杂性和施工管理的复杂性。

项目管理部提出“消防安全三维视角”（图 6-2）的管理理念，即消防工程施工→项目建设管理→社会效益，多层次多视角保证消防安全。消防安全管理作为一个系统工程，要严格按照“横向到边，纵向到底”的要求，全员参与。把“防”放在第一位，用制度来规范操作，尽量减小操作失误，减小事故的发生概率。因此在消防系统的深化设计和施工技术应用之中，应考虑梅花形建筑的全生命周期消防运营。

### 6.1.3 空气采样报警系统安装技术创新

梅花形建筑的消防系统设计，充分考虑了各种火灾隐患，加大工程消防安全设施投入，主要包括设计空气采样报警系统、灭火系统（消防喷淋、水炮自动灭火系统、雨淋灭火系统等）及隔火设施（特级防火卷帘）等全自动化消防安全装置。

**1）共享空间设置组合式空气采样报警器**

针对梅花形建筑的特征，在“花蕊”部位的共享空间设置组合式空气采样报警器探头，其安装布置采用“多探头立体交叉布置”建造技术（图 6-3），做到“火灾探测准确、报警及时快捷”。空气采样报警系统是通过管道空气采样分析判断烟雾粒子浓度的一种烟雾探测器，进而能在早期发现火灾。空气采样报警系统的报警信息传递包括四个阶段：警告、行动、火警 1 和火警 2 的启动。发现火灾，依次启动消防系统：空气采样报警系统→灭火系统→火灾隔离设施（特级防火卷帘）。大幅度提高了消防系统的安全可靠性，彻底消除火灾隐患。

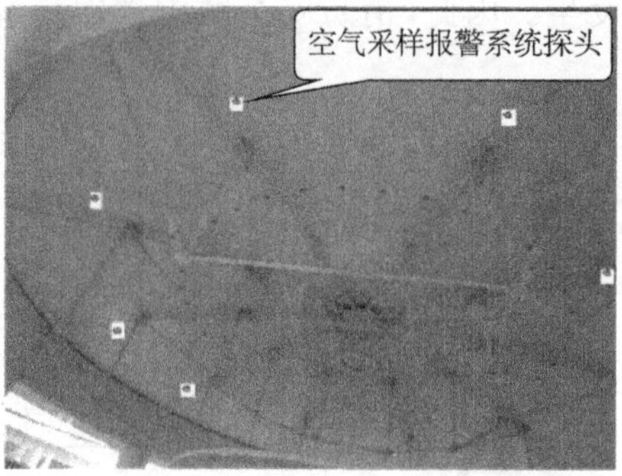


图 6-3 共享空间设置空气采样报警器

图 6-4 阻燃普利卡管

**2）阻燃普利卡管的应用**

感温、感烟探测器安装在天篷下侧，金属软管脱落现象比较严重，防火涂料施工进度迟缓，管路达到耐火等级难度较大。根据梅花形建筑工程的复杂性，消防系统工程采用新材料“阻燃普利卡管”（图 6-4），从而解决了报警系统质量目标控制风险。

**3）报警器接线盒的工艺创新**

感温、感烟探测器报警导线接头多在结构预埋接线盒内，维修困难。因此，梅花形建筑的消防系统深化设计时，对施工工艺进行创新：接头方式采用在天花板面增加接线盒的基础上进行（图 6-5），解决了导线接头施工空间狭窄的矛盾，从根本上消除施工难的问题，确保消防功能正常发挥，并消除安全隐患，同时也方便消防系统运营过程中的维修工作。

### 6.1.4 消防灭火系统安装技术创新

**1）消防水炮自动灭火体系的安装技术**

为了克服梅花形建筑人流交通复杂所引起的消防灭火系统安装困难，针对科技交流中

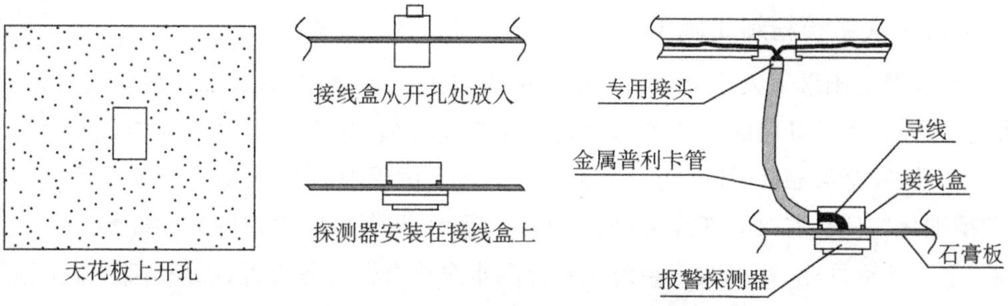


图 6-5　施工工艺创新，杜绝消防安全隐患

心大空间办公用房和公共场所的分布特征，基于 BIM 电脑模拟分析，灭火装置首选水炮自动灭火系统，主要配合雨淋灭火系统、消防栓灭火系统协同灭火，杜绝灭火死角，确保人员财产不受损失。如图 6-6 所示，将 3 台水炮自动灭火器同时布置在共享大厅底层的异形大空间内，形成“三角形动态立体灭火体系”，水炮自动灭火器可以 360°旋转，射程远、灭火速度快，杜绝灭火死角，消除火灾隐患。

(a) 平面布置　　(b) 安装实景

图 6-6　共享大厅水炮灭火器

**2）喷淋系统与通风管道协调安装**

梅花形建筑的公建项目机电系统管线复杂，基于 BIM 技术进行了初步的管线综合探索，在保证净空高度的同时，还要保证外露管线的美观性，这是当时争创“鲁班奖”的项目要求。为此对地下室部位管线外露部位进行管线布局的精心策划，保证管线错落有致、对称对齐、整体划一。地下室通风系统与消防喷淋系统安装一体化考虑，消防喷淋装置及其管线对称安装在通风管道下部，在通风管道正中间排成一行的喷淋装置（图 6-7），既保证消防功能，又具有美观效果，成为机电安装工程质量创优的一大亮点。

图 6-7　喷淋系统与通风管道协调安装实景

### 3) 雨淋灭火系统精细化施工

梅花形建筑的雨淋灭火系统是消防系统的重要组成部分，雨淋灭火系统给水管道接通室内消火栓，并设有手动开启阀门装置与自动控制消防装置，根据需求灵活启用，确保消防灭火系统的全面性、安全可靠性，杜绝消防灭火隐患。施工过程中，作为复杂工程消防系统，项目管理强调“精细化”安装，需保证管线由路的科学合理性、操作与控制管理的便捷性、安装设施的美观性。如图 6-8 所示，雨淋灭火系统在室外的水泵接合器整齐布置，标识清晰，施工精细。

图 6-8　雨淋水泵接合器的安装施工实景

## 6.1.5　共享大厅大面积弧形折叠式防火卷帘施工技术

根据消防设计要求，梅花形建筑的“花蕊”部位和 5 个“花瓣”部位，应在火灾发生时进行隔离，将共享空间(图 6-9)与周边的规划展示厅、艺术作品展示厅、园区业绩展示厅、多功能会议厅、影剧院、市民服务中心及室内共享大厅等大空间公共用房进行火灾隔离。因此，在共享大厅 4 层楼地面的范围内设计了大面积弧形折叠式防火卷帘，分别将地下一层、地上一层、二层和三层楼面都能与共享空间形成有效隔离，其主要参数特征为：防火等级(特级)、柔性异型体、双层防火结构，防火卷帘直径 26 m、高 4.5 m，每层防火卷帘展开面积 367.38 $m^2$。大面积折叠式同步提升防火卷帘的深化设计与施工为梅花形建筑工程的重点难点之一。

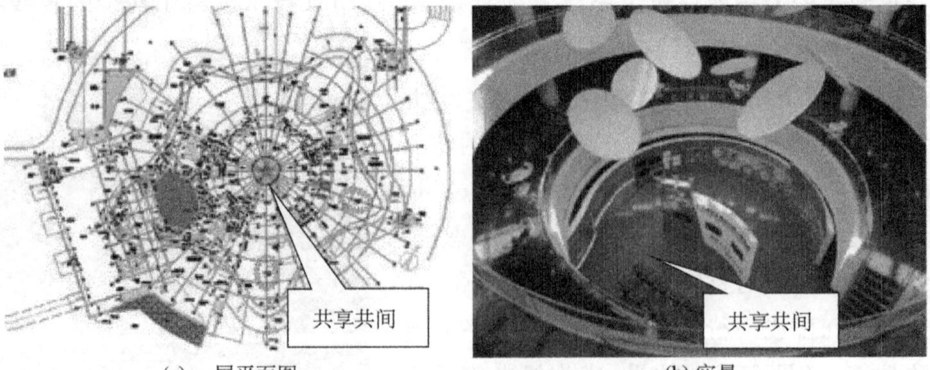


(a) 一层平面图　(b) 实景

图 6-9　梅花形建筑的共享共间

**1）折叠式防火卷帘的工作原理与核心技术**

梅花形建筑的折叠式防火卷帘需实现防火功能与装饰效果协调。创新设计该防火系统，必须做到精确控制传动轴上所有绳索松紧程度基本一致，减少卷帘底横梁变形，使防火卷帘收放自如，满足建筑防火功能。同时创新采用弹簧补偿装置，在减少底横梁变形的前提下，进一步消除卷帘装饰底板与天篷装饰板之间的间隙，协调满足装饰效果，达到共享大厅整体美观和防火安全的效果。

(1) 升降工作原理与核心技术

a. 升降工作原理：如图6-10(a)所示，折叠式防火卷帘处于常开状态，此时卷帘收藏在天篷内，装饰盖板在弹簧的作用下，压紧在天篷装饰层上，消除因底环梁沿纵向波浪式变形而使装饰盖板与天蓬装饰层之间存在不均匀间隙的现象，从而有效保证建筑美观效果。由按钮控制电动卷门机，驱动传动轴和钢丝绳，拉着防火布帘升降[图6-10(b)]。防火布帘下降到极限位置，处于消防工作状态[图6-10(c)]，底环梁通过弹簧压紧装饰盖板，消除装饰盖板与楼地面之间存在不均匀缝隙的现象，避免火苗和烟雾从一个防火分区跑到另一个防火分区，确保折叠式无机防火卷帘的建筑防火功能。

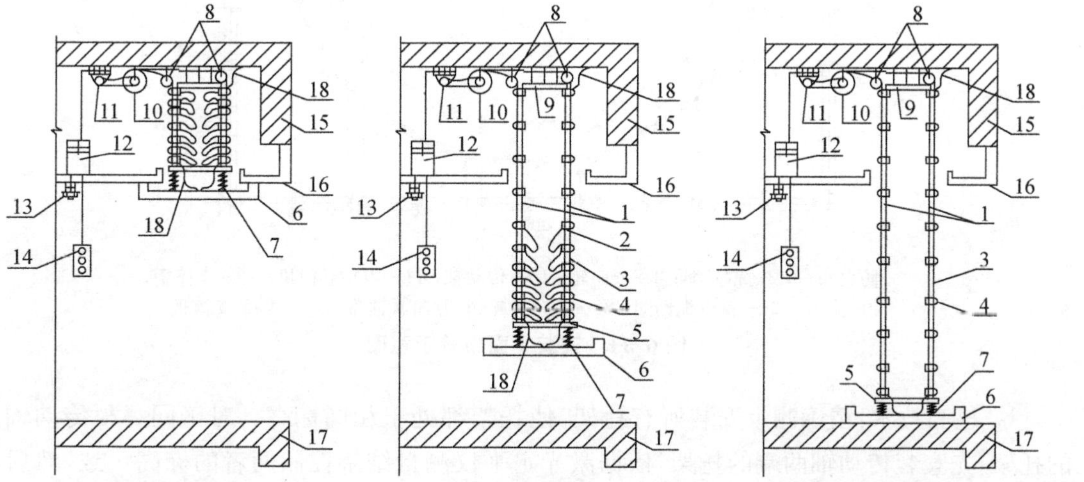


1—防火布帘；2—腰梁；3—钢丝绳；4—钢环；5—底环梁；6—装饰盖板；7—弹簧；8—定滑轮；9—顶环梁；10—传动轴；11—电动卷门机；12—电控箱；13—烟感传感器；14—按钮盒；15—天篷结构层；16—天篷装饰层；17—楼地面；18—防火封堵布帘

**图6-10　折叠式防火卷帘安装剖面示意图**

b. 核心技术：精确安装钢丝绳，并联机试运行，反复调试，使所有安装的钢丝绳松紧程度基本一致，并通过红外线测量仪检测底环梁上所有钢丝绳下端点位置的标高，确保它们都处于同一水平，防止超长的底环梁沿纵向波浪式变形。

(2) 同步传动工作原理与核心技术

a. 同步传动工作原理：为了保证钢丝绳拉拽防火布帘的升降动作同步，必须保证钢丝绳在传动轴上缠绕的总周长一致。由于卷帘"超长"(图 6-11),传动轴可划分为多段制作与安装。其中不同传动轴之间的一致性由直角齿轮箱或万向联轴器保证:当两传动轴位于同一标高平面内且两轴线呈 90°角时,采用直角齿轮箱连接两根传动轴;当两传动轴位于同一标高平面内且两轴线非 90°角时,采用万向联轴器连接两根传动轴。当电动卷门机动作时,所有传动轴都能快速同时作出反馈。

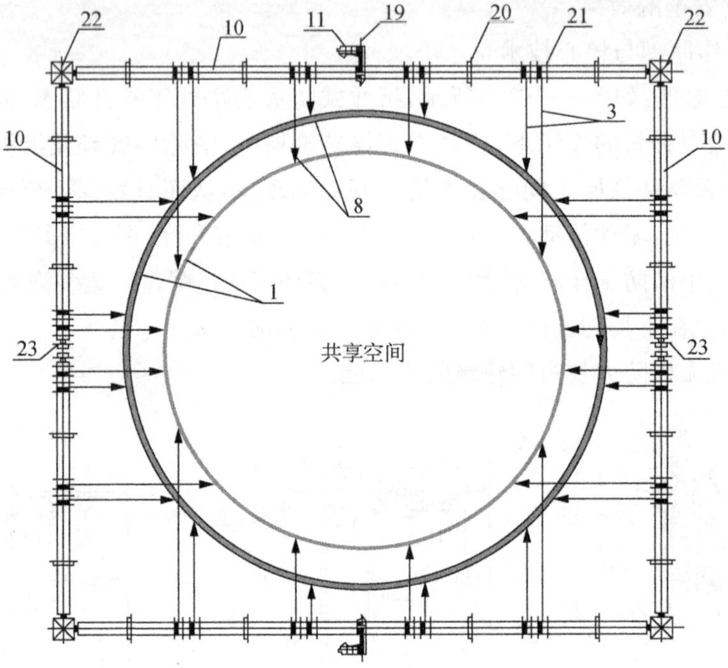


1—防火布帘;3—钢丝绳;8—导向轮;10—传动轴;11—电动卷门机;19—支撑板;
20—托架;21—钢丝绳挡圈;22—直角齿轮箱(万向联轴器);23—端部支撑板

**图 6-11 安装平面布置示意图**

b. 核心技术:精确测量安装所有托架,使托架都处于相同标高。对于同一根传动轴上的托架,先安装传动轴两端的托架,依据激光水平仪测量结果控制两者的标高一致,然后再安装传动轴中间部位的托架,只要保证托架上的压轮与传动轴紧密接触即可。并有考虑在传动轴上安装钢丝绳挡圈,限制钢丝绳沿传动轴铺开的范围,防止钢丝绳在传动轴上缠绕的长度离散性过大。

### 2) 折叠式防火卷帘的施工工艺流程和操作要点

(1) 施工工艺流程(图 6-12)

(2) 操作要点

a. 传动轴托架安装

根据传动轴受力的最不利组合,考虑结构自重、钢丝绳拉力等因素,由公式(6-1)计算传动轴的挠度。当挠度符合相关标准时,则在传动轴的跨中无需设置托架,仅需在两端设置安装支座;当挠度超过允许值时,则需在传动轴的跨中增加设置托架进行加固,减少传动轴的横向变形。通常传动轴不增加托架的跨度为 5～8 m。对于超长折叠式防火卷帘，根据挠度验算结果，可按照 5～8 m的间距布置传动轴托架。

$$f_{\max}=\sqrt{\left(\int\frac{M_v(x)\bar{M}_v(x)}{EI}\mathrm{d}s\right)^2+\left(\int\frac{M_h(x)\bar{M}_h(x)}{EI}\mathrm{d}s\right)^2}\leqslant[f] \tag{6-1}$$

• 在传动轴托架所对应位置(已设置安装孔洞)，采用 M14×120 的膨胀螺栓安装长度为 400 mm、型号 L50×4 的角钢挂件，挂件间距为 5～8 m，由计算确定。

• 在天篷板、主梁和次梁等不同部位，若存在标高差异，则可对 L50×4 的角钢挂件进行接长或截短。

• 将传动轴托架逐个安装在角钢挂件上，采用激光水准仪，测量校正托架的轴线位置和标高，然后紧固。

• 对支架和托架进行加固，以保证传动轴在运行时不发生摆动。

• 各部位固定牢固后，将焊接部位除去焊渣，需打磨部位用角磨机打磨平整，并进行防锈处理。

b. 支撑板及电动卷门机安装

• 将支撑板以 $\phi$14×120 mm 膨胀螺栓固定到主体结构(柱、墙体或梁)，每块支撑板上设置 4～6 支膨胀螺栓固定点，需拧紧、拧牢。

• 调节支撑板安装的标高，确保支撑板中安装传动轴的孔位与托架传动轴安装空位保持在同一标高，支撑板与各托架的相邻孔洞最大高度差应控制在不大于 10 mm的范围内。

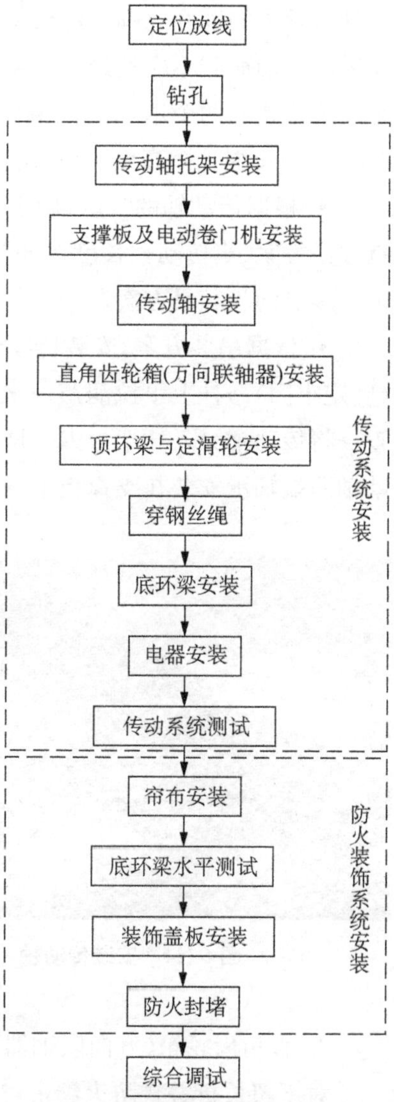


**图 6-12　施工工艺流程图**

**图 6-13　电动卷门机安装**

• 支撑板安装完成后，挂上电动卷门机，初步拧上螺丝，挂上传动链条调整至张紧度合适为止(图 6-13)，然后把电动卷门机的机脚螺帽对称分级拧紧(初拧 30%→复拧至 60%→终拧至 100%)。

c. 传动轴安装

• 根据各部位定位尺寸，在传动轴上确定钢丝绳挡圈的位置，然后，在每个位置焊接安装一组(两个)钢丝绳挡圈和一只钢丝锁扣。

传动轴上的钢丝绳挡圈用于限制钢丝绳在

传动过程中的铺开范围。可根据设计及荷载要求来确定钢丝绳挡圈中心间距:通常每根钢丝绳的传动荷载不应超过 300 kg,对应的钢丝绳挡圈组件间距应控制在 1.5～2 m 之间;每个安装位置的两个钢丝绳挡圈之间的间距可设计为 80 mm,钢丝绳挡圈的板厚可设计为 8 mm,钢丝绳挡圈高度可设计为 40～60 mm。

• 根据传动轴的长度,确定传动轴的吊装方案:当传动轴长度不大于 8 m 时,可采用一点起吊方案;当传动轴长度在 8～16 m 范围内时,可采用两点起吊方案;长度超过 16 m 时,采用多点同步起吊方案。

• 依据吊装方案,安装传动轴(图 6-14):在传动轴上确定吊点位置→打好手拉葫芦架(确定牢固)→挂上手拉葫芦→放下启动承重链→挂好捆牢传动轴→提升传动轴至合适位置→将传动轴穿入托架板内→调直传动轴全长直线度(最大误差控制在 8 mm 以内)→将传动轴两端轴承安装在支撑板上→拧紧螺丝→加注润滑油→拧紧轴压盖。

**图 6-14　安装传动轴**

**图 6-15　安装直角齿轮箱**

d. 直角齿轮箱(万向联轴器)安装

对于超长折叠式防火卷帘,当传动轴由多段组合而成时,采用螺栓将直角齿轮箱(或万向联轴器)安装到相邻传动轴之间,实现传动轴多段联动(图 6-15)。

• 若设计为直角齿轮箱连接,则其安装顺序为:将一个方向($x$ 轴)传动轴的法兰盘与直角齿轮箱的 $x$ 轴法兰盘连接→调节两者的同轴度(误差不大于 0.5 mm)→将另一个方向($y$ 轴)传动轴的法兰盘与直角齿轮箱的 $y$ 轴法兰盘连接→调节两者的同轴度(误差不大于 0.5 mm)→采用支架将直角齿轮箱的箱体与主体结构固定。

• 若设计为万向联轴器连接,则其安装方法为:将万向联轴器两端的法兰盘分别与相邻两段传动轴的法兰盘连接,分别调节法兰盘的同轴度(误差不大于 0.5 mm)。

e. 顶环梁与定滑轮安装

• 顶环梁(宽 200～300 mm 的格构钢梁)在工厂里预先分段加工完毕。如果是弧形、折线形或其他异形卷帘,需先依据现场卷帘安装基准线,以木板取线,然后加工厂里以此为依据进行帘布的顶环梁、底环梁和帘布分段加工。

• 依据现场天篷板表面所绘制的安装控制线，分段安装顶环梁，然后将分段的顶环梁焊接为整体。

• 根据传动轴上钢丝绳挡圈的布置情况，在顶环梁的两平行肢上对应地焊接布置定滑轮支座(∟50×4角钢，长度40 mm)，随后采用螺栓在支座上安装定滑轮。定滑轮的位置应保证所有钢丝绳的展开线与其传动轴之间的夹角一致，从而确保所有钢丝绳的行程基本一致。如有管线及其他专业设备阻碍，根据现场实际情况增加安装定滑轮，遵循的原则是：钢丝绳受力均衡、行程基本一致。

f. 穿钢丝绳

• 如图6-16所示，将钢丝绳一端穿过定滑轮，然后在附近的一组钢丝绳挡圈之间的传动轴上环绕2圈，再穿过钢丝绳挡圈上的孔洞，最后采用两组M10×30螺栓U形卡固定在传动轴上的锁扣中。

• 钢丝绳的另一端由定滑轮拉至地面，延长300 mm后把钢丝绳剪断。

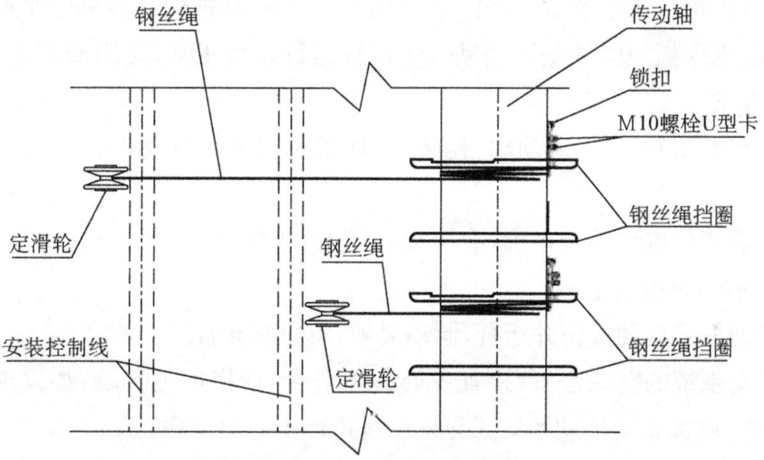


**图6-16　钢丝绳安装示意图**

g. 底环梁安装

• 与顶环梁宽度相同的底环梁(格构钢梁)，在工厂里预先分段加工完毕。

• 将分断加工好的底环梁放在防火卷帘洞口下面，保证底环梁与装饰放线吻合。

• 对底环梁进行拼装焊接，焊接时先分点分段焊接，以保证在焊接时变形均匀；把各段点焊成形、校核合格后，再进行全面焊接。

• 焊接完成除去焊渣，用角磨机把焊接点打磨平整，并再涂刷2遍防锈漆。

• 将M10×200全丝螺栓拉杆穿入底环梁上预先打好的孔内，把钢丝绳穿入螺栓拉杆的孔内，拧紧螺栓拉杆下端的螺帽，使钢丝绳的下端固定在底环梁上。

h. 电器安装

• 检查电器控制箱的设备及配件是否完好，各接线端子是否松动，其距离不得大于卷帘电动卷门机附近1 m范围内。

• 将控制箱用 M8×60 的膨胀螺栓固定在便于检修的柱(墙)上，应固定牢固可靠。

• 用 M6×50 的膨胀螺栓将按钮盒安装在卷帘两侧便于操作的地方，按钮和中心线距离建筑完成面高度为 1.4 m。

• 用 $\phi$20 的镀锌线管配管，其所需弯管半径和连接方式应符合国家电器安装的相关规范，另外地下室必须使用热镀管。

• 电控箱到电动卷门机的线用 $\phi$15 的包塑软管保护，其软管长度不大于 1 m。

• 穿线：按照规范要求把各接点线路压紧、压牢，接好零线及保护地线，并做绝缘检查。

i. 传动系统测试

• 电器调试前，需对机械部分做全面的检查，具体检查事项有：①用手拉住卷帘制动，使卷帘自重下落，观察其运动是否正常、灵活；检查时下边站一人，距离帘板 500 mm 处。②用钢丝钳压住刹车让卷帘下降 1 m 后，用手启动开关，检查其是否灵敏、可靠。③电动卷门机制动器是否正常。④轴承盖是否拧紧，无松动。⑤传动链轮是否同一平面，链条张紧程度是否适宜。⑥支撑板加固件是否松动。⑦帘板运行是否正常，无阻滞现象。⑧帘片之间的窜动量符合要求。

• 仔细检查电动卷门机、传动轴、托架、顶环梁和定滑轮等构件，确保各部位固定牢固可靠。

• 检查电器部分接线是否正确，有无松动、脱落现象，确保无误后，由专业电工将电动卷门机接入控制箱，再接通电源。

• 以点动的方式启动按钮并运行，制动灵敏，不应有异常。

• 进行传动系统的空载运行，检查各处有无卡滞、挂拖声等异响；如发现异常情况，则应及时进行处理，确保整套传动系统无异样后再进行下一道工序。

j. 帘布安装

• 帘布在工厂分段加工，每段长度不超过 5 m，帘布在现场以防火线进行整体拼接；帘布夹片板间距需与顶环梁、底环梁宽度基本一致；如为异形卷帘，需依据现场取线，分段进行卷帘加工；依据现场取线，以角钢加工出相应弧度，然后在安装夹片板位置以角钢进行定型加固。

• 安装时，首先将帘布挂件逐一焊在顶环梁上，焊接时首先定位，保证帘布同预先完成的定滑轮位置一致，然后焊接牢固，焊接完成后除去焊渣，涂防锈漆两遍。

• 把底环梁放在地上，用 3～5 人把帘布全部抬在底环梁上，启动电动卷门机把帘布升至合适位置，用 3～5 人将帘布逐段用 M10×40 六角螺栓挂在挂件上，把螺帽拧紧。

• 帘布拼接：帘布挂上后，根据各拼接处所需搭接长度剪去多余部分，用防火线逐一连接。

• 穿帘布夹板钢丝绳：帘布拼接完成后，把连接底环梁的螺栓拉杆卸掉，逐一将钢丝穿插入夹板孔内，穿完后再将螺栓拉杆穿入托架孔内，拧紧调节螺帽。

k. 底环梁水平测试

• 上道工序完成，事先再次逐一检查各部位各节点，是否可靠牢固，启动电动卷门机，进行升降试验，对底环梁进行水平测试；在升降过程中，清理干净现场脚手架，帘布下端安排2～3人专人看护，在卷帘上升、下降过程中禁止人员通过。

• 在反复运行了3～5次后，再次检查各部位、各节点有无异样；确认安全可靠后，再将底环梁升至天蓬板标高处，然后调节螺杆，将底环梁调整至平整，允许最大误差40 mm。

l. 装饰盖板安装

• 根据装饰盖板的重量，计算选用合适的弹簧，用以连接装饰盖板于底环梁的下方。

• 装饰盖板的背面设置(焊接)加强肋，并在加强肋上钻M5螺纹孔，相邻螺纹孔沿装饰盖板的纵向间距可取350～400 mm之间。采用M5不锈钢自攻螺钉将弹簧安装在装饰盖板背面。

• 根据装饰盖板背面的弹簧位置，沿着底环梁两肢的轴线钻M5螺纹孔，采用M5不锈钢自攻螺钉将弹簧(及装饰盖板)安装在底环梁下方(图6-17)。

**图6-17　弹簧补偿构造**

m. 防火封堵

• 在上端，顶环梁附近，采用相同等级的防火帘布封堵防火卷帘与混凝土主体结构之间的间隙。

• 在下端，底环梁与装饰盖板之间的间隙，采用相同等级的防火帘布进行封堵。

• 在侧端，若防火卷帘与柱或墙相交，则应设置钢质导轨进行防火封堵。导轨的滑动面应光滑平直，不允许有扭曲、凹凸、毛刺等缺陷。并且导轨的直线度每米不得大于1.5 mm，全长直线度不大于0.12%；导轨的垂直度每米不大于5 mm，全长垂直度不得超过20 mm。

n. 综合调试

调试防火卷帘的上、中、下位行程，到指定的位置定位，要求各位置的重复定位误差不大于20 mm。

**3) 折叠式防火卷帘的安装效果**

由于项目管理精心策划，设计师发挥无限的创造力，施工单位的精心安装，梅花形建筑的大面积折叠同步提升防火卷帘，将各楼层的共享区和环形走道区进行有效的分割，防止火灾状态下的火势和烟气在各防火分区之间蔓延，既保证了消防功能处于最佳状态，又保证了建筑装饰效果的美观性、协调性、整体性，为工程建设增加亮点。图6-18为消防演练时的防火卷帘同步下降状态，整个圆弧形卷帘能够均匀地实现同步下降，并能与楼地面完全密封，保证了隔火隔烟的效果；图6-19为正常运营时防火卷帘收入吊顶中的状态，防火卷帘的下盖板与吊顶的装饰板完美贴合。

图 6-18　防火卷帘同步下降状态

图 6-19　防火卷帘收入吊顶中的状态

## 6.2　空调新风系统创优施工技术

梅花形建筑的形体特殊、复杂多变，而且室内无一标准房间，直线与弧形的简约构成环形景观走廊，这给机电安装和空调新风系统工程的深化设计与施工带来很大难度。开发针对性很强的空调和新风系统安装方法，使得空调新风系统获得良好的空气调节性能，同时也与梅花形建筑的室内装饰和谐协调，融为一体。因此，该项目创新开发的空调新风系统安装施工技术值得其他异形公共建筑的建设者借鉴。

### 6.2.1　弧形景观走廊的空调新风系统施工技术

#### 1) 空调通风系统安装的挑战性

梅花形建筑的弧形景观走廊位于标高 9 m 的位置，环绕建筑一圈(图 6-20)，走廊的宽度约为 5 m，走廊上部至檐口的高度蜿蜒起伏：最低处标高 12.9 m，最高处标高 32.5 m。景观走廊将该建筑二层和三层的所有大空间房间包裹在里面，使得内部的房间空调通风系统无法直接与外界沟通，而要保证室内大空间和景观走廊空间的空气质量和温度，极具挑战性。因此如何安装空调末端的电机和进出风口成为施工深化设计的重要内容。景观走廊的悬挑钢结构梁为实腹式钢梁(图 6-21)，此种情况下，空调通风管线的布局更加受限制，增加了空调通风系统安装的难度。

图 6-20　弧形景观走廊完工实景

图 6-21　实腹式钢梁施工实景

**2）空调通风管道安装施工措施**

针对实腹钢梁对空调通风管道的碰撞问题，在施工准备阶段，应充分利用钢结构三维 BIM 进行空间碰撞分析，优化空调末端的电机和进出风口的布置。将空调管道和新风进风口安装在景观走廊钢结构悬挑梁的端头部位(图 6-22)，同时位于点支式玻璃幕墙的不锈钢栏杆外侧，既美观协调，又不影响人员在走廊上自由行走(图 6-23)。在这种布局下，景观走廊的异形大空间创新地构成了新风系统的“气囊”，二层的大空间房间都可从景观走廊引入新风，景观走廊的吊顶周边布置百叶气窗，从弧形檐口位置与外界吸取新鲜空气，保证了景观走廊内具有良好的通风与空气质量，这将直接影响整个建筑空间的品质。

图 6-22　新风进口的布置

图 6-23　新风口百叶窗的布置

**3）空调通风管道精细化制作**

由于梅花形建筑是由四周的五个“花瓣”和中间的“花蕊”为基础的空间分割，因此空调通风的管道基本都是弧线连接，对管道的制作提出了很高的要求：首先保证气流在管道中流速的折减最小，即保证供热通风性能；同时避免与钢结构和其他管道的碰撞，保证安装的可操作性；并且兼顾造型弧线流畅的要求，保证美观性。如图 6-24 所示，景观走廊顶部延伸到屋顶的排风管道，弧线形管道避让钢桁架的同时，还要其他管线，构成波浪线形的造型。再如图 6-25 所示，景观走廊楼面的空调通风管道，顺着悬挑钢结构梁向室内延伸，然后再沿着空间曲线引入“花瓣”下面的二层室内。空调通风管道的空间布置路由复杂，需要预先在电

图 6-24　景观走廊顶部的空调通风管道

图 6-25　景观走廊底部的空调通风管道

脑上构建空间三维模型，然后指导加工工艺，通过精细化制作，才能保证施工现场的精确安装。

### 6.2.2 剧院静压箱新风系统的创新实施

梅花形建筑内最大最高的“花瓣”下面是剧院（图 6-26），该剧院设计了 500 人的座位。在如此人口密集的空间中，为了提高室内的送风质量，在每个座位的下部设置送风口（图6-27），在固定座位的混凝土楼板上预留孔洞安装送风管，在楼板的下方安装镀锌铁皮制作的六面体静压箱。静压箱作为一种将动压转化为静压的装置，它能够稳定气流，减小气流的湍动性，降低气流噪声，从而使得出风口的风压基本保持一致，保证风口出风的均匀性，从而保证剧院的舒适度。

**图 6-26 剧院**

**图 6-27 下部设置送风口**

#### 1）“组合式静压箱”技术创新

在施工深化设计过程中，需要考虑静压箱上预制的送风管接口位置应与混凝土楼板上钻孔位置对齐，混凝土楼板上预留孔洞的施工与静压箱制作应密切配合，以保证孔位精确对应，而在实际操作过程中，存在较大的施工误差，需要重新精确对齐钻孔安装，增加了工作量；同时静压箱与楼板间设置送风管道连接口，使得静压箱与楼板间存在较大的安装间距，从而导致静压箱所在楼层的净空高度减小，给楼层使用带来不良影响。

因此，项目管理部针对梅花形建筑的剧院情况，组织设计、施工、设备安装等单位人员进行研讨，创新构造混凝土板为主的“组合式静压箱”（图 6-28），直接将剧院台阶混凝土板作为静压箱的组成部分，该发明创造获得国家专利授权，其主要优点包括：①该组合式静压箱由向上开口的箱体和混凝土楼板组成，混凝土楼板作为盖板盖在箱体的开口处，这样箱体位于混凝土楼板的底部，送风管道直接安装在混凝土楼板上，送风管道直接伸入箱体内即可，安装时孔位无须精确对齐，大大减少了安装工作量；②混凝土楼板作为静压箱的组成部分，省去了静压箱与送风管道间的连接接头，使静压箱的制作和安装非常方便，提高安装工作效率；③混凝土楼板为静压箱的组成部分之一，这样省去了静压箱的顶板，减少了材料用量，从而降低工程造价；④由于静压箱与楼板融为一体，不需再设置送风管道连接口，省略了它们之间的安装间隙，从而使得楼层净空高度得到提高，有利于室内管线安装和装饰工程的实施。

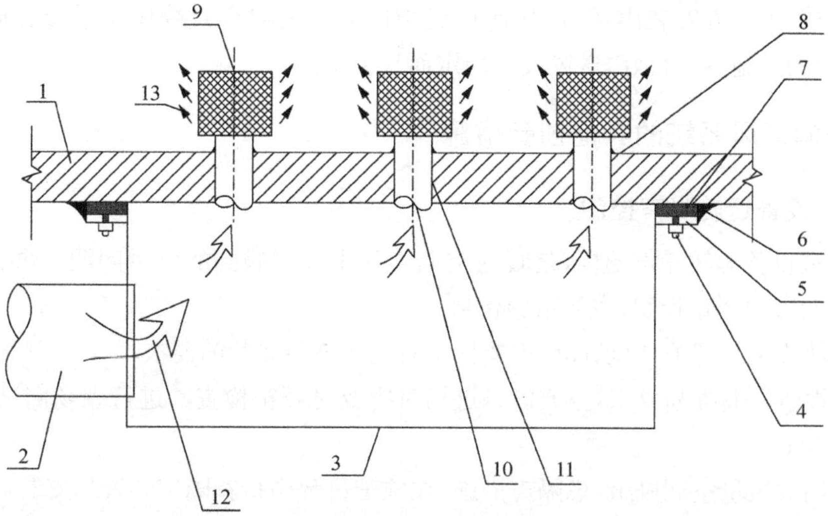


1—混凝土楼板；2—进风管道；3—箱体(静压箱室)；4—化学螺栓；5—钢板压条；6—建筑密封胶；7—橡胶垫片；8—板顶建筑密封胶；9—送风口；10—出风管道；11—预留孔洞；12—进风；13—出风

**图 6-28　组合式静压箱工作原理示意图**

### 2)"组合式静压箱"现场实施

在施工现场，将影剧院下一层地下室设置为大体量静压箱室代替小体量金属制作静压箱，如图 6-29 所示，在每个座位的台阶上开送风管道连接口，在阶梯侧墙顶部安装送风接

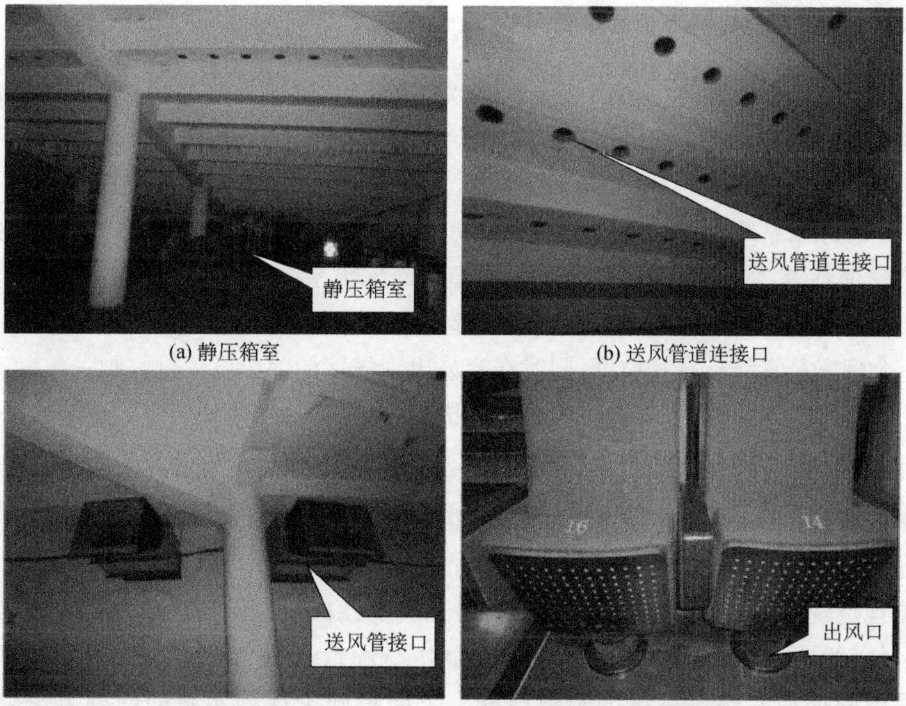


(a) 静压箱室　(b) 送风管道连接口

(c) 送风连接口　(d) 出风口

**图 6-29　组合式静压箱实景**

口，每个座位的正下方安装出风口，从而形成结构创新的组合式静压箱系统。通过实际运营，该静压箱的实施效果很好，送风气流稳定而且无噪声。

### 6.2.3 空调通风系统的其他创新措施

#### 1) 末端设备运转噪声控制

空调末端设备运转噪声超标，是暖通空调工程中经常碰到的质量问题。项目管理部从管理和技术两方面严格控制，主要措施包括：

(1) 设计质量的把关，要求设计中要标出对设备噪声参数的要求；

(2) 对设备厂商提高要求，空调设备进场时应及时开箱检查并进行现场测试，发现噪声超标及时更换；

(3) 采用大风量空调机组，虑隔声措施，在施工过程中检查隔声装置的安装质量。

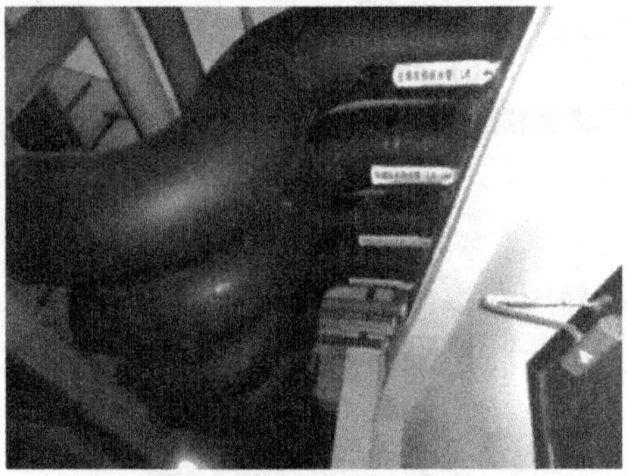

图 6-30 支架加设弹簧减振器

#### 2) 冷却水管主管支架安装

由于梅花形建筑的冷却水管主管管径比较大，且有轻微振动，随着时间的推移将会对设备带来一定的损害。考虑建筑全生命周期的正常使用，在原主管刚性支架上加设弹簧减振器(图 6-30)，有效地控制冷却水管主管的振动，同时消除噪声及设备运行隐患。

#### 3) 空调水系统水循环质量控制

为了防止梅花形建筑的中央空调冷冻水系统出现管道循环不畅的质量通病，项目管理部组织技术管理人员分析可能的原因，并采取相应的质量控制措施：

(1) 在冷冻水系统管道的最高处安装自动排气阀，防止由于某种原因导致循环水流失，如水的自然消耗等，管道上部存在大量气体，造成冷冻水系统管道气堵的现象；

(2) 在水管的前端及风机盘管的进水端部安装过滤器来控制空调水管的堵塞；

(3) 合理安排管线标高和坡度，同时在容易出现气堵的部位设置排气阀；

(4) 加强施工前管理，采取相应预防气堵措施，确保冷冻水系统管道循环畅通。

#### 4) 风管的漏风量测试

为了保证梅花形建筑的空调通风系统管道安装质量，保证其气密性符合要求，风管安装完毕，且在风管保温之前，严格进行漏风量测试。

依据规范规定，风管的漏风量检测采用漏光法定性检测和漏风量测试定量检测相结合的方式，对一般性空调来说漏光法适合于中、低压空调系统的严密性检验；漏风量测试适合于中压系统的抽检和高压系统的悉数检测。下面将施工现场实施的两种方法分别予以介绍。

(1) 风管的漏光法检测：采用光线对小孔的强穿透力，对系统风管严密程度进行定性检测的方法。

(2) 风管的漏风量测试：采用经检验合格的专用测量仪器，或采用符合现行《流量测量节流装置》(GB/T-2624—1993)规定的计量元件搭设的测量风管单位面积漏风量的试验装置。风管单位面积允许漏风量的检验标准详见表 6-1。

**表 6-1　风管单位面积允许漏风量[$m^3/(h \cdot m^2)$]**

| 工作压力(Pa) | 低压系统 | 中压系统 |
| --- | --- | --- |
| 100 | 2.11 | — |
| 200 | 3.31 | — |
| 300 | 4.30 | — |
| 400 | 5.19 | — |
| 500 | 6.00 | 2.00 |
| 600 | — | 2.25 |
| 800 | — | 2.71 |

a. 试验装置：如图 6-31 所示，试验装置主要包括风机、调节阀、整流栅、连接管、孔板、倾斜式微压计等部件。其中，试验风机为变风量离心风机，风机最大风量为 1 600 $m^3/h$，最大风压 2 400 Pa；连接管选用 ϕ100 mm；孔板的参数选择：当漏风量≥130 $m^3/h$ 时，孔板常数 $C$=0.697，孔径=0.0707 m；当漏风量<130 $m^3/h$ 时，孔板常数 $C$=0.603，孔径=0.0316 m。倾斜式微压计的参数选择为，测孔板压差 0～2 000 Pa，测孔管压差 0～2 000 Pa。

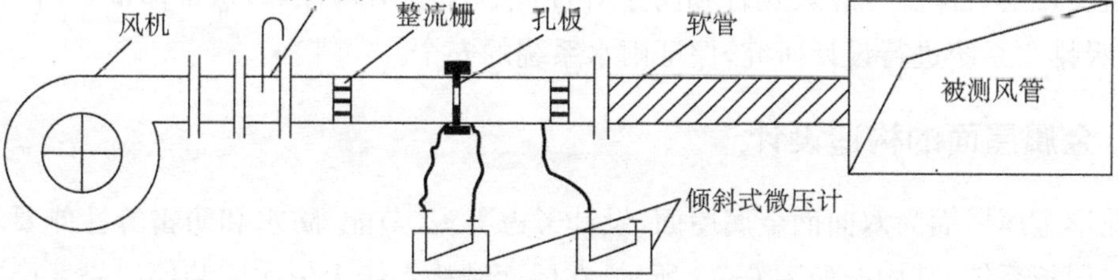


**图 6-31　风管漏风测试装置示意图**

b. 试验方法：利用试验风机向风管内鼓风，使风管内静压上升到 700 Pa 后停止送风，如发现压力下降，则利用风机继续向管内进风并保持在 700 Pa，此时风管内进风量即等于漏风量。

c. 试验步骤：

漏风声音试验。本试验在漏风量测量之前进行。试验时先将支管取下，用盲板和胶带密封开口处，将试验装置的软管连接到被测风管上。关闭进风挡板，启动风机。逐步打开进风挡板直到风管内静压值上升并保持在 700 Pa 为止。注意听风管所有接缝和孔洞处的漏风声音，将每个漏风点做好记号并进行修补。

漏风量测试。本试验在有漏风声音点密封之后进行。测试时，首先启动风机，然后逐步打开进风挡板，直到风管内静压值上升并保持在 700 Pa 时，读取孔板两侧的压差，最后计算被测风管的漏风量。梅花形建筑的施工现场试验装置如图 6-32 所示。

(a) 风机连接端

(a) 风管连接端

**图 6-32　漏风量测试现场实景**

## 6.3　梅花形金属屋面防水和排水系统实施

梅花形双曲面金属屋面系统是无锡新区科技交流中心工程的设计难点。通过精心设计，选择了保温隔音层、防水层和装饰层所组成的三层板构造系统，既保证了建筑的美观，又能很好地实现建筑保温、隔热、隔音和防水等性能。经过结构计算，保证屋面系统的受力可靠，对虹吸排水系统进行设计研究，保证雨水系统的安全。

### 6.3.1　金属屋面的构造设计

梅花形金属屋面为双曲面金属屋面，设计考虑美观、节能、防水和防雷等性能要求，选择典型的三层板系统，其构造如图 6-33 所示，在屋面结构系统上依次安装保温隔音层、铝镁锰板防水层和蜂窝铝板的装饰层。

屋面最上层蜂窝铝板的分格按径向和环向布置，径向投影距离 1 050 mm，环向投影距离 2 500 mm，成五边形扩散。标准板块 1 050 mm×2 500 mm(投影尺寸)，采用平面板现场冷弯成双曲面，根据屋面三维放样，同一位置平板与冷弯成形后的相应各点距离小于 30 mm，冷弯成型是完全可实现的。

屋面直立锁边铝镁锰板的布置是与 5 片花瓣的屋脊线成 90°布置，这样布置能有利于屋面板的排水。

屋面采用开敞式系统，具有以下特点。

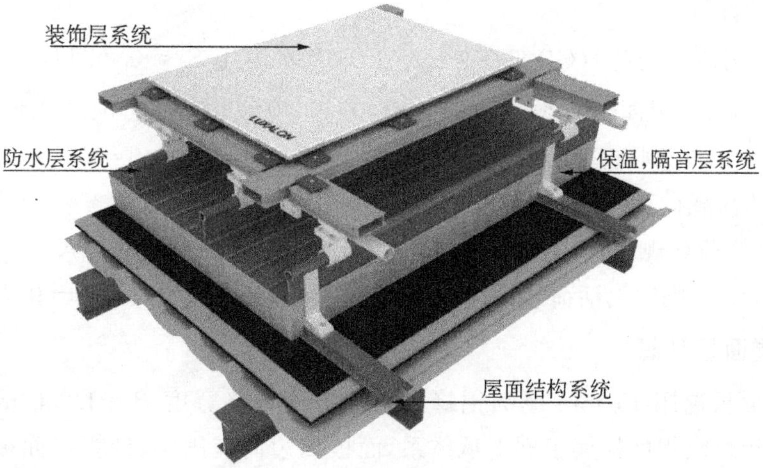


**图 6-33　金属屋面的典型构造**

(1) 丰富了屋面的装饰效果

设计采用盒式蜂窝铝板,具有极高的强度以保证每块屋面板的平整度,盒式蜂窝铝板可以加工成平面任意形式、单曲面及双曲面保证满足梅花形屋面造型;安装系统保证了每一片板的角度都可以任意调节,保证了曲面的一致性。

(2) 提高了节能、降耗的效果

选择开放式系统,保证了装饰层内部与外部空间可以空气对流以减少热交换,降低风荷载对建筑物的破坏,同时具有多重的隔音保证。屋面保温采用 100 mm 厚的保温岩棉,下部设计有 50 mm 厚的吸音棉,经计算屋面系统的传热系数冬季为 0.3 W/($m^2$ · K),夏季为 0.304 W/($m^2$ · K),保温性能优越。

## 6.3.2　结构计算与设计

**1) 荷载计算**

(1) 金属屋顶的自重荷载计算

金属面板采用 15 mm 厚的铝蜂窝板,自重荷载标准值取 $G_{AK}$=70.0 N/$m^2$,考虑龙骨和各种零部件等后的金属屋顶重力荷载标准值 $G_{GK}$=0.20 kN/$m^2$。按《金属与石材幕墙工程技术规范》(JGJ 133—2001),取永久荷载分项系数 $r_G$=1.2,则考虑龙骨和各种零部件等后的金属屋顶重力荷载设计值为 $G_G$=1.2×0.20=0.24 kN/$m^2$。

(2) 风荷载计算

根据风洞实验报告,作用在金属屋面上的风荷载标准值取:$W_K$=1.08 kN/$m^2$(正风压),$W_K$=−3.33 kN/$m^2$(负风压)。按《玻璃幕墙工程技术规范》(JGJ 102—2003)第 5.4.2 条,风荷载分项系数取 $r_W$=1.4,则作用在屋面上的风荷载设计值:正风压 $W$=1.4×1.08=1.512 kN/$m^2$;负风压 $W$=1.4×(−3.33)=−4.662 kN/$m^2$。

(3) 雪荷载计算

按《建筑结构荷载规范》(GB 50009—2001)取基本雪压 $S_0=0.40\ \text{kN/m}^2$，积雪分布系数取 $\mu_r=1.0$，则雪荷载标准值 $S_K=\mu_r\cdot S_0=1.0\times0.40=0.40\ \text{kN/m}^2$。雪荷载作用效应的分项系数取 $r_s=1.4$，则雪荷载设计值为 $S=r_s\cdot S_K=1.4\times0.40=0.56\ \text{kN/m}^2$。

(4) 屋面活荷载计算

按《建筑结构荷载规范》(GB 50009—2001)屋面活荷载标准值取 $HK=0.5\ \text{kN/m}^2$，分项系数取 $r_H=1.4$，则屋面活荷载设计值为 $H=r_H\cdot HK=1.4\times0.5=0.7\ \text{kN/m}^2$。

**2) 金属屋面板计算**

屋面装饰面板选用 15 mm 厚的铝蜂窝板。幕墙分格宽度 $B=1\ 250$ mm，长度 $H=2\ 500$ mm。该铝蜂窝板面板属于框支承体系，面板两边简支固定，计算铝面板时，考虑受力最不利的影响，选择受力最不利的部分，采用 SAP2000 有限元软件分析计算。

铝蜂窝板的最大弯曲应力为 $24.642\ \text{N/mm}^2<fa=42.37\ \text{N/mm}^2$，铝蜂窝板强度符合设计要求。铝蜂窝板面板挠度 $12.046\ \text{mm}<[\mu]=a/100=1\ 250/100=12.5$ mm，满足设计要求。

**3) 直立锁边防水板的计算**

选用德国霍高文(Kalzip)系统：Kalzip 截面选择 0.9 mm 厚，Kalzip 65/400 型屋面板，面板宽度为 400 mm，计算模型的选择为多跨连续梁，计算跨度 $L=1\ 650$ mm，面板最大长度为 23 000 mm，面板倾斜角度(水平角)为 $\alpha=28°$。支座弯矩及反力综合验算：

$$\frac{M_m,\ f}{M_B,\ K}+\frac{R_b}{R_B,\ K}<1.0$$

式中，$M_m$ 为支座所受弯矩，$R_b$ 为支座所受反力，$M_B$ 为金属板的抵抗弯矩，$R_B$ 为金属板的抵抗反力，$f$ 为弯矩综合系数，$K$ 为安全系数。

经过验算，在永久荷载+风荷载压力+活荷载(雪荷载)的组合作用下，强度计算满足要求。

**4) 主次檩条的设计**

依照本工程的几何规律，主檩成环向布置，投影间距 3 000 mm，在空间上沿着屋面法向方向。次檩成径向布置，投影间距<1 400 mm。

## 6.3.3 封边节点的设计与施工

金属屋面与玻璃幕墙结合处的封边节点设计非常重要。依据《建筑幕墙》(GB/T 21086—2007)的相关规定，玻璃幕墙的空气渗透性能设计为 3 级要求，雨水渗漏性能亦设计为 3 级。如图 6-34 所示，金属屋面封边节点的防水系统构造包括：不锈钢天沟、2 mm 厚铝板防水层、风琴板防水胶条等构件。

由于屋面与夹板式点支玻璃幕墙各自采用独立的支撑体系，屋面与夹板式点支玻璃幕墙的交接部位可能产生位移，因此上部接口采用风琴胶条作过渡连接，使得即使产生位移也能够自身吸收，不产生面板的损坏或发生雨水渗漏。屋面檐口采用蜂窝铝板开缝设计，外部设置挡水胶条，内部设计有批水板二次防水，防止少量渗漏水进入室内。现场施工时应重点保证金属板的先后搭接顺序（图 6-35），满足设计的构造要求。

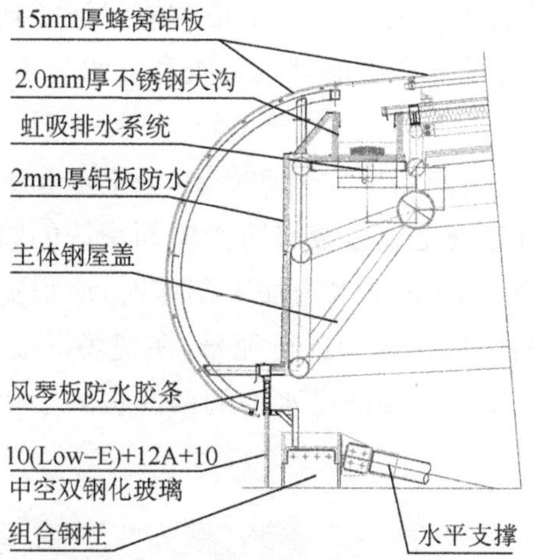


**图 6-34　金属屋面封边节点图**

**图 6-35　檐口封边施工现场实景**

## 6.3.4　虹吸排水的设计与施工

### 1) 设计

依据《建筑给水排水设计规范》(GB 50015—2003)和《虹吸式屋面雨水排水系统技术规程》(CECS 183:2005)对金属屋面虹吸排水系统进行设计。

梅花形建筑工程所有屋面汇水面积为 10 300 m²。整个屋面设 3 圈天沟和 5 个导流槽，最外圈天沟设无锡地区 50 年暴雨重现期，降雨历时 5 min 暴雨强度 5.15 L/(s · ha)，$K=1.1$，共有 6 个虹吸系统；中圈天沟和内圈天沟设无锡地区 10 年暴雨重现期，降雨历时 5 min 暴雨强度 3.91 L/(s · Ha)，$K=1.1$，共有 6 个虹吸系统，其中中圈天沟 4 个，内圈天沟 2 个。中圈天沟和内圈天沟溢流设置为无锡地区 50 年暴雨重现期，中圈 3 个溢流系统，内圈 1 个溢流系统。

设计中主要考虑的要点如下：

(1) 相邻两个雨水斗之间的间距不超过 20 m。

(2) 为确保系统使用寿命，水平管段应有效控制管道因温差而产生的收缩膨胀，采用进口 HDPE 管道，伸缩率必须不大于 1%。

(3) 管道的支吊架采用专业的方钢悬吊系统，能有效控制 HDPE 管道热胀冷缩的功能，有足够的强度支持管道和流体的重量，以及高速水流的冲击力。

(4) 管道系统内最大负压值不大于 0.08 MPa，管道采用热熔连接方式。

(5) 水平管道的充满度不小于 60%，最小流速不小于 0.7 m/s。

(6) 为了更有利产生虹吸，加快屋面雨水排放速度，所有雨水横管不设置检查口，仅在每个系统一层立管处设置检查口。

**2）施工**

通过对梅花形双曲面金属屋面的精心设计，选择了三层板构造系统，既保证了建筑的美观，又能很好地实现建筑保温、隔热、隔音及防水等性能。施工过程中是否能保证实现设计的意图，对关键部位的构造质量控制非常重要。经过反复多次的现场检查和技术分析研讨，确定了虹吸排水系统施工过程的关键控制点包括：

(1) 檐口排水沟的制作与安装。应保证 4 mm 厚、截面尺寸为 500 mm×350 mm 的不锈钢排水沟具备有效的蓄水深度，即排水沟的走向与直立锁边金属防水屋面系统的收边完全吻合(图 6-36)，防止暴雨情况下急流溢出排水沟。因此排水沟加工制作时，应根据双曲面金属屋面的檐口弧线，确定排水沟每段的弧线，将每段排水沟进行编号，在现场拼接，并亚弧焊连接，最终形成空间双曲线形状的排水沟。安装时应保证排水沟的两侧板处于铅直状态，从而保障有效的蓄水深度最大。

**图 6-36　檐口排水沟实景**

**图 6-37　采光环排水沟实景**

(2) 采光环排水沟的制作与安装。如图 6-37 所示，梅花形的“花蕊”索穹顶与花瓣区中间设置 5 m 宽的圆形采光环(玻璃透光顶篷)，圆形采光环两侧设置两道 500 mm×350 mm 环形虹吸排水天沟，溢水口设置在虹吸排水斗旁 1 000 mm，高于虹吸排水斗 80 mm，虹吸排水斗设置在导流槽两端头，屋面汇水通过导流槽、虹吸排水沟导入虹吸排水系统。安装过程中，需保证采光环的玻璃板块与不锈钢排水沟的合理连接，按正确的搭接顺序安装构件，并通过建筑硅酮密封胶连接，玻璃板块的固定节点尚需考虑吸收金属屋面热胀冷缩所引起的变形，留有足够的变形间隙。

(3)“三渠汇交”排水系统的制作与安装。相邻两花瓣相交位置皆有一条导流槽，该导流槽与环形排水沟沿法线方向相交，此处可称为“三渠汇交”(图 6-38)。在正常雨水情况下，双曲屋面虹吸排水系统从重力流方式开始，系统处于波浪流和脉冲流流态；随着雨量增大，斗前水深逐步增大，系统流态逐步过渡到活塞流和泡沫流，并间歇性地出现虹吸满管压力流流态，虹吸的形成使系统排水能力突然增大，斗前水深又会回落，系统重新回到重力流方式。但当暴雨来临时，在“三渠汇交”部位可能产生三渠汇水现象(图 6-39)，瞬间出现虹吸系统来不及排水，也来不及从溢水口排出，从而导致雨水溢出排水沟上口的情况。在竣工验收之前出现过暴雨溢出的情况，根据现场实测安装情况（图 6-40）研究避免此种情况发生的方法，改进设计排水沟并重新加工制作，对"三渠汇交"部位的排水沟进行加深处理，将排水沟制作为 500 mm×500 mm 的截面，从而增加其瞬间蓄水能力。同时，对于双曲屋面外环虹吸排水沟坡度大的弧线部位，应在排水沟内设置橡胶拦水板，分段阻拦急流，减缓汇水流速。另外，还应注意金属屋面的建筑垃圾和杂物清理，防止屋面虹吸口和溢水口被电线皮、螺丝帽、电线头等杂物堵塞（图 6-41），导致排水不畅而无法及时排除屋面雨水。

图 6-38　"三渠汇交"实景图

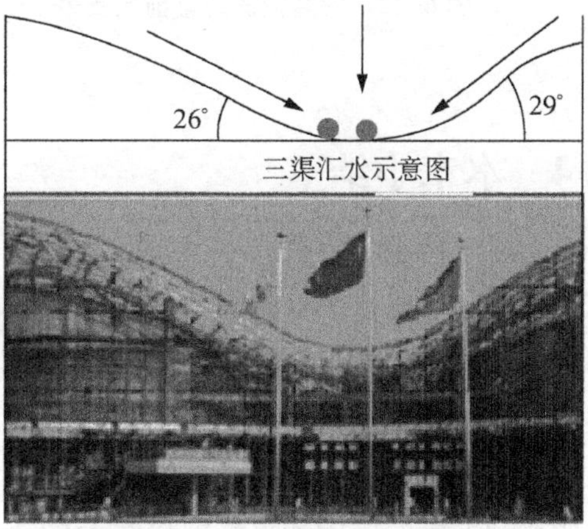


图 6-39　三渠汇水示意图

图 6-40　现场实测安装情况

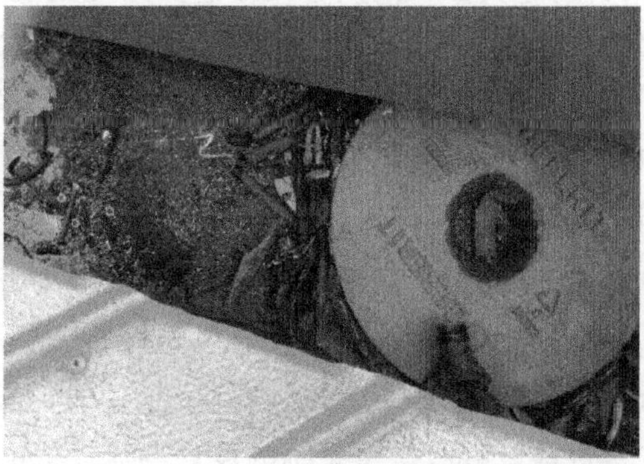

图 6-41　金属屋面的建筑垃圾堵塞实景

(4) 设置虹吸系统的减振装置。虹吸排水系统通过导流槽和 3 圈排水开沟将雨水收集至虹吸排水管，由屋顶至管井排入地下室集水坑。由于虹吸作用机理周期性形成活塞流和泡沫流，对排水管产生周期性的冲击力，使得排水管产生较大幅度的振动，如图 6-42 所示，当虹吸作用时，虹吸排水管顺向摆动可达 200 mm 左右。因此需在虹吸排水管转弯处增设减振装置，具体措施是焊接加固钢架（图 6-43），并在钢架内侧加衬橡胶垫块，从而起到吸收振动的作用。

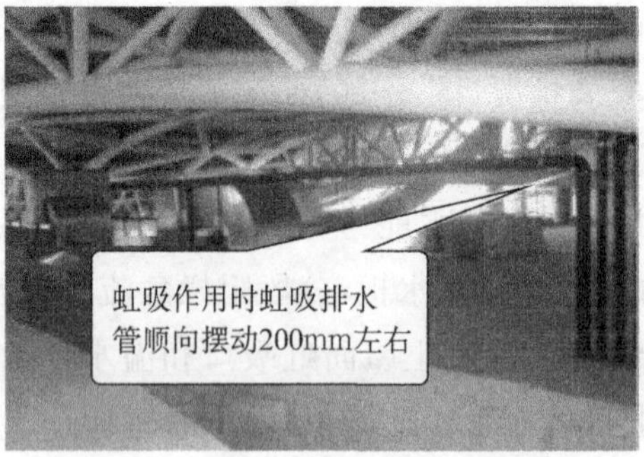


图 6-42　安装减振装置前的实景

图 6-43　安装减振装置后的实景

## 6.4　本章小结

作为地标建筑的“梅花形”公共建筑，由于造型新颖，对机电专业的设计与安装提出了许多技术挑战。本章主要介绍了消防系统建造技术创新、空调新风系统创优施工技术和梅花形金属屋面防水和排水系统实施，可为类似异形建筑提供参考。

(1) 空气采样报警系统安装技术创新主要包括共享空间设置组合式空气采样报警器、阻燃普利卡管的应用和报警器接线盒的工艺创新；针对科技交流中心大空间办公用房和公共场所的分布特征，基于 BIM 电脑模拟分析，创新开发了消防水炮自动灭火体系的安装技术；针对超大面积的共享大厅需要处理火灾隔离的难题，创新开发共享大厅大面积弧形折叠式防火卷帘施工技术，并开发了相关施工工法，达到了防火功能与建筑美学的完美结合。

(2) 针对梅花形建筑的形体特殊、复杂多变的特征，创新开发了弧形景观走廊的空调新风系统施工技术，很好地保证了走廊内环各大型房间的空调与新风系统气流路线顺畅。针对剧院静压箱新风系统安装困难的情况，创新开发了“组合式静压箱”技术，既方便施工、降低造价，又保证了新风系统的性能。

(3) 针对异形的屋面造型，选择保温隔音层、防水层和装饰层所组成的三层板构造系统，进行创新设计与施工，既保证了建筑的美观，又能很好地实现建筑保温、隔热、隔音及防水等性能。虹吸排水系统的设计与施工，重点解决梅花形建筑所特有的“三渠汇交”部位的汇水现象，确保 50 年暴雨重现期，不会出现因天沟溢流而破坏室内装饰、影响室内使用的情况。

# 附　　录

## 附录 A　配合比抗裂优化设计

假定混凝土已经经过常规配合比设计及调整，原材料用量及性能确定，设原混凝土配合比参数为：水泥用量、表观密度分别为 $C(\mathrm{kg/m^3})$、$\rho_C$；矿物掺合料用量、表观密度分别为 $F(\mathrm{kg/m^3})$、$\rho_F$；用水量为 $W(\mathrm{kg/m^3})$；外加剂用量为 $A(\mathrm{kg/m^3})$；粗骨料用量、表观密度分别为 $G$，$\rho_g$；细骨料用量、表观密度分别为 $S$，$\rho_s$。

(1) 测定质量、计算原配比粗骨料堆积密度

将原骨料分三层装入 10 L 容量桶中，在振动台上分层振实、刮平，测定其质量 $m_0$，计算其堆积密度 $\rho_{0,g}(\mathrm{kg/m^3})$。

(2) 试配确定粗骨料优化级配

将两种或两种以上的单粒级粗骨料分别组合若干组，按上述方法分别测定其堆积密度，取其中堆积密度最大的一组为优化级配，其堆积密度计算为 $\rho_{0,g}^{y}(\mathrm{kg/m^3})$。

(3) 算粗骨料的空隙率 $\alpha$

原级配骨料：

$$\alpha_g = \frac{\rho_g - \rho_{0,g}}{\rho_g} \quad \text{(式 A-1)}$$

优化级配骨料：

$$\alpha_g^y = \frac{\rho_g - \rho_{0,g}^y}{\rho_g} \quad \text{(式 A-2)}$$

(4) 算优化级配后粗骨料体积

$$V_g^y = V_g \times \frac{1-\alpha_g^y}{1-\alpha_g} \quad \text{(式 A-3)}$$

(5) 确定优化后配合比

a. 优化后和优化前胶凝砂浆体积之比：

$$\xi = \frac{(V_c + V_f + V_w + V_s + V_a) - (V_g^y - V_g)}{(V_c + V_f + V_w + V_s + V_a)} \quad \text{(式 A-4)}$$

式中　$V_a$ ——混凝土中气体体积。

b. 优化后水泥用量：

$$C^y = C \times \xi \qquad \text{（式 A-5）}$$

c. 优化后矿物掺合料用量：

$$F^y = F \times \xi \qquad \text{（式 A-6）}$$

d. 优化后外加剂用量：

$$A^y = A \times \xi \qquad \text{（式 A-7）}$$

e. 优化后用水量：

$$W^y = W \times \xi \qquad \text{（式 A-8）}$$

f. 优化后粗骨料用量：

$$G^y = V_g^y \times \rho_g \qquad \text{（式 A-9）}$$

g. 优化后细骨料用量：

$$S^y = S \times \xi \qquad \text{（式 A-10）}$$

## 附录 B　跳仓间距划分依据

考虑混凝土抗拉强度受龄期的影响：

$$R_f(\tau) = 0.8R_{f0}(\lg \tau)^{\frac{2}{3}} \qquad \text{（式 B-1）}$$

式中，$R_{f0}$ 为 28 天抗拉强度，考虑一定的安全系数。

$$\frac{R_f(\tau)}{\sigma_{x,max}(\tau)} \geqslant m \qquad \text{（式 B-2）}$$

式中，$m$ 为抗裂安全系数，一般可取 1.15。

对超长混凝土墙体无缝施工，跳仓间距的间距设置必须保证在跳仓间距宽度内，混凝土不再出现裂缝。当混凝土的水平应力达到抗拉极限强度时，混凝土的拉伸变形即达到极限拉伸变形：

$$\sigma_{x,max} = R,\ \varepsilon = \varepsilon_p,\ R = E\varepsilon_p \qquad \text{（式 B-3）}$$

此状态下可裂裂缝最大间距 $[L_{max}]$：

$$\sigma_{x,\max}=E\varepsilon_p=-E\alpha T+\frac{E\alpha T}{\operatorname{ch}\beta\frac{L}{2}}$$

$$\operatorname{ch}\beta\frac{L}{2}=\frac{E\alpha T}{E\alpha T+E\varepsilon_p} \tag{式 B-4}$$

$$\frac{L}{2}=\frac{1}{\beta}\operatorname{arcch}\frac{\alpha T}{\alpha T+\varepsilon_p}$$

$$[L_{\max}]=2\sqrt{\frac{EH}{C_x}}\operatorname{arcch}\frac{\alpha T}{\alpha T+\varepsilon_p}$$

式中，升温 $T$ 为正值，极限变形为负，降温 $T$ 为负值，极限变形为正，两项符号相反，为简便起见，以绝对值代入：

$$[L_{\max}]=2\sqrt{\frac{EH}{C_x}}\operatorname{arcch}\frac{|\alpha T|}{|\alpha T|-\varepsilon_p} \tag{式 B-5}$$

该式建立在最大应力刚好达到抗拉强度 $\sigma_{\max}=R_f$ 尚未开裂的依据之上。如稍超过则开裂，间距减少一半，得最小间距 $[L_{\min}]=[L_{\max}]/2$，因此最后得平均伸缩缝间距公式：

$$[L]=1.5\sqrt{\frac{EH}{C_x}}\operatorname{arcch}\frac{|\alpha T|}{|\alpha T|-\varepsilon_p} \tag{式 B-6}$$

在该式中混凝土极限拉伸 $\varepsilon_p$ 值应考虑配筋及混凝土徐变影响。

应用这一公式，注意温差 $T$ 包括水化热温差、气温差、收缩当量温差

$$T=T_1+T_2+T_3 \tag{式 B-7}$$

式中　$T_1$——水化热温差；

$T_2$——气温差；

$T_3$——收缩当量温差（计算见第 2 章）。

如果结构物的长度小于 $[L]$ 或偏安全地取 $[L_{\min}]$，则结构物可不设置温度伸缩缝，即是取消伸缩缝的条件。同时这也就是超长混凝土墙无缝施工中跳仓间距划分的依据。

# 附录 C　跳仓间距计算

(1) 混凝土跳仓间距计算采用的基本参数

a. 下层结构水平阻力系数

在本工程中钢筋混凝土墙下的水平阻力系数取 $C_x=2.5\times10^{-2}\ \text{N/mm}^3$。

b. 混凝土的弹性模量

混凝土采用 C30，考虑混凝土的早期弹性模量，10～15 d 时约为 $2.95\times10^4$ MPa。

c. 混凝土的极限拉伸

$$\varepsilon_p = 0.5R_f(1 + p/d) \times 10^{-4} \qquad \text{(式 C-1)}$$

混凝土的极限拉伸早期偏低 30%～50%，$R_f = 1.25$ MPa；

$P = 100\mu$，$\mu = 0.586$（$\mu$ 为配筋率）；

钢筋直径 $d = 1.4$ cm；

极限拉伸

$$\varepsilon_p = 0.5 \times 1.25\left(1 + \frac{0.586}{1.4}\right) \times 10^{-4} = 0.89 \times 10^{-4}$$

考虑混凝土徐变的影响，通常只考虑正常徐变变形的一半。

最终极限拉伸 $\varepsilon_p = 1.5 \times 0.89 \times 10^{-4} = 1.33 \times 10^{-4}$。

(2) 温差计算

a. 混凝土绝热温升

$$T_{max} = \frac{WQ_0}{\gamma C} + \frac{F}{50} \qquad \text{(式 C-2)}$$

式中 $T_{max}$——混凝土绝热温度；

$W$——每立方米混凝土水泥实际用量，取 $310 \times 10^3$ kg/m$^3$；

$Q_0$——每千克水泥水化热，取 300 J/kg；

$C$——混凝土比热，取 $0.96 \times 10^3$ J/(kg·℃)；

$\gamma$——混凝土的容重，取 $2.4 \times 10^3$ kg/m$^3$；

$F$——每立方米混凝土煤粉灰用量，取 67.5 kg/m$^3$；

$$\begin{aligned} T_{max} &= \frac{310 \times 300 \times 10^3}{0.96 \times 10^3 \times 2.4 \times 10^3} + \frac{67.5}{50} \\ &= 40.36 + 1.35 \\ &= 41.7\ ℃ \end{aligned}$$

混凝土施工时处于散热条件，考虑左右表面的一维散热，当厚度为 0.35 m 时，应用差分法计算结果，散热影响系数取 0.6，水化热温升 $T_{max} = 0.6 \times 41.7 = 25.02$，预算混凝土垫层中心最高温度 28+25.02=53.02 ℃(28 ℃为入模温度)。

b. 水化热温差

周围平均气温为 30 ℃

$$T_1 = (53.02 - 28) \times \frac{2}{3} = 16.68\ ℃$$

c. 收缩当量温差

$$\varepsilon_y(t) = \varepsilon_y^0 \cdot c \cdot M_2 \cdot \cdots \cdot M_n(1 - e^{-bt}) \qquad \text{(式 C-3)}$$

式中　$\varepsilon_y^0=\varepsilon(\infty)$ ——最终收缩(mm/mm)，标准状态下 $\varepsilon_y^0=3.24\times10^{-4}$；

$t$ ——由浇筑开始到计算时的天数；

$M_1$——水泥品种，普通硅酸盐水泥取 1.0；

$M_2$——水泥细度为 3 000，取 1.0；

$M_3$——骨料为卵石，取 1.0；

$M_4$——水灰比为 0.5，取 1.21；

$M_5$——水泥浆量为 0.2，取 1.0；

$M_6$——自然养护 30 天，取 0.93；

$M_7$——环境相对湿度 60%，取 0.92；

$M_8$——水力半径倒数 0.03，取 0.61；

$M_9$——机械振捣，取 1.0；

$M_{10}$ ——配筋率 0.586%，取 0.86。

$$\begin{aligned}\varepsilon_y(t)&=3.24\times1.0\times1.0\times1.0\times1.21\times1.0\times0.93\times0.92\\&\quad\times0.61\times1.0\times0.86(1-e^{-0.01\times15})\\&=1.76(1-e^{-0.15})=1.76(1-0.8607)\\&=0.25\times10^{-4}\end{aligned}$$

收缩当量温差

$$T_y(t)=\frac{\varepsilon_y(t)}{\alpha} \qquad (式\text{ C-4})$$

式中，$\alpha$ 为混凝土线膨胀系数，取 $1.0\times10^{-5}$；

$$T_y(t)=\frac{0.25\times10^{-4}}{1.0\times10^{-5}}=2.5\ ℃$$

d. 综合温差

$T=T_1+T_2+T_3=16.68+2.5+5=24.18$ ℃（$T_3$ 为环境气温差，取 5 ℃）

(3) 最大跳仓间距计算

$$[L]=\frac{3}{2}\sqrt{\frac{EH}{C_x}}\operatorname{arcch}\frac{|\alpha T|}{|\alpha T|-\varepsilon_p} \qquad (式\text{ C-5})$$

式中　$E$ ——混凝土弹性模量，取 $2.95\times10^4$ MPa；

$T$ ——综合温差，(水化热温差、气温差、收缩当量差的代数和)；

$H$ ——墙体结构的高度，取 5 000 mm；

$C_x$ ——下层水平阻力系数，$C_x=1\ \text{N/mm}^3$；

$\varepsilon_p$ ——混凝土极限拉伸。

$$
\begin{aligned}
[L] &= 1.5\sqrt{\frac{2.95 \times 10^{4} \times 5\,000}{1}}\operatorname{arcch}\left(\frac{1.0 \times 10^{-5} \times 24.18}{1.0 \times 10^{-5} \times 24.18 - 1.33 \times 10^{-4}}\right) \\
&= 1.5 \times 1.21 \times 10^{4} \operatorname{arcch} 2.16 \\
&= 25.50
\end{aligned}
$$

# 参 考 文 献

[1] 蒋凤昌,姜晔,蒋新山,等.无锡新区科技交流中心工程建设项目管理[J].四川建筑科学研究,2013(2):376-381.

[2] 蒋凤昌,朱颖曾,孔俊东,等.无锡新区科技交流中心建筑模型风荷载特性试验[J].建筑科学,2010(9):1-6.

[3] 蒋凤昌,朱颖曾,高飞,等.无锡新区科技交流中心钢屋盖施工技术[J].施工技术,2010(10):31-35.

[4] 朱颖曾,廖文华,高飞,等.梅花形大跨度钢屋盖吊装施工的风险管理[J].建筑技术,2010(9):863-865.

[5] 朱颖曾,蒋凤昌,王盛文.无锡新区科技交流中心幕墙支承体系的实现[J].工程建设与设计,2009(11):29-31.

[6] 蒋凤昌,朱颖曾,曲平,等.无锡新区科技交流中心弧形玻璃幕墙的设计[J].新型建筑材料,2010(5):97-99.

[7] 陈红秋,蒋凤昌,孙浩光.曲面点支式玻璃幕墙超静定支撑结构的施工技术[J].建筑科学,2011(11).

[8] 陈蓓,蒋凤昌,奚友方,等.弧形幕墙玻璃自爆和雨水渗漏的分析与处理[J].建筑科学,2013(9):104-106.

[9] 吴三林,蒋凤昌.柔性支承体系点支式玻璃幕墙的施工技术[J].中外建筑,2003(4):104-105.

[10] 蒋凤昌,苏军,费振华,等.拉索结构点支式玻璃幕墙的施工技术[J].施工技术,2003(6):39-40.

[11] 王爱梅,蒋凤昌,高飞,等."梅花形"双曲面金属屋面系统的设计与研究[J].中国高新技术企业,2010(19):37-38.

[12] 王兵.国家体育馆工程设计[J].世界建筑,2008(6):42-49.

[13] 王永泉,郭正兴,罗斌.空间预应力钢结构拉索等效预张力确定方法研究[J].土木工程学报,2013(6):53-61.

[14] 石开荣,郭正兴,罗斌.弦支穹顶结构概念的延伸及其分类方法研究[J].土木工程学报,2010(6):8-17.

[15] 王爱梅,朱颖曾,蒋新山.科技交流中心地下室湿度过大的防治研究[J].中国高新技术企业,2011(24):69-71.

[16] 蒋新山.进度控制理论与方法在无锡新区工程建设中的应用[J].中国高新技术企业，2010(21):53-56.

[17] 蒋新山.科技交流中心项目管理:管权、管事、管人[J].中国高新技术企业，2010(34):178-181.

[18] 张希黔，华建民.预拌混凝土施工期间裂缝预防及处理技术[J].施工技术，2007(4):70-72+93.

[19] 华建民，张希黔，周敬.地下室混凝土墙体施工期间开裂的温度影响分析与试验研究[J].施工技术，2007(4):45-48.

[20] 华建民，高育欣.地下室混凝土墙体早期收缩裂缝综合防治[J].工业建筑，2007(S1):980-982.

[21] 朱正林.国家大剧院:创新技术和管理　扎实推进节水节能[J].城乡建设，2011(6):40-41.

[22] 张在明，沈小克，周宏磊等.国家大剧院工程中的几个岩土工程问题[J].土木工程学报，2009(1):60-65.

[23] 黄莹，谭银莹，杨洲.上海体育中心游泳馆投标方案[J].建筑创作，2009(5):99-101.

[24] 薄宏涛.上海国际汽车会展中心[J].城市建筑，2008(9):54-56.

[25] 郑毅敏，孙华华，赵昕，等.杭州市民中心高空连廊动力特性分析与测试[J].土木工程学报，2009(2):73-79.

[26] 王萌，李宏伟，李元武，等.杭州国际会议中心塔吊拆除施工技术[J].施工技术，2009(3):21-23.

[27] 赵峰.杭州国际会议中心方案比选和设计深化过程反思[J].建筑设计管理，2010(8):40-42.

[28] 贺德馨.风工程与工业空气动力学[M].北京:国防工业出版社，2006.

[29] ARMITT J. Wind loading on cooling towers[J]. Journal of Structural Division ASCE, 1980, 106 (ST3): 623-630.

[30] 黄鹏，顾明.高层建筑风致扭转荷载的干扰效应研究[J].建筑结构学报，2005，26(4):86-91.

[31] 黄东梅，朱乐东，丁泉顺.邻近建筑对超高层建筑风振响应的干扰效应[J].同济大学学报:自然科学版，2009，37(3):291-297.

[32] 方江生，丁洁民，王田友.北大体育馆屋盖的风荷载及周边建筑干扰影响的试验研究[J].空气动力学学报，2007，25(4):443-453.

[33] 秦顺全，林国雄.斜拉桥安装计算——倒拆法与无应力状态控制法评述[A].中国土木工程学会桥梁及结构工程学会第九届年会论文集[C].上海:同济大学出版社，1992:569-573.

[34] 钟万勰，刘元芳，纪峥.斜拉桥施工中的张拉控制和索力调整[J].土木工程学报，1992，(3):9-15.

[35] 刘学武.大型复杂钢结构施工力学分析及应用研究[D].北京:清华大学,2008.

[36] 张晓燕,郭彦林,黄李骥,等.深圳会展中心钢结构屋盖起拱方案及施工技术[J].工业建筑,2004,34(12):15-18.

[37] 郭彦林,邓科,王宏,等.广州新白云国际机场维修机库钢屋盖整体提升技术[J].工业建筑,2004,34(12):6-11.

[38] 蒋凤昌.点支式玻璃幕墙的结构计算与优化研究[D].镇江:江苏大学,2003

[39] 刘军进,吕志涛.预应力索桁架在玻璃幕墙支承体系中的应用[J].建筑结构,2001,31(6):59-62.

[40] 王铁梦.钢筋混凝土结构的裂缝控制[J].安徽建筑,2001(1):10-13.

[41] 陶建民,王旭峰.现浇钢筋混凝土楼板采用商品混凝土施工的裂缝分析及控制.现浇楼板的裂缝控制[M].北京:中国建筑工业出版社,2003.

[42] H R Lu, Swaddiwudhipong, T H W. ee, Evaluation of thermal crack by a probabilistic model using the tensile strain capacity [J]. Magazine of Concrete Research, 2001,2(53):25-30.

[43] Omar Chaallal Brahim Benmokrane, Gerard Ballivy. Drying shrinkage strains: Experimental versus Codes[J]. ACI Materials Journal,1992(5-6):263-266.

[44] 官庆.大型公用建筑项目设计风险管理研究[D].成都:西南交通大学,2007.

[45] 姜晨光.现代土木工程测量技术[M].北京:化学工业出版社,2009.

[46] 杨大雷,蒋新山.无锡新区科技交流中心消防系统项目管理与施工工艺创新[J].中国高新技术企业,2013(10):141-143.